青少年知识小百科

U0611343

地球奥妙

DI QIU AO MIAO

烨 主编

云南大学出版社

图书在版编目（CIP）数据

地球奥妙/王烨主编．—昆明：云南大学出版社，2010

（青少年知识小百科）

ISBN 978 - 7 - 5482 - 0322 - 3

Ⅰ.①地… Ⅱ.①王… Ⅲ.①地球—青少年读物

Ⅳ.①P183 - 49

中国版本图书馆 CIP 数据核字（2010）第 260392 号

青少年知识小百科

地球奥妙

主　　编：王　烨
责任编辑：于　学　刘　焰
装帧设计：林静文化

出版发行：云南大学出版社
电　　话：(0871) 5033244　5031071　　(010) 51222698
经　　销：全国新华书店
印　　刷：北京旺银永泰印刷有限公司

开　　本：710mm×1000mm　1/16
字　　数：310 千字
印　　张：15
版　　次：2011 年 3 月第 1 版
印　　次：2011 年 3 月第 1 次印刷
书　　号：ISBN 978 - 7 - 5482 - 0322 - 3
定　　价：29.80 元

地　　址：云南省昆明市翠湖北路 2 号云南大学英华园内
邮　　编：650091
E - mail：market@ ynup. com

前 言

时光如梭、岁月如流，迈步进入 21 世纪。这是一个信息的时代、这是一个知识的世界、这是一个和谐发展的社会。亲爱的青少年读者啊，遨游在地球村，你将发现瑰丽的景象——自然的奥秘、文明的宝藏、宇宙的奇想、神奇的历史、科技的光芒。还有文化和艺术，这些是人类不可缺少的营养。勇于探索的青少年读者啊，来吧，快投入这智慧的海洋！它们将帮助你，为理想插上翅膀。

21 世纪科学技术迅猛发展，国际竞争日趋激烈，社会的、信息经济的全球化使创新精神与创造能力成为影响人们生存的首要因素。21 世纪世界各国各地区的竞争，归根结底是人才的竞争，因此培养青少年创新精神，全面提高青少年素质和综合能力，已成为我国基础教育的当务之急。

为满足青少年的求知欲，促进青少年知识结构向着更新、更广、更深的方向发展，使青少年对各种知识学习发生浓厚兴趣，我们特组织编写了这套《青少年知识小百科》。它是经过多位专家遴选编纂而成，它不仅权威、科学、规范、经典，而且全面、系统、简洁、实用。《青少年知识小百科》符合中国国情，具有一定前瞻性。

知识百科全书是一种全面系统地介绍各门类知识的工具书，是人类科学与思想文化的结晶。它反映时代精神，传承人类文明，作为一个国家或民族文明进步的标志而日益受到世界各国的重视。像法国大学者狄德罗主编的《百科全书》，英国 1768 年的《不列颠百科全书》，以及我国 1986 年出版的《中国大百科全书》等，均是人类科学与文化的巨型知识百科全书，堪称"一所没有围墙的大学"。

《青少年知识小百科》吸收前人成果，集百家之长于一身，是针对中国青少年的阅读习惯和认知规律而编著的；是为广大家长和孩子精心奉献的一份知识大餐，急家长之所急，想孩子之所想，将家长的希望与孩子的想法完美体现的一部智慧之书。相信本书会为家长和孩子送上一份喜悦与轻松。

全书 500 多万字，共分 20 册，所涉范围包括文化、艺术、文学、社会、历史、军事、体育、未解之谜、天文地理、天地奇谈、名物起源等多个领域，都是广大青少年需要和盼望掌握的知识，内容很具代表性和普遍性，可谓蔚为大观。

本书将具体的知识形象化、趣味化、生动化，知识化、发挥易读，易看的功能，充分展现完整的内容，达到一目了然的效果。内容上人性、哲理兼融，形式上采用编目式编辑。是一部可增扩青少年知识面、启发青少年学习兴趣的百科全书。

本书语言生动，富有哲理，耐人寻味，发人深省，给人启迪，有时甚至一生铭记在心，终生受益匪浅，本书易读、易懂让人爱不释手，阅读这些知识，能够启迪心灵、陶冶情操、培养兴趣、开阔眼界、开发智力，是青少年读物中的最佳版本，它可以同时适用于成人、家长、青少年阅读，是馈赠青少年的最佳礼品，而且也极具收藏价值。

限于编者的知识和文字水平，本书难免有疏漏之处，敬请专家学者和广大读者批评指教，同时，我们也真诚地希望这套系列丛书能够得到广大青少年读者的喜爱！

本书编委会

目 录

第一章　人类家园——地球

第一节　浑沌世界——地球的起源和形成

1. 神奇传说——地球的起源

我们一降生到这个世界上，就同地球分不开了。地球作为我们诞生、劳动、生息、繁衍的地方，人类共有的家园，和我们的关系太密切了。那么地球是如何形成的呢？

对于这一问题，自古以来，人们就对它有着种种解释，也留下了很多神话传说。

我国古代有"盘古开天辟地"之说。相传，世界原本是一个黑暗浑沌的大黑团，外面包裹着一个坚硬的外壳，就像一个大鹅蛋。多年以后，这个大黑团中诞生了一个神人——盘古。他睁开眼睛，可周围漆黑一片，什么也看不见，他挥起神斧，劈开浑沌，于是，清而轻的部分上升成了天空，浊而重的部分下沉成了大地……

在西方国家，据《圣经》记载，上帝耶和华用六天时间创造了天地和世界万物。第一天他将光明从黑暗里分出来，使白天和夜晚相互更替；第二天创造了天，将水分开成天上的水和地上的水；第三天使大地披上一层绿装，点缀着树木花草，空气里飘荡着花果的芳香；第四天创造了太阳和月亮，分管白天和夜晚；第五天创造了飞禽走兽；第六天，创造了管理万物的人；第七天，上帝休息了，这一天称为"安息日"，也就是现在的星期天……

现在看来，这些美丽的神话传说是没有科学根据的。随着科技的发展，人们对太阳系的认识也逐渐深刻。18世纪以来，相继出现了很多假说。数十年来，由于天体物理学等现代科学的发展、天文学的进步、宇航事业的兴起等为地球演化的研究提供了更多有益的帮助，现介绍几种假说供参考。但要解开宇宙之谜，还须我们不懈的努力。

星云说　法国数学家和天文学家拉普拉斯（1749—1827）于1796年发表的《天体力学》及后来的《宇宙的叙述》中提出太阳系成因的假说——星云说。他认为太阳是太阳系中最早存在的星体，这个原始太阳比现在的大得多，是由一团灼热的稀薄物质组成，内部较致密，周围是较稀薄的气体圈，形状是一个中心厚而边缘薄的饼状体，在不断缓慢地旋转。经过长期不断冷却和本身的引力作用，星云逐渐变得致密，体积逐渐缩小，旋转加快，因此愈来愈扁。这样位于它边缘的物质，特别是赤道部分，当离心加速度超过中心引力加速度时，便离开原始太阳，形成无数同心圆状轮环（如同现在土星周围的环带），相当于现在各行星的运行轨道位置。由于环带性质不均一，并且带有一些聚集凝结的团块。这样在引力作用下，环带中残余物质，都被凝固吸引，形成大小不一的行星，地球即是其中一个。各轮环中心最大的凝团，便是太阳，其余围绕太阳旋转，由于行星自转因此也可以产生卫星，例如地球的卫星——月亮，这样地球便随太阳系的产生而产生了。

灾难学派的假说 1930 年英国物理学家金斯提出气体潮生说，他推测原始太阳为一灼热球状体，由非常稀薄的气体物质组成。一颗质量比它大得多的星体，从距离不远处瞬间掠过，由于引力，原始太阳出现了凸出部分，引力继续作用，凸出部分被拉成如同雪茄烟一般的长条，作用在很短时间内进行。较大星体一去不复返，慢慢地太阳获得新的平衡，从太阳中分离出长条状稀薄气流，逐渐冷却凝固而分成许多部分，每一部分再聚集成一个行星。被拉出的气流，中间部分最宽，密度最大，形成较大的木星和土星。两端气流稀薄些，形成较小的行星，如水星、冥王星、地球等。

陨石论（施密特假说） 前两种假说都提出了一个原始太阳发出炽热气体状态的物质。施密特根据银河系的自转和陨石星体的轨道是椭圆的理论，认为太阳系星体轨道是一致的，因此陨星体也应是太阳系成员。因此他于 1944 年提出了新假说：在遥远的古代，太阳系中只存在一个孤独的恒星——原始太阳，在银河系广阔的天际沿自己轨道运行。在 60 亿~70 亿年前，当它穿过巨大的黑暗星云时，便和密集的陨石颗粒、尘埃质点相遇，它便开始用引力把大部分物质捕获过来，其中一部分与它结合；而另一些按力学的规律，聚集起来围绕着它运转，及至走出黑暗星云，这时这个旅行者不再是一个孤星了。它在运行中不断吸收宇宙中陨体和尘埃团，由于数不清的尘埃和陨石质点相互碰撞，于是便使尘埃和陨石质点相互焊接起来，大的吸小的，体积逐渐增大，最后形成几个庞大行星。行星在发展中又以同样方式捕获物质，形成卫星。

以上仅介绍三种关于地球起源的学说，一般认为苏联学者施密特的假说（陨石论）是较为进步的，也较为符合太阳系的发展。根据这一学说，地球在天文期大约有两个阶段：

（1）行星萌芽阶段：即星际物质（尘埃、硕体）围绕太阳相互碰撞，开始形成地球的时期。

（2）行星逐渐形成阶段：在这一阶段中，地球形体基本形成，重力作用相当显著，地壳外部空间保持着原始大气。由于放射性蜕变释热，内部温度产生分异，重的物质向地心集中，又因为地球物质不均匀分布，引起地球外部轮廓及结构发生变化，亦即地壳运动形成，伴随灼热融浆溢出，形成岩侵入活动和火山喷发活动。

以上便是地球演化较新的观点。上述从第二阶段起，地球发展由天文期进入地质时期。

2. 经年累月——地球的年龄

地球有多大岁数？从人类的老祖先起，人们就一直在苦苦思索着这个问题。

玛雅人把公元前 3114 年 8 月 13 日奉为"创世日"；犹太教说"创世"是在公元前 3760 年；英国圣公会的一个大主教推算"创世"时间是公元前 4004 年 10 月里的一个星期日；希腊正教会的神学家把"创世日"提前到公元前 5 508 年。著名的科学家牛顿则根据《圣经》推算地球有 6 000 多岁。而我们民族的想象更大胆，在古老的神话故事"盘古开天地"传说中，宇宙初始犹如一个大鹅蛋，盘古在黑暗混沌的蛋中睡了 18 000 年，一觉醒来，用斧劈开天地，又过了 18 000 年，天地形成。即便如此，离地球的实际年龄 46 亿年仍是差之甚远。

人们是用什么科学方法推算地球年龄的呢？那就是天然计时器。

最初，人们把海洋中积累的盐分作为天然计时器。认为海中的盐来自大陆的河流，便用每年全球河流带入海中的盐分的数量，去除海中盐分的总量，算出现在海水盐分总量共积累了多少年，就是地球的年龄。结果得数是 1 亿年。为什么与地球实际年龄相差 45 亿年呢？一是没考虑到地球的形成远在海洋出现之前；二是河流带入海洋的盐分并非年年相等；三是海洋中盐分也常被海水冲上岸。种种因素都造成这种计时器失真。

人们又在海洋中找到另一种计时器——海洋沉积物。据估计，每 3 000～10 000 年，可以造成 1 米厚的沉积岩。地球上的沉积岩最厚的地方约 100 公里，由此推算，地球年龄为 3 亿～10 亿年。这种方法也忽略了在有这种沉积作用之前地球早已形成。所以，结果还是不正确。

几经波折，人们终于找到一种稳定可靠的天然计时器——地球内放射性元素和它蜕变生成的同位素。放射性元素裂变时，不受外界条件变化的影响。如放射性元素——铀 238，每经 45 亿年左右的裂变，就会变掉原来质量的一半，蜕变成铅和氧。科学家根据岩石中现存的铀量和铅量，算出岩石的年龄。地壳是岩石组成的，于是又可得知地壳的年龄，大约是 30 亿年，加上地壳形成前地球所经历的一段熔融状态时期，地球的年龄约 46 亿岁。

3. 沧海桑田——地球的形成和成长阶段

地球的幼年时代——太古代时期

经过了天文期以后，地球便正式成为太阳系的成员。大约又经过22亿年，地球发展便进入地质时期——太古代。这段从46亿~38亿年前的地质时期有哪些特点？

（1）薄而活动的原始地壳：根据资料分析，原始地壳的部分可能更接近于上地幔。硅铝质和硅镁质尚未进行较完全的分异，因此太古代时期的地壳是很薄的，也没有现在这样坚固复杂。由于地球内部放射性物质衰变反映较为强烈，地壳深处的熔融岩浆，不时从地壳深处，沿断裂处涌出，形成岩浆岩和火山喷发。当时到处可见火山喷发的壮观景象。因此我们现在从太古代地层中，普遍可见火山岩系。

（2）深浅多变的广阔海洋中散布少数孤岛：当时地球的表面，还是海洋占有绝对优势，陆地面积相对较少，海洋中散布着孤零的海岛，地壳处于十分活跃状态，海洋也因强烈的升降运动，而变得深浅多变。陆地上也有多次岩浆喷发和侵入，使上面局部地区固结硬化，使地壳慢慢向稳定方向发展，因此太古代晚期形成了稳定基底地块——"陆核"。陆核出现，标志地球有了真正的地壳。

（3）富有CO_2，缺少氧气的水体和大气圈：太古代地球表面，虽然已经形成了岩石圈、水圈和大气圈。但那时的地壳表面，大部分被海水覆盖，由于大量火山喷发，释放出大量的CO_2，同时又没有植物进行光合作用，海水和大气中含有大量的CO_2，而缺少氧气。大气中的CO_2随着降水，又进入海洋，因此海洋中HCO_3^-浓度增大。岩浆活动和火山喷发的同时，带来大量的铁质，有可能被具有较强的溶解能力的降水和地表水溶解后带入海洋。含HCO_3^-的高浓度海水同时具有较大的溶解能力和搬运能力，因此可将低价铁源源不断地搬运至深海区，这就是为什么太古代铁矿石占世界总储量60%，矿石质量好，并且在深海中也能富集成矿的原因。

（4）太古代的地层：太古代的地层，都是一些经过变质的岩石，例如片麻岩、变粒岩、混合岩等深变质的岩石。我国太古代地层只分布在秦岭、淮河以北地区。出产鞍山式铁矿的鞍山、吕梁山、泰山、太行山等地均有太古代地层。

地球的少年时代——元古代时期

地球发展从26亿~6亿年前，这段经历了20亿年的悠久历史，称为元古代。在这漫长的时期，地球上许多事物从无到有，就像是一个人的少年时代，长成了初步的轮廓。

太古代末期的一次地壳运动，在我国称为泰山运动、鞍山运动或阜平运动。

太古代形成的陆核，到元古代时进一步扩大，稳定性增强，形成规模较大的原地台，后又经过几次地壳运动，原地台发展为古地台，地壳发展也由单层结构发展为双层结构。所谓双层结构，即是有结晶基底和沉积盖层，在世界范围内出现八大地台与九大地槽对立的局面。

这时海洋中，已经出现了丰富繁多的藻类，由于这些布满海洋的藻类植物的光合作用，吸收大量 CO_2 放出氧气，因此这时海洋和大气中有较多的游氧存在，同时 CO_2 也相对减少，为生物发展准备了物质条件。

元古代末期，我国有一套地层名词，称为震旦系，指的是 8 亿～6 亿年前这段时期。这是 1924 年李四光先生在长江三峡地区所建立的地层系说。"震旦"是中国的古称（这套地层名称目前尚未在国际上采用）。在震旦纪的后期，有一次世界性的大冰期。我国大部分地区均有分布。冰期是指：较大范围内气温下降，雪线降低（一般雪线在 5000 米海拔高度左右），冰原扩大（例如震旦冰期时，长江三峡，贵州、湖南、江西等省均有分布）。震旦纪的磷矿、锰矿都是我国重要的含矿层位。例如开阳磷矿、浏阳磷矿、襄阳磷矿、湘坛锰矿等，都产于这一时代。

地球的青年时代——古生代时期

古生代是 6 亿～2.3 亿年前，经历 3.7 亿年的历史。这比起太古代和元古代来，时间不算很长，但从地球的发展来看，却是一个重要的时期，这犹如人生的青年时代。根据发展可分早、晚两个阶段。

早古生代划分三个纪：寒武纪是根据英国威尔士西部的寒武山而得名；奥陶纪是英国威尔士的一个民族的名称；志留纪是威尔士民族居住地。

晚古生代也划分三个纪：早、晚古生代之间有一个地壳运动，称为加里东运动。海西运动结束了古生代的历史。泥盆纪是根据英国西南的德文郡命名，日译为"泥盆"，我国沿用至今。石炭纪，因盛产煤层而得名，石炭是煤的旧时称呼。二迭纪首先研究地点在乌拉尔山西坡——彼尔姆，因这套地层明显具有上、下两部分，这个为二迭纪，也被我国采用。

这个时期地壳发展日趋稳定，加里东运动以后，世界绝大部分地槽回返褶皱，古生代末期海西运动后，世界范围内仅剩下两大地槽与两大古陆对立形势，地球在这时的南北分异较为明显。古地理发展的海陆配置，这时也发生较大变化，初步建立了现时地貌轮廓。生物的演替，经过了几次飞跃，植物与动物都先后征服了大陆，高等生物发育繁衍。该期主要地质事件有：

（1）从海洋占绝对优势到陆地面积不断扩大。

前古生代，地球上出现不少古陆，但多为一些地槽海所分隔，在元古代褶皱回返的地槽，到古生代时又重新下陷，形成广阔的地台浅海，因此早古生代时，地球仍然是汪洋泽土，海洋占有绝对优势。早古生代，特别是志留纪末期的地壳运动，称为加里东运动。这次运动后，加里东地槽全部回返褶皱，另一些地槽也部分发生褶皱回返，如蒙古地槽北缘的阿尔泰—萨彦岭地区；阿马拉契亚地槽的北段和南段的一部分；塔斯马尼亚地槽的南段等。地槽褶皱回返转化为地台以后，由于活动区转化为稳定区，不但大地构造性质发生变化，而且隆起上升，由海洋成为陆地，所以加里东运动后，世界陆地面积便不断扩大了。

（2）从南升北降地壳发展形势到北方大陆联合南方大陆开始解体。

经过了加里东运动以后，一些地槽回返褶皱上升为陆地。但到了晚古生代，有些地区又开始下沉，成为地台浅海，因此世界总的形势仍然是南升北降，南方为大致连在一起的冈瓦纳古陆；北方除加拿大与欧洲连起来以外，其余地区仍为地槽海与地台浅海所分割。但是到了晚古生代后期，由于海西运动，世界大部分地槽回返上升，世界范围内只有横亘东西的古地中海地槽和环太平洋地槽还是海洋外，其余均隆起为陆地，于是北方古陆联合为一体，称为劳亚古陆。被古地中海所隔的南方冈瓦纳古陆，却开始解体，印非之间被海水侵蚀成为中生代大陆全面漂移所发生的前奏。

（3）地壳发展由活动趋向稳定，形成两在地槽与南北古陆对立形势。

发生在古生代，尤其是在二迭纪所发生的海西（华力西）运动，其影响要远比加里东运动大得多。通过这次运动，世界绝大多数地槽全部回返上升。如西欧地槽、乌拉尔地槽、阿巴拉契亚地槽、塔斯马尼亚地槽等均转化为地台。上述地槽有大部分位于北半球，因此经过海西运动后，世界范围内地壳发展日趋稳定，出现许多年轻地台，开始了两大地槽与两大古陆的对立形势，结束了地槽占优势的历史。

（4）北方发育广大煤田，南方冰雪晶莹。

海西阶段，地壳运动频繁，海槽相继隆起，陆地面积不断扩大，陆地森林繁茂，尤其是沼泽地带，更适合一些进化不很完全的植物生长，再加上石炭—二迭纪气候湿润，因此植物大量繁衍，那时的北半球呈现出绿树成荫，森林繁茂的景观。又因地壳运动频繁，海陆多变，陆地长好的植物，常为海水覆盖，不久又上升为陆地，继续生衍森林，这种环境，恰为成煤创造了良好条件，因此，石炭、二迭纪是北半球最主要的成煤时期。

晚古生代的冈瓦纳古陆，虽然在印非之间下沉，海水内侵，却仍高高隆起，出现自震旦冰期以来的又一次大冰期——石炭—二迭冰期。冰川活动持续5000万年，冰盖面积仅巴西境内就超过400万平公里。这次冰期正好位于当时南极周围，冰川中心厚，呈放射状向四周扩散，应属极地大陆冰盖类型。这次冰积物现在的分布位置，恰在非洲南部，印度半岛，南美的东缘，如果将这些大陆拼合，便恢复了大陆漂移前的状况，为大陆漂移说提供了有力的证据。

（5）中国地壳处于北升南降，北方稳定南方活跃的发展形势。

元古代中国北方形成的古陆，到早古生代仍在不断扩大，中奥陶纪以后，华北整体上升，形成华北陆台，并与西部塔里木古陆，东北、朝鲜连成一片陆地，称为中朝陆台。

南方受加里东运动的影响，陆地面积也在不断扩大，志留纪末，是加里东构造阶段最剧烈的时期，南方大部分为广西运动。这次运动使湘、桂、赣边的南岭地区上升，位于江南古陆与康滇古陆之间的上扬子海上升形成上扬子古陆，并与江南古陆、康滇古陆联成陆地。这时江浙一带的华夏海岛，也成为华夏古陆。加里东运动后，我国西部的天山、昆仑山、祁连山、秦岭、大小兴安岭及喜马拉雅地区仍处于活动海槽。中国地壳北升南降的形势，早古生代就已形成。

早元古代我国北方形成的阿拉善古陆、晋陕古陆、胶东古陆，在早古生代初期仍下沉为地台浅海，至中奥陶纪后，才与华北大陆整体上升。以上说明早古生代整个北方多处于稳定的地台阶段，沉积了稳定的地台浅海沉积，以石灰岩为主，岩层厚度多在数十米以内，而华南则沉积了厚度较大的碎屑岩系，反映了地壳运动较为活跃的特点。因此，早古生代中国地壳发展显示了北方稳定、南方活跃的特点。

晚古生代中国与世界一样，陆地面积进一步扩大，北升南降，北方稳定、南方活跃的形势空前发展，中国初步奠定了现时地貌轮廓。

在华北、东北、南中地区，从晚奥陶纪就已上升为陆地以来，沉积间断了一亿数千万年之久，到了中石炭纪，地壳才发生沉降，出现多次短暂的海侵，这种时海、时陆的海陆交互作用，最有利于成煤。因此华北煤田，主要形成于中、上石炭纪及早二迭纪，如本溪组、太原组、山西组等这些古生代的地层中，均广泛分布煤田。至晚二迭纪时，又全部隆起成陆，沉积了陆相地层，一直延续至今，这样华北及东北南部便结束了海侵历史。新生代虽然沿海有几次海侵，但与过去相比，规模小、时间短，是微不足道的。

在华南，早古生代末的广西（加里东）运动对该区的影响：很多地区在早泥盆纪上升为陆地，但到中晚泥盆纪时，一些地区复又被海水覆盖。当晚二迭纪的北方，已是一片陆地之时，而南方的半壁河山，仍在海洋之中。由于地壳活跃，火山喷发，流出的火山岩——峨眉玄武岩散布在大半个西南地区。由于海陆交替频繁，有利煤田形成。

在中国北部、西北部，原来分布好几条大地槽，沉积了厚至一两万米碎屑岩和火山岩。由于受晚古生代末海西运动的影响，天山、昆仑、祁连、秦岭、阿尔泰、蒙古—兴安岭等地槽，都相继褶皱隆起。

上述我国经过晚古生代海西运动后，华北、西北、东北以及华南部分，已连成广阔的大陆，我国大陆只有西藏、西南和华南部分地区及东北乌苏里江口等地区有海水存在。所以说，晚古生代，或者海西构造阶段，是海洋向陆地转化的重大变革时期，也是中国出现大陆占优势的时代。同时经过了海西运动后，地势起伏，分异显著，山盆相间的景观，也开始出现。山盆的出现阻隔了气流自由流通，同时陆地增多，气候由湿润而转为干燥。这一方面使生物界受到一次严峻考验，另一方面也促进了生物的演化，为中生代生物大飞跃，提供了条件。

从上述整个古生代地壳发展来看，仍处于明显南北分异：北升南降或南海北陆；北方稳定，南方活跃的发展总形势。

（6）古生代中国的矿产资源。

古生代是世界，也是我国的重要成矿期。

铁矿：我国西北祁连山寒武纪变质岩中，与火山岩有关的"镜铁山式"铁矿；华北中奥陶纪石灰侵蚀面之上"山西式"铁矿等，均具有工业价值。

磷矿：产于寒武纪的"昆阳式"矿磷是一种较丰富的磷矿床。分布在云南、四川及湘西等地。

锰矿：是我国又一个含锰地层，如广西的"桂平式"矿体属于上泥盆纪地层中。湖南、广西、江西及安徽等省区中下二迭纪顶部有一套岩层称为当冲组的，是重要属锰层位。

铝土矿：华北平原中奥陶纪侵蚀面之上的 G 层铝土层，具有重要价值。

煤矿：石炭—二迭纪是我国主要成煤时代，北方产在石炭纪及早二迭纪地层中，南方则主要产在晚二迭纪地层中。北方主要产煤地层有本溪组、太原组、山西组，如开滦、淮南、平顶山、淄博、本溪、焦作、太原、大同等煤田。南方主要产煤地层有石炭纪浏水组，晚二迭纪龙法组（乐平、斗岭、梁山为同一时代），如洪山殿、牛马司、乐平、斗岭山等煤矿。

地球的壮年时代——中生代时期

地球发展 2.3 亿～0.7 亿年，称为中生代。从海西运动开始至燕山运动结束。三迭纪称为印支期（印支构造旋回），发生侏罗、白平纪的称太平洋期或旧阿尔卑斯期（我国称燕山期）。

海西运动后，世界许多地区，因海槽回返隆起，地壳发展，只留下横亘东西的古地中海地槽和围绕古陆边缘的环太平洋地槽，北方地台由分而合，南方地台由合而离，大陆全面飘移。经过晚白垩纪海侵（中生代后的最大海侵）后，由于燕山运动（又称太平洋或旧阿尔卑斯运动）影响，出现全球性的海退，基本构成现时地貌轮廓。由于地理、气候环境发生较大变化，生物要适应新的环境，于是又出现新的飞跃。古生代末，新露头角的裸子植物，到中生代大量繁衍，表明植物也完全征服了大陆。动物发展到中生代已是爬行动物时代了，标志着动物完全征服了大陆。始祖鸟，一种介于爬行动物与鸟之间的动物，表明动物向空中发展。我国云南上三迭纪地层中卞氏兽的发现（下颚像爬行动物，牙齿却像哺乳动物），说明爬行动物中一支早已向哺乳动物演化。

以上说明地球发展进入中生代，一切都已"成熟壮大"，犹如人生的壮年时代，该时期的主要特征有：

（1）环太平洋地槽内带强烈褶皱（回返），活动带不断向外推移。

环太平洋地槽从中生代发展来看可分为内外两带，靠大陆部分称为内带，靠海的一侧称为外带。三迭纪时，地槽仍处于活动状态，沉积了巨厚的地层。至侏罗、白垩纪太平洋期（燕山期）内带隆起，形成褶皱山脉，如北美内华达山脉、亚洲西伯利亚东部各山脉。而活动的地槽外带向外推移，相当于现在科迪勒拉山系、大小兴安岭，这些山系至新生代喜山运动才发生褶皱。活动地槽区移至现代海沟，如日本深海沟、台湾东侧深海沟、马里亚纳海沟等。活动区向外推移的同时，岩浆活动与内生金属成矿作用也不断向外推移。因此岩浆活动与内生金属成矿时间，从陆地至海洋是由老到新。

（2）古地中海地槽东西发展不平衡，活动区由北往南推移。

古地中海地槽横亘东西，穿越欧亚，西延可与阿巴拉契亚地槽相连，将大半个地球分为南北两部。气势雄伟、挺拔壮观的阿尔卑斯山、比利牛斯山以及高耸入云的喜马拉雅山在中生代时还是波涛汹涌的古地中海呢。是什么时候回返褶皱成山的呢？研究它们的发展历史，东西、南北均有差异，活动带是由西往东、自北而南推移的。

（3）北升南降的局势空前发展，大陆全面漂移。

中生代经历印支运动、宁镇运动、燕山运动以后，环太平洋地槽内带隆起，古地中海地槽西段北带部分隆起，加里东、海西褶皱带还处于活动状态，地貌分异不断发展，因此北方大陆继古生代以后继续上升。南方冈瓦纳古陆，晚古生代在印非之间海水内侵，经过印支、燕山两期地壳运动，大陆进一步发生分裂，古地中海、古大西洋、古印度洋等相继开始形成和发展。南美、印、非、澳之间都有海水侵入，至中生代末，古陆尤其是冈瓦纳古陆彻底解体，大陆全面漂移。这次大约从两亿年前开始的大陆漂移，到现在仍在进行。

（4）地壳重新活跃，地壳发展进入一个新的时期——地洼阶段。

印支运动以后，地球上许多地区大地构造的性质，不像是地槽转为地台的一些性质，不再是稳定的，而是表现十分活跃。这种现象，苏联学者 B.B. 别洛乌索夫称之为"地台活化"；我国学者黄吸清先生称之为"再生"，陈国达先生称之为"地洼"。活化的主要表现是：

①岩浆活动十分强烈，地球上一些地区，大规模的中酸性岩侵入活动。例如中国东部地区，大规模的基性喷发；又如印度德干高原，玄武岩厚度达 3 800 米，分布面积数百平方公里，几乎覆盖了整个高原；再如我国沿海中、酸性喷发，火山岩遍布山东、福建、浙江等地。升降幅度增大，地貌反差加剧。世界形势的变化，北升南降，即是这种性质的表现。

②形成了丰富的内外生矿床。中生代是继古生代后又一个重要形成期，三迭、侏罗、老第三纪在全球范围内都有重要煤田，如我国云南一平浪组，河北下

花园，北京门头沟，东北鸡西、抚顺，江西萍乡等。

石油的又一重要形成期，在我国显得更为重要，我国许多大型油田的形成都在中生代以后。如柴达木、松辽平原、四川盆地等，大庆油田的含油层也形成于白垩纪。

③表现中生代以来地壳重活跃的最主要的成矿作用，还是环太平洋内生多金属成矿带的形成。中生代以来，北美科迪勒拉、西伯利亚等地，都有超基性岩入侵形成，尤其是燕山期，有大量中、酸性岩浆岩侵入和喷发活动，形成种类繁多、储量丰富的金属矿床，称为环太平洋内生金属和部分稀有金属。例如我国从东北到华南，钨、锡、铋、钼、铜、铅、锌、锑、汞、砷、金、银、铀、稀土等，都有分布，其中钨、锑、汞、砷的储量和产量均居世界之首。

根据以上三项，陈国达教授认为是地台活化，地壳发展进入新的时期——地洼时期。并提出"地洼学说"或"动定转化递进说"。

（5）地壳发展从南北分异转向为东西分异。

从世界形势来看，由于大陆漂移以后，冈瓦纳古陆解体，古地中海地槽封闭，原来冈瓦纳古陆上的非洲与印度，逐步分别与欧洲和亚洲拼合，晚古生代那种两大古陆对应的局面已一去不复返了，而一些活动地带多呈南北分布，因此是造成分异的主要原因。

（6）中国古地理发展基本结束了南海北陆的局面，华南、华北连成一片。

北方自中奥陶纪沉积马穴沟灰岩以后，再经过1亿年的间断，至中石炭纪有短时的沉积，晚石炭纪后便上升为陆地，结束了海侵的历史。

南方海西运动后曾一度海退，但到早、中三迭纪华南又开始下沉，海水卷土重来，云、贵、川、湘、桂、赣、苏、皖等广大地区，又为海水所覆，沉积了广泛的地台浅海沉积。三迭纪晚期，由于印支运动的影响，华南地区全面上升，海水退出，华南、华北从此便连成完整的大陆。此时仅有西藏、喜马拉雅地区、东北乌苏里江仍是一片海洋和东南沿海有过几次交替海侵。中国大陆自印支运动后转为以陆地为主的环境了。侏罗、白垩纪后，海水面积进一步缩小，云南西部和乌苏里江口也已上升为陆地。至此，我国海陆分布已基本完成。所以说，燕山运动，基本构成了我国现时地貌轮廓，奠定了我国地貌基础。

（7）古气候发展，气候分带已开始形成。

经过燕山运动后，地球上海陆配置基本完成，因此气候带在中生代晚期已基本形成，从气候演化看，以干湿交替为特征，正因为这种新的气候条件，促进了中生代生物大飞跃。三迭纪时，受印支运动影响，海水在全球范围内退却，出现了干燥气候，生物为适应这一环境，在发展中又出现多次飞跃。侏罗纪时这种湿润气候，使地球上森林密茂，因此侏罗纪是世界上的一个重要成煤期。同时海洋浮游生物也大量繁殖，因此也是重要的石油成矿期。

地球"回春"——新生代时期

新生代是地壳发展最近的一个时期，相当于人类历史的近代史，大约 7 000 万年以来的这段地壳发展时期，从时间来看虽然是最近和最短的，但从整个地壳演化来说，却是内容丰富而又极其重要的时期。中生代地壳重新活跃，新生代继承发展了地洼特征，故称地球的"回春期"。

新生代包括第三、第四纪。中生代侏罗纪至第四纪以前称阿尔卑斯构造阶段，而第三纪这一阶段称为新阿尔卑斯构造阶段。

（1）地壳发展由活动趋向稳定，两大地槽继续向地台发展

新生代地壳发展主要方面由活动趋向隐定，大地构造轮廓和古地貌逐步接近现代状况，从活动区发展来看具有明显的三个阶段。

①第三纪早期，中生代以来两个活动区还在继续活动。

从欧洲阿尔卑斯山部分地区，亚平宁山、喜马拉雅山地区，地壳还处于活动状态，表现为横亘东西的大海槽——古地中海（特提斯）地槽。

环太平洋地槽，紧靠中生代褶皱带外侧（太平洋一侧），还在不断下陷，处于非常活跃的地槽阶段，以及相邻的大陆（西欧、俄罗斯南部、非洲北部、北美东部）等明显下沉引起全球性的海侵，因此早第三纪海侵是新生代以来最大的一次海侵。

②第三纪晚期和第三纪末，由于喜（马拉雅）山运动的影响又发生了新的变化。

古地中海强烈褶皱返回，横亘东西的山脉取代了昔日的海洋，从北非的阿特斯、欧洲的比利牛斯、阿尔卑斯、喀尔巴仟，东延至高加索、喜马拉雅，成为地球上最年轻的山系，第三纪末，喜马拉雅山就已高出海面 5000 米了。

残存的地中海及东南亚一带仍为海槽。

③第三阶段，喜（马拉雅）山运动后第四纪以来。

喜马拉雅地区继续上升，成为世界最高峰，青藏高原也因喜马拉雅山上升而隆起，南带至今仍处于活动状态。

环太平洋地槽内带不断隆起，安第斯山继续隆起，东北也相继上升，活动区推移至现在的海沟，西太平洋群岛进一步发展，台湾脱水而出。

（2）地壳发展由稳定又重新趋向活动——进化到地洼发展新阶段

印支运动后地壳发展进入地洼初动期阶段，燕山运动后进入极烈期，喜山运动后活动性仍继续发展，因此新生代是地壳的"回春期"。

①大规模的断裂活动和断块活动。

断裂活动有一些继承中生代的断裂，另一些是新生的。断块活动，是指几组断裂切割一个地区，使其隆起或下陷的一种断裂组合活动。如庐山经断块活动被

抬升，华北平原、汾河、渭水流域断裂后则下陷，前者称断隆、断块山，后者称断陷盆地。这些断裂活动至中生代以后又比较活跃，表现强烈。

②规模较大的岩浆活动。伴随大规模的断裂活动，出现广泛的岩浆活动，以喷发为主。例如德干高原玄武岩、东北五大连池、台湾、海南、福建、浙江、云南等地，新生代以来都发生了强烈喷发。

③加里东及海西阶段的一些古老褶皱带在新生代以来也重新活动，表现强烈的上升及断陷下沉，形成巨大的山系和巨大的深坳盆地。

我国西部及中亚地区大型盆地和巨大山脉相间的自然地理景观都是因此形成。新疆的三山两盆、欧洲的莱茵地堑便是一例。

④冈瓦纳古陆继续分裂、漂移，愈来愈接近现代地貌。

古地中海至新生代全部上升隆起，使非洲与欧洲、印度与亚洲完全拼合在一起。

以上说明从加里东、海西、印支期转化的地台，至新生代又重新活跃。

（3）古地理及古气候变化

早第三纪世界气候分带已经明显，许多地方出现反映不同气候的沉积物，在时间上和空间上相互交替出现。

晚第三纪气候分带与现在十分相似，北半球干燥区呈南西西—北东东方向延伸，西风带已经形成。

第四纪以来，干湿及冷暖交替的波动气候，出现冰期和间冰期，以及东亚季风的形成和发展。

在冰期干冷气候条件的特殊环境下，出现第四纪黄土堆积。

冰期和干冷气候，也促进了生物的发展，第三纪末第四纪初地球上古人类出现。

黄土堆积、第四纪冰期、古人类出现被称为第四纪以来三件重大地质事件。

（4）喜马拉雅运动和中国现代构造及地貌的形成

我国现代构造和地貌，晚古生代海西运动后已初步形成轮廓，中生代燕山运动以后基本奠定基础，喜山运动则完成了现时构造和地貌轮廓。

1）第三纪喜山运动以前，我国大陆轮廓就已基本形成，山川交错、盆地相间的地理景观。西北地区形成大型盆地，如塔里木、准噶尔、柴达木等盆地。东部地区由于大陆与洋壳的挤压，产生北东—南西；北北东—南南西的山系。隆起区仍继续上升，下陷盆地仍在下降，第三纪沉积物，厚度可达 5000 米以上，例如洞庭盆地。

2）第三纪末的喜山运动，喜马拉雅海槽上升为 5000 米以上的山地，台湾也脱水而出。至此，基本造就了我国现时地貌轮廓。同时喜山运动，伴随大量的火山喷发。

3）喜山运动后，地壳发展进入第四纪时，新构造运动表现仍十分强烈。

①在地貌上，山脉隆起、盆地下沉的地貌景观得到加强。青藏高原跃居为世界屋脊，珠峰成为世界第一高峰。根据有些资料，西藏高原、云贵高原，第四纪以来上升了 1 000～2 000 千米以上，喜马拉雅山上升了 3 000 米以上。

盆地下降，如华北平原第四纪下降达 1 000 米以上，沿海地区最多的曾发生七次海侵。我国洞庭凹陷下降也在 100 米以上。太平洋西部南海珊瑚岛礁厚度也达 200 米以上。

②由于升降运动伴随的断裂运动。西藏高原周围断裂分割，使高原抬升。天山、祁连山、秦岭等地，因升降成为高山，山岭之间相对下降形成河谷或湖泊。

（5）新生代的矿产资源

新生代的矿产主要有第三纪红色盆地的膏盐、油气和煤。例如湖南盐井的盐和石膏、乌克兰钾盐。伊朗的油气主要产于第四纪，美国落基山煤田，部分产于第三纪。第四纪主要是现代盐湖（西北、内蒙等盐湖）及砂矿、金刚石、砂金、金红石等砂矿床。此外有海岛上的鸟粪磷矿床。

地球的演化，从无到有，经过了 46 亿年漫长岁月，才形成今日能为人类提供一个休养生息的场所。由无生命到有生命，最后创造了人类，并进入今天文明社会，我们应该去认识、了解、保护这个属于人类的地球。

第二节　蓝色星球——地球的构造

1. 井然有序——地球的内部圈层结构

科学家们根据无数次地震波在地球内部传播状态的分析，证明地球内部有圈层状的特点。由外向内分三层：地壳、地幔、地核。它们之间就像鸡蛋分为蛋壳、蛋清和蛋黄一样。

地壳是地球内部结构中最外的圈层，是由岩石组成的地壳固体外壳。地壳总厚度在 5 至 70 公里之间，大陆地区壳厚，如青藏高原地区厚度达 70 公里，大洋地区地壳薄，如大西洋地壳有的地方仅厚 5 公里。海陆地壳的平均厚度约为 33 公里，仅占地球半径的 1/200。地壳的上部主要由密度小、比重较轻的花岗岩组成，主要成分是硅、铝元素，称为"硅铝层"。地壳的下部是由密度较大、比重较重的玄武岩组成，主要成分是镁、铁、硅元素，称为"硅镁层"。在地壳的最上层，是一些厚度不大的沉积岩、沉积变质岩和风化土，它们是地壳的表皮。在地壳中，蕴藏着极为丰富的矿产资源，目前已探明的矿物已有两千多种，其中尤以金、银、铜、铁、锡、钨、锰、铅、锌、汞、煤、石油、天然气等为人类文明不可缺少的宝贵资源。

地幔位于地壳以下，地核以上，亦称为"中间层"。其下界深 2 900 公里。地幔约占地球总体积的 83.3%。地幔可分为上下两层，上地幔约到 1 000 公里深处，一般认为，这里的物质处于局部的熔融状态，是岩浆的发源地，地球上分布广泛的玄武岩就是这一层喷发出来的。下地幔在 1 000 公里以下到 2 900 公里，主要是由金属硫化物和氧化物组成。地幔的质量为 4.05×10^{21} 吨，占地球总质量的 67.77%，温度较高，上地幔为 1 200 ~ 1 500℃，下地幔为 1 500 ~ 2 000℃。

地核地球内部结构的中心圈层。可分为外核和内核两部分。外核自地下 2900 公里到 5 100 公里，占整个地球质量的 31.5%，体积占整个地球的 16.2%。由于地核在地球的最深处，受到的压力很大，外核的压力已达到 136 万个大气压，核心部分高达 360 万个大气压。地核内部的温度高达 2 000 ~ 5 000℃，物质密度平均为 10 ~ 16 克/厘米³ 之间。地核主要由铁、镍组成并含少量其他元素，可能是硅、钾、硫、氧等物质。

2. 自然风化——地球上的褶皱构造

褶皱是地球外表层岩石区最普遍的一种地质现象，由于褶皱才使地面此起彼伏，就像是干缩了的苹果一样。

褶皱是岩层在构造运动水平压力作用下，所产生的一系列波状弯曲，是一种未丧失岩层连续性的塑性变形。单个背斜或向斜称为褶曲，它由核（轴）部和翼等要素组成。褶曲是组成褶皱的基本单位，两个以上的褶曲的组合，才叫褶皱。在自然界总是一个褶曲连着另一褶曲。由于受力状况、强弱不同，弯曲形态和程度也不同。

褶曲基本的形成由背斜和向斜组成，两者有什么区别呢，我们由下表可以做一个比较：

背斜、向斜基本情况比较

内容	背斜	向斜
弯曲方向	向上弯曲	向下弯曲
岩层产状	向外倾斜	向内倾斜
地层层序	老地层在中间	新地层在中间
地貌特征	一般是正地形，隆起为山	一般是负地形，凹下为谷
地形倒置	凹下为谷	隆起为山

在上表中，背斜和向斜的最主要的区别，是根据地层的新老来判断的，背斜的中间（称为核部）是老地层，向斜的中间（核部）是新地层，其他条件都是不可靠的。例如地貌一般背斜隆起，但如果岩性有差异，背斜所处的岩层容易风

化，向斜处的岩层难以风化，则出现相反的情况，背斜成谷，向斜成山，这种现象我们称为地形倒置。

此外根据褶曲向上弯曲是背斜，向下弯曲是向斜，来判别褶曲，有时也会发生错误的结果。表示一个背斜，由于倒转逐步变为向下弯曲，误判为向斜。同样向斜也可变为上弯曲的翻卷褶曲。

研究褶皱，不仅在恢复地壳运动方面，在找矿、找油、找气、找水等方面都具有重要的意义。此外研究一个地区的地层、断层应首先研究褶皱。

褶皱轴（核）部往往是矿床富集的地区，向斜是保护所有沉积矿床的最好构造。背斜，尤其是短背是重要储油构造，油、气都储集到轴部，因为油、气比水轻，被水一挤压，便向顶部集中。向斜可以把水"收"集到两翼或轴部，我们找矿、找水、找油，都要搞清褶皱分布，否则就会使钻孔落空。

3. 清晰可见——地球上的断裂构造

如果说岩层的弯曲称为褶皱，那么岩层被错断，使岩层连接性被破坏发生位移或裂开时我们称为断裂。根据断裂程度和规模，把那些位移显著、规模较大的断裂称断层，规模小、位移又不显著的称为节理。一种是受引力产生的、张开裂口的张节理；另一种是由于受扭动产生的剪切应力发生袭面闭合的剪切理。

断层，是地壳表面规模较大的断裂，它可以切穿地壳，进入上地幔，地面延伸数百公里。如我国郯庐大断裂，从东北南部延至长江，乃至贵州，长达千余公里，但有时也有一块平标本上见到仅数厘米的，只要岩层有明显错位的，便可称为断层。

断层由下列几项要素组成：

断层面和破碎带 岩层发生位移时，被错断两盘沿着移动的面称为断层面，在绝大多数情况下往往不是单一的面，而是一系列密集的破裂面或错动破碎带，称为断层破碎带或断层带。

断层线 断层面、破碎带与地面或平面的交线称之为断层线，它表示断层延伸的方向。

上盘和下盘 断层面两边的岩层称为断层的两盘。断层以上的称上盘，以下的称下盘。

断距（位移） 断距是岩层被断开的距离，也是两盘相对的位移量。因此断距也是衡量断层规模大小的指标之一。

断层是地球上常见和重要的地质现象，如何判断断层的存在，最主要的有下列各项：

首先地貌方面的标志。断层线通过处一般岩层破碎，易于风化，所以断层线通过处，多是负地形，沟谷较多，过去老地质学家常说，"逢沟必断"，就是这个意思。当然不是每条沟谷都是断裂，但是沟谷，则需作断层来考虑，再来寻找依据加以证实。

在地貌上，断层还有很多表现。例如山脊被错断、河流突然拐弯、山地与平原交接处等这些地貌形态发生变化外，往往都有断层通过。

其次是岩层的重复与缺失。由于断层活动，岩层往往被错动后，一些岩层多出来，发生重复，另一些岩层则被断掉后少了层数发生缺失。因此如果岩层层序发生变化，则说明可能是断层活动的结果。我们注意用那些特征明显的岩层（称为标志层）是否重复或缺失来确定断层的存在。

再次是断层破碎带、断层两盘出现的磨光面，断层角砾等都可以作为断层证据。

此外，植被的生长状况明显变化、泉水分布呈线状分布，断层崖、断层三角等都是断层存在的证据。

根据断层的性质，可以分为三种类型：

正断层：上盘下降、下盘上升的断层，它是由于引张力作用，使上盘"掉下来"。

逆断层：上盘上升、下盘下降的断层，它是由于挤压力作用形成的。

平移断层：两盘平错，是由于扭力作用形成的。

4. 弥久年轮——地壳中的"寿星"

如同人有诞生日、有年龄一样，地壳也有自己的年龄。科学家对不同大陆上的地壳岩石进行了抽样分析，认为大陆地壳的最早雏形出现在 37 亿 ~40 亿年前。大部分地壳的年龄在 28 亿年左右。现已发现的有 30 亿年以上高龄的地壳有 10 余处，其中最老的寿星是格陵兰岛的戈德霍普，它的高寿是 39.8 ±1.8 亿年。其次是：

刚果南部 35.2 ±1.8 亿年；

俄罗斯科拉半岛 34.6 亿年；

沃罗涅兹河地区 34.6 亿 ~34.8 亿年；

美国明尼苏达州 33 亿年；

南非德兰土瓦中部 32 ±0.7 亿年；

美国蒙大拿州 31 亿年；

斯威士兰 30.7 ±0.6 亿年或 34.4 ±3 亿年。

随着地质年代测定数据的增多，可能还会发现岁数更多的大陆地壳。

科学家从南非的前寒武纪岩石中，还发现了 32 亿年前的细菌化石，被命名为"伊索拉姆原始细菌"。这是目前知道的最古老的生物遗迹，可以说它是地球上最早的生命了。

5. 今夕何年？——地质年代

自从陆上出现了生物以来，古代生物的遗体——化石，就成了我们认识地球的最好标志。科学家们根据化石以及岩石中的放射性元素来计算，把地球历史演变划分为五个年代，即太古代、元古代、古生代、中生代和新生代。共十余个纪。

太古代、元古代为地球为发展的初级阶段，距今最远，经历时间也最长，当时的生物仅处于发生和孕育阶段。古生代鱼类、植物、动物都从低级向高级发展。中生代地壳活动强烈，发生了一次强大的地壳运动——燕山运动。新生代距我们最近，大约有八千万年，地球上相继繁荣，出现了人类，到处生气勃勃，百花争艳。

第三节　生物之源——地球圈层

1. 周而复始——大气来源

我们的地球之所以生机勃勃，是因为它有其他行星所没有的得天独厚的三大宝：适量的阳光、充足的水源和丰富的大气。

地球大气是从哪里来的呢？天文学家常常用天体的起源来解释地球大气的起源。

根据太阳系起源的流行理论——康德—拉普拉斯学说认为：大约在 50 亿年前，太阳系是一团体积庞大、温度极高、中心密度大、外缘密度小的气态尘埃云。整个尘埃云先是缓缓转动，后来温度渐渐冷却，尘埃收缩，而使转动加快，中心部分收缩成太阳，周围物质收缩成九大行星及其卫星。最初收缩凝聚的地球团块是很疏松的，气体不光在地球表面，大部分被禁锢在疏松的地球团内。这时的地球像一块吸足了水分的海绵团，蕴涵着大量的气体。

后来，由于地心引力作用，疏松的地球收缩变小。气体受到收缩，被挤出来。大多气体分散到地球表面，形成薄薄的一层大气。地球收缩到一定程度后，收缩速度减慢，强烈收缩时产生的热量渐渐失散，地球逐渐冷却，地壳开始凝固。地球凝固后，地球内部受反射性元素的作用不断升温，使地壳一些地方发生断层、位置移动和火山爆发。地壳和岩石中的水和气体也随之释放出来，这些被释放出的气体中，一部分像氢和氦等轻分子跑到了宇宙空间，而氧和氮等重分子大部分被地球吸力抓住，充实了地球大气。

地球不断失去氢和氧，然而太阳风和地球本身的活动，如火山爆发等，又不断地补充地球大气失去的气体。所以，从古至今，地球大气总是那么丰富。

2. 地球外衣——大气圈

在地壳外面的广阔空间，是地球的"大气圈"。人们常称它是地球的外衣。谁都知道，作为地球环境要素之一的大气，是各种生命不可须臾缺少的东西。但你可曾知道，如今的大气，早已不是原来的大气了，而是至少经过两次"更新"之后的第三代大气。

现在笼罩着地球的大气，厚度在3 000公里左右，通常称之为大气层或大气圈。它的总质量并不大，仅相当于地壳总质量的0.05%。大气圈在结构上，自下而上依次可分为对流层、平流层、中间层、热层和外层。

对流层从海平面到18公里高空，占大气总量的80%。对流层里气象万千，冷热空气上下对流，兴云造雨，下雪降霜，电闪雷鸣都在这里发生。

平流层从对流层顶到50～55公里的高空。此处空气稀薄，水汽和尘埃含量极少，很少有天气现象，气流平稳，是高速喷气机最理想的飞行区域，平流层中含有大量臭氧，因此又得名"臭氧层"。它能吸收太阳辐射中90%的紫外线，像地球的贴身"防弹衣"一样，使地面生命免遭紫外线伤害。

中间层从平流层顶到80～85公里的高空。它负责吸收太阳的远紫外线和X射线，使大气中的氧和氮分子离解成原子和离子。该层的温度随高度增加而降低。

热层从中间层顶到500公里处的高空。这一层的温度很高，气温昼夜变化很大。

外层500公里以外高空，是地球大气层向星际空间过渡的区域，它有两条辐射带和一个磁层。磁层在5万～7万公里的高处，它是地球大气的最外层，它像一道挡风的钢铁长城，保护地球生物，免受太阳风的致命打击。

在50～1000公里处有一个电离层，分为D、E、F_1、F_2四层，里边的气体基本都是电离的。地球上的短波无线通信都靠电离层的反射。80～500公里区域，电离密度较小，美丽的北极光就出现在这层。

从成分上说，大气是一种混合物，其组成相当简单。它由不同成分的、具有不同的性质和功能的物质以适当比例相配备，为有机世界的生存和发展，提供了有利的条件。

地球脱胎于星云，而星云的主要成分是氢和氦。可想而知，地球的第一代大气是以氢和氦为主的。不过，地球在形成之初，由于其体积还很小，没有足够的重力把这些气体挽留在自己周围。因此，最初的地球无法拥有大量的气体。犹如现在的月球或小行星那样。后来，随着地球不断吸引和兼并它周围的固体颗粒，体积和质量不断增大，地球的引力也不断增大，并可以把原始的气体吸引在自己周围，便形成了以氢、氦为主的第一代大气。由于这些大气分子很轻，在阳光照射下异常活跃，很容易逃逸出地球。

随着地球的进一步增长，以及地球内部温度的升高，在地球内部圈层分化的同时，从地球的内部不断有气体产生出来，这就是地球的第二代大气。其主要成分可能是水、二氧化碳、一氧化碳、甲烷和氨，此时还没有动植物呼吸所必需的游离氧。第二代大气产生于火山喷发或从地球物质中渗出，人们根据当今火山喷发产生的气体和某些陨石上所发现的气体成分证实了这一点。

至于第二代大气是怎样演化成现代大气的，这个过程比较复杂，但在演化过程中起关键作用的是绿色植物。因为绿色植物通过光合作用能够吸收二氧化碳，释放出游离氧，从而把还原大气变成氧化大气，使第二代大气的成分发生重要变化。

在距今30亿年以前，地球上出现了原始的低等植物——蓝绿藻。这是地球大气由还原大气变成氧化大气的关键性的事件。在距今6亿年以前，绿色植物在海洋中得到大量繁殖与发展，并占据优势。在距今4亿年以前，绿色植物开始在陆地上出现。这样，使得在大气中的游离氧不断增多。同时，还原大气的氧化过程被加速。在氧化过程中，一氧化碳逐渐转变成二氧化碳；甲烷逐渐成为二氧化碳和水；氨逐渐转变成水汽和氮。很明显，这时的大气还不是氧化大气，而是以二氧化碳逐渐占据优势的大气。只是由于绿色植物光合作用的持续作用，大气中的二氧化碳才得以日益减少，而游离氧日益增多。有人估计，当大气中游离氧达到现代大气氧的1%的时候，就可能出现有效的臭氧层。它对太阳紫外线起屏障作用，可保护地球上生命免遭紫外线伤害。游离氧是生物发展的产物，反过来它又促进生物界的发展。

大气中氮气的增多，除了与游离氧有关外，还取决于生物的发展。生物在其生存期间，需吸收环境中含氮化合物，在体内合成蛋白质等复杂的有机物。当动物及其排泄物腐烂时，蛋白质一部分转变为氨和铵盐，另一部分直接转变为氮；氨在游离氧的作用下又释放出氮。由于氮的化学性质不活泼，在常温下不与其他元素结合，所以它在大气中会越积越多，终于成为大气的主要成分。

总之，在绿色植物的光合作用下，由于二氧化碳不断减少和氧、氮不断积累，终于使得地球的第二代大气演化成了现代的第三代大气。

3. 生物保护伞——大气层

在地球大气由原始大气演化为还原大气时，由于太阳辐射，产生了光的电解效应。将水分子分解为氢和氧，分解出的氢逃逸出大气层，比氢重的氧留了下来。性能活泼的氧除了与其他元素化合外，还有一部分形成了臭氧。臭氧是氧分子的一种同位素，它主要分布在地球大气的平流层里，在海拔25公里附近密度最大。因此，科学家又把海拔25公里附近的大气层叫做臭氧层。据估计，在海拔10~50公里范围内，臭氧占整个地球所拥有的臭氧总量的97%以上。但是，与地球大气相比，还不到地球大气总量的1%。

臭氧含量虽少，但却维系着地球万物生灵的命运。因为强烈的太阳紫外线对生物会产生致命的危害，它会破坏生物体内的生殖分子和D. A（细胞的脱氧核糖核酸，它起着制造和传递遗传信息作用），引起细胞异变和一些疾病。紫外线对蛋白质也有破坏作用。而D. A和蛋白质对光线的吸收主要集中在紫外线波段。

臭氧能吸收太阳紫外线，使大气下层的氧分子不再被分裂。被吸收的太阳紫外线能烤热臭氧及周围的空气，形成高于同温层的空气层，就好像在汹涌澎湃的对流层上的一把保护伞，挡住了大部分的太阳紫外线，使地球上的生物免遭紫外线的致命伤害。正因为地球大气中有了臭氧层这个天然屏障，远古的生物才能从海洋过渡到陆地，而发展成形形色色的生物界，我们人类以及地球上的所有生灵才能安然无恙地生活在地球上。

如果大气层中的臭氧含量减少，到达地面的太阳紫外线就会明显增强，地球上的生物就会遭殃了。

4. 生命摇篮——水圈

在地球上，很少有什么物质会像水那样变幻多端，分布广泛。上至高层大气，下至地壳深处，几乎处处都有水的踪迹和水的影响。相互沟通的世界大洋，陆地上的江河湖泊，以及埋藏于地表下面的地下水等，它们互相连通，共同构成了我们这个星球上所特有的"水圈"。在地球上的总水量中，海水约占97%，其余3%存在于冰川、江河、湖泊、地下和大气中。如果我们把地表变成很平坦的，将地球水均匀覆盖其上，那么全球将成为一个平均水深2 745米的水球。水是生命的摇篮，也是一切生命机体活动必不可少的基本要素。

在太阳系中，地球是唯一拥有液态水的天体。水占地球表面积的77%（为此，有人提议地球应改名为"水球"），总量达145亿亿吨。这还不算矿物所含的结构水和结晶水，也不包括生物体中的水（生物机体的2/3是水组成的）。

这么多的水是从哪里来的呢？

传统说法，地球上的水是地球形成时，从星云物质中带来的。星云物质由三大类物质组成：一类是气物质，如氢和氦，约占星云物质的98.2%；另一类是冰物质，如水冰、氨、甲烷等，约占1.4%；第三类是土物质，主要有铁、硅、镁、硫等与氧的化合物，是些温度高达1 000℃左右时仍是固态的物质。地球是土物质组成的，但仍有一小部分冰物质，这便是地球水的来源。

1961年，科学家托维利提出，地球水是太阳风的杰作。太阳风是太阳外层大气向外逸散出来的粒子流。从地球形成至今，地球从太阳风中吸收氢的总量达1.70×10^{23}克。如果这些氢全部与地球上的氧结合，可产生1.53×10^{24}克的水，恰恰接近地球水的总量1.43×10^{24}克。

不久前，美国人弗兰克等人又提出一个假说：地球水来自太空冰球。这位科学家研究了 1981—1986 年以来人造卫星发回的数千张地球大气紫外线辐射图像，发现在圆盘形的地球图像上总有一些小黑斑。这些小黑斑都很短命，仅存在两三分钟。经多次分析和否认了其他一切可能后，他们认为这些小黑斑是由一些看不见的冰块组成的小彗星，撞入地球外层大气后破裂、融化成水蒸气而造成的。估计每分钟约有 20 颗平均直径为 10 米的这种冰球坠入地球，每年可使地球增加 10 亿吨水。地球形成 46 亿年，总共可从这种冰获得 460 亿亿吨水，是现在地球水总量的 3 倍多。扣除蒸发的水分、矿物质和岩石以及生物机体内含有水分，仍绰绰有余。所以，这一假说因无法自圆其说，也遭到了人们怀疑。

地球之水究竟来自何方？还有待人类继续探索。

5. 生机盎然——生物圈

在地球发展的最初阶段，地球上本没有任何生命现象。由于地球本身的特有性质和它在太阳系中得天独厚的位置，决定了地球上物质的进一步演化。地球上自从有了原始的地壳、大气圈和水圈，生命便合乎规律地出现和发展了。

现在多数人认为，生命是由无生命的物质转化来的。这种转化，需要有一定的物质条件，即必须具备甲烷、氨、水汽和氢等，而这些物质在原始大气中是大量存在的。实现这种转化，还需要有一定的能量，而来自太阳的紫外线、大气中的电击雷鸣和地下的火山熔岩等都是重要的能源。所以，在原始地球上，实现从无生命到有生命物质的这种转化，便具备了可能性。

为了模拟这种转化过程，20 世纪 50 年代美国科学家米勒成功地做了一个实验。他在封闭的容器里，按照原始大气的成分，装满甲烷、氨、水汽和氢，并使之保持一定的温度。同时，在容器中不断地点燃电火花。这样，再经过一定时期的连续作用之后，终于产生出了有机分子。后来，又有人多次重复米勒的实验，并加入多种成分的物质，获得了在生命物质中常见的氨基酸，甚至某些蛋白质。近年来，在地球上某些早期沉积岩（年龄在 35 亿年左右）中，以及在陨石中，也发现了有机分子的遗迹，跟实验室里所获得的有机物质有些相似。经科学推测，它们应该是地球和太阳系早期的有机物。

简单有机物还不是有生命的物质，从简单的有机物转化为有生命的物质需要一系列的条件和经过一系列的过程，其中原始的海洋是重要的一环。大气和地表上的有机物会随着降水和地面径流汇集到海洋，并在海洋一定部位浓集。这样，它们有更多的机会相互接触，并结合成更为复杂的有机分子，甚至成为能自行与周围环境进行物质交换的独立体系。再通过不断进化，这些独立体系开始进行最原始的新陈代谢和自我繁殖，这才发展成生命物质，人们叫它非细胞生命。这个过程大概发生在距今 35 亿年以前。这是从无生命到有生命的一次飞跃。

不过，正是因为生命的形成是一个极为漫长的过程，人们要想在实验室里获得有生命的分子，目前尚不可能实现。

原始生命之所以在水中形成，也在水中发展，是因为那时的大气中还缺少游离氧，高空还没有形成可以抵御太阳紫外线的臭氧层，原始生命只有从水中获得氧和靠水的保护才能生存和发展。在陆地还未具备生命生存条件之前，原始生命一直生活在海洋里。它们在海洋里渡过了十分漫长的岁月，直到距今6亿年前，绿色植物在海洋里大量繁殖，成为海洋生物的主要成员之时，陆地仍然是一片荒漠，找不到任何生命的踪迹。

绿色植物的出现为其登陆创造了条件。因为绿色植物在光合作用中所产生的游离氧不断积累，最终导致高空臭氧层的形成。它能有效地吸收紫外线，保护地面上的生物免遭伤害。于是，在距今4亿年前，绿色植物开始从海洋发展到陆地。首先登陆的是陆地孢子植物，此后，依次出现了裸子植物和被子植物。动物也敢于开始登陆和发展，依次出现了两栖动物、爬行动物和哺乳动物。

地球上的生命从无到有、从简单到复杂、从低级到高级，一步步进化发展，至今已有数百万种动植物。它们占领了海洋、陆地、地壳的浅层和大气的下层，构成地球上所特有的一个圈层——生物圈。地球上的生命依靠地壳、大气圈和水圈的改造，促使其演化和发展。

可以说，由于生命和生物圈的出现，地球圈层之间的联系和接触越来越密切了。

至此，我们可以看到，地球岩石圈的顶层，大气圈的底层，以及水圈和物质圈的全部，是地球外部各圈层密切接触和有机联系的纽带，各圈层在这里相互作用、相互渗透，构成一个完整的物质体系。对于人类社会来说，它就是我们周围的自然界，即自然地理环境。

还要特别指出的是，到了后来，地球在它自身演化的同时，还要受到人类活动的影响，接受人类有意识的改造。所谓改造地球，就是合理地利用各个圈层的自然资源，有目的地改变各圈层的状况和它们之间的关系，使之朝着有益于人类的方向发展。

第四节　自然规律——地球轨迹

1. 自然迷宫——地球的方向

东西南北是人给地球确定的方向。人们确定顺着地球自转的方向为东，逆着地球自转的方向为西。地球绕一个假设的地轴自转，地轴的两端，人们称它为两极，看到地球自转的方向为逆时针的端，就是北极；反之，另一端便是南极，站在南极看地球自转是顺时针的。

由于地球是个球形，地球的方向也因此趣味横生。

没有尽头的东、西方：如果你从地球两极以外的任何一点出发，一直朝东走，你的前方永远是东。即便绕地球一周回到原地，再继续朝前走，仍旧是东，无休无止。向西走也是同理。也就是说，向东走，你找不到东的头；向西行，你看不到西的边。所以东、西方向又称无限方向。

只有一头的南、北极：被称为有限方向的南、北极，它们的尽头就是它们自身。从北极以外的任何一点向北走，都会到达北极；而站在北极四下望去，又都是南方，而无东、无西、无北方。南极与之正相反。

永远到不了南、北极的方向：朝东、西、南、北以外的任何方向前进，既不像东、西方向那样可以回到原地，也不会像南、北方向最后在南、北极会合，而是一条螺旋形路线，只能从南极或北极擦边而过，却永远到不了南、北极。如果你要到南极或北极会朋友，可千万认准方向哟，否则就会永远擦肩而过却不相见。

2. 由西而东——地球的公转

地球环绕太阳的运动，称为地球公转，同自转一样，地球公转的方向也是自西向东。地球公转的轨道总长为 94 000 万公里，是一个近似正圆的椭圆形，太阳正好是这个椭圆的焦点之一。随着太阳自身的运动、变化，地球和太阳之间的距离也有最远和最近的变化。每年 11 月初，地球位于"近日点"；每年 7 月，地球位于"远日点"，在近日点时，地球公转速度比远日点快。地球公转平均速度为每秒 29.79 公里，平均角速度为每日 59′8″，公转一周所需要的时间为 365 日 48 分 46 秒。地球公转的轨道平面与赤道平面的交角，称为黄赤交角，黄赤交角的度数 23°26′，由于它的存在，使各地正午太阳高度和昼夜长短（赤道除外）发生季节变化，从而造成地球上的春夏秋冬四季交替和五带的划分现象。

3. 左右偏转——地转偏向力

地球上水平运动的物体，无论朝着哪个方向运动，都会发生偏向：在北半球向右偏，在南半球向左偏，这种现象称做地球自转偏向力。物体静止时，不受地转偏向力的作用，地转偏向力是地球自转运动影响的结果，当物体运动时，由于其本身的惯性作用，总是力图保持其原来的运动方向和运动速度，地转偏向力的方向同物体运动的方向相垂直，并且对物体的运动方向产生一定影响，使之向右或向左偏转。地球自转的线速度各地不同，在北半球，当气流自北向南运动时，即从自转速度较小的纬度吹向自转线速度较大的纬度，这时，气流会偏离始发时的经线，发生向右偏，即原来的北风逐渐转变为东北风；其他情形也是同样的道理。在赤道上作水平运动的物体不会发生偏向现象，因为赤道上的自转偏向力为零。

4. 稀奇古怪——地球自转创造的奇迹

地球以一条假想直线为轴的旋转运动，叫地球自转。地球自转的方向是自西向东。地球自转的平均角速度为每小时 15°，即每 4 分钟 1°，地球自转速度由于纬线的长短不同而有所变化，在地球赤道上自转线速度为每秒 465 米，自赤道向南北两极降低，两极处的线速度为零。在地球上我们看到各种天体东升西落的现象都是地球自转的反映，地球昼夜更替、各地时间差异也是由地球自转而产生。地球自转一周为一日，20 世纪时发现地球自转不是均匀的，由于地球表面潮汐的影响，使地球自转的速度逐渐变慢；另外，地球自转速度还有季节性的周期变化和时快时慢的不规则变化。

大自然中还有许多怪现象，都是地球自转创造的。比如日月星辰从东方升起；再比如赤道与两极的重量差由于地球不停地自转，产生了一种惯性离心力作用。地面上的重力加速度因纬度高低不同而不同，赤道处的重量加速度最小，两极处最大。同一物体在不同纬度上的重量也不同，在两极重 1 公斤的东西，到了赤道就会少 5.3 克。

地球成了椭圆形由于惯性离心力由两极向赤道逐渐增大，其水平分力指向赤道。在这巨大的水平分力的作用下，海水从两极流向赤道，地球内部除地轴之外的所有质点也都向赤道挤压，形成了一系列与赤道平行的海岭和山脉。久而久之，原始地球的赤道直径就比两极半径大了，地球渐渐变成了椭圆形。

物体运行发生偏向在北半球，北风会逐渐变成东北风，东风逐渐变成东南风；而在南半球，北风渐渐变成西北风，东风变成东北风。从北极向赤道某点发射火箭，所需的时间假定是 1 小时，那么，当火箭到达赤道时，准会落在预定目标以西约 1 670 公里处，原预定目标竟向东转了 15°。这是怎么回事呢？这又与地球自转有关，地球自西向东自转，而地球上的物体倾向于保持原来的运动状态，物体的运动就会产生偏向，结果就出现了风转向、火箭没有击中目标的事。

高处下落物总是落在偏东处有人在垂直的深井中作过试验：自井口中心下落的物体，总是一定深度撞在矿井的东壁上。这也是由于地球自西向东自转，使自高处降落的物体在下落时具有向东的自转速度，结果必然要撞东壁了。

飞机向西比向东飞得远。在排除风力影响因素的情况下，两架飞机用同一速度从同一地点出发，分别向东、西各飞行一小时，结果发现向西飞行的飞机比向东的飞机飞得远，谁帮了西行飞机的忙？是地球自西向东自转玩的把戏。

5. 一日千里——日界线"魔方"

　　麦哲伦的船队在 1522 年 9 月一天回到西班牙的时候，被一个奇怪的现象弄糊涂了：他们的航行日志上明明记着这一天是 5 日，而当地的这天却是 6 日。他们过"丢了"一天！

　　这个谜终于被后人揭开了，原来地球存在着一天"日差"。地球自西向东自转一周，时间便过去一天。由于地球是个球体，各地见着太阳的时刻不一样，东边总比西边见到得早；地球上的经度分为 360°，因此经度每差 15°，时刻就差 1 小时。也就是从东向西行走，每越过 15°就要晚 1 小时；当环绕地球一周跨越 360°再回到原来的地方的时候，便晚了 24 小时，也就是整整晚了一天。麦哲伦船队的一天就是这样在不知不觉中"丢掉"了。

　　地球存在着一天日差的道理被认识了以后，又发生了问题。

　　当英国移民向西经过大西洋到达美洲大陆的时候，俄国人也越过白令海峡向东到达阿拉斯加（美洲北部的一个地区）。在他们遇到一起的时候，常为时间问题发生争吵：俄国人说是星期日的时候，英国人却说是星期六；而英国人说是星期日的时候，俄国人又说是星期一。

　　为了不把日子搞糊涂，地球上需要规定一个一天开始的地点。在 1884 年，国际上规定了把 180°经线作为国际日期变更线，这条线又叫日界线。紧靠这条线两侧的地方，时刻是一样的，但日期却相差 1 天：当西侧进入 2 日零时的时候，东侧还是 1 日零时。

　　实际上的日界线在白令海峡和南太平洋地区，不完全在 180°经线上，而有段曲折，这是为了躲过这里的陆地，以使这些地方不致出现两个日期。

　　日界线，对于还不熟悉它的人来说，简直就像是个会变时间戏法的魔术师。

　　大洋洲岛国斐济的塔佛乌尼岛上有一商人开了一个铺子，门脸朝东。180°经线刚好通过这里。这个铺子有一个习惯，每逢星期六在前门营业，第二天便又挪到后门营业。原来这里的基督教有一条不许礼拜天经商的禁令，这个商人便根据日界线两侧的一天日差，用上述办法躲过礼拜天。在前门是星期六的时候，后门是星期日；过去一天以后，前门是星期日了，后门就是星期一了。

　　轮船从东往西越过日界线的时候，要在一天里撕掉两页日历；而从西往东越过日界线，就要两天才能撕一张日历。

　　从我国开往美国的轮船，如果正好在过新年这天通过日界线，那么第二天就要再过一次新年；而从智利开往日本的轮船，如果在 12 月 31 日这天越过日界线的话，第二天，就是新一年的 1 月 2 日，结果就会把新年给过"丢"了。

　　如果前面的船上有一个船员刚好在 1 月 1 日过生日，第二天他便可以获得又一次的生日祝贺；而后面船上如果有人也赶上新年这天过生日，那就对不起了，他只好认倒霉，他的生日纪念日过"丢"了。要想得到大家祝贺，那只好明年再说了。

日界线不仅可以把一天"变"没有了，还可以把过去了的一天"追回来"。比如：一个到中国的旅客，要赶到美国过新年，却不巧耽搁到元旦的黎明才起程。不要紧，当超音速飞机把他送到美国的时候，才是除夕的夜晚。他还来得及在美国再获得一次新年晚会的欢乐。

日界线有时还会把两侧的时间差上"一年"呢！每年终了的时候，在世界上，汤加、斐济、吉尔伯特、新西兰这些在日界线西侧又靠近日界线的国家，总是首先进入新的一年，而在日界线东侧靠近日界线的西萨摩亚，却是最后一个结束世界年度的国家。当前面这些国家进入 1996 年的时候，后面的国家还被落在1995 年里呢！

大洋洲的基里巴斯是个地跨日界线的岛国，它的独立日是 7 月 12 日，这是按首都塔拉瓦在日界线以西而定的；这个国家在日界线以东的人，却总是每年的7 月 11 日庆祝独立日。在这个国家，遇有宴会或约会，必须说明是西区的日期，还是东区的日期，否则就会闹出笑话来。

6. 独特风景——"看得见的赤道"

航海上有一个传统习俗，在船只驶过赤道的时候要举行一个隆重的仪式，有的称为赤道祭。下面就是这样的一个活动场面：

"海龙王"和"王后"率领着成群的海员，在锣鼓的喧闹声中绕甲板一周，然后这些人被迎面的高压水龙喷嘴喷成一只只落汤鸡。这时，"海龙王"赐给每个人一杯"酒"——一种由红酒、醋、酱油、胡椒粉兑成的混合物，表示祝贺，然后，再把他们扔进一个事先准备好的游泳池里"洗礼"。当这些人从水里爬上来之后，"海龙王"便发给他们每人一张印有美人鱼的"证书"，证明他们曾经过了赤道。

在大海上，赤道线是无从捉摸的，它究竟在哪里，要靠仪器测定，然而，在陆地上却不然……

在肯尼亚首都内罗毕的北边，有一座叫做"西里维尔别克"的旅馆正处在赤道线上，旅客在这里能喝到"一个半球"的酒，又能吃到"另一个半球"的菜。

在乌干达首都坎帕拉附近的一条公路正好与赤道相交，在交叉处的公路两侧各修建了一个巨大的水泥环做标志，成为"看得见的赤道"。

不过，要"看赤道"最好还是到厄瓜多尔的首都基多去。基多城北 24 公里的加拉加利镇处在赤道上，1744 年在这里建立了一座纪念碑，上面镌刻着 18 世纪以来对测量赤道作出贡献的地理学家的名字。200 多年来，这里成了旅游胜地。旅游者在这里可以看到这座 10 米高的棕红色方柱形石碑，碑身四面刻有斗大的西班牙文字母 E、S、W、N，表示东、南、西、北四个方向。碑顶上安放着一个石刻大地球仪。地球仪中间有一条显眼的白线；这条线在 6 级台阶组成的碑座上又重新出现的时候，画成了红白相连的两色。这就是"看得见的赤道线"。到这里来的旅客，总爱双脚跨在赤道线两侧——两个半球，拍一张有趣的照片。凡来这里参观纪念碑的人，还能得到一张"证书"，证明他曾于某个时间到达了南、北半球的分界线。

近年来发现，这个赤道纪念碑的位置，由于当初测量的误差，比准确的赤道线偏北了大约 2 公里，于是，又在精确的赤道线上建立了一座规模更大的新碑。新碑高 30 米，旅客可以从碑中的电梯登临碑顶的了望台，饱览远处的雪山和近处的庄园。碑顶部有一个铝质的地球仪，直径达 4.5 米，碑的底座是直径 100 米的大圆盘，上面有刻度，可以利用碑影显示出南、北半球的月、日、时。

其实早在七八百年以前，居住在当地的人就已经观察到这里是太阳一年两次跨越南、北半球经过的"太阳之路"。每年 3 月 21 日和 9 月 23 日两天，人们都在赤道纪念碑前的广场上，举行盛大的纪念活动，这已成为当地的传统。

7. 气候地标——北回归线标志塔

北回归线就是北纬 23°27′线，是太阳能够垂直照射在地球上的最北纬线，每年夏至，阳光直射到这里，它是热带和北温带的分界线。

北回归线在地球表面上的总长度大约 37000 公里，大部分穿过海洋地带，其中通过陆地的长度大约 11655 公里，共经过 16 个国家和地区。在我国，北回归线经过台湾、广东、广西、云南 4 个省区，陆地长度约 2020 公里。

一个值得注意的现象是，世界上南北回归线经过的陆地，大多是沙漠或干旱地带，然而北回线经过我国的地区，情况却截然不同，这里自然地理条件很好，雨量充沛，四季常青，生物资源丰富。

在我国，最早设立的一座北回线标志塔在台湾省嘉义县，建于 1909 年。最初建成的是一座宝塔形的大理石标志塔，高约 20 米；碑的四周均刻有"北回归线标"字样，并注明纬度是 23°27′4″51，东经 120°24，46″5；塔的顶部为一个石质实体地球仪。该塔后经两次重修，新塔于 1968 年 8 月 21 日竣工。塔高约 5 米，塔顶有一个直径 50 厘米的地球仪。塔的周围已辟为公园，为台湾省的一个旅游地。

我国大陆上已在广东的广州、汕头、封开三地建成北回归线标志塔。

广州的北回归线标志塔为混凝土与花岗岩混合结构，塔身形似火箭，高 23.5 米，这个数值与北纬 23.5°相对应，塔顶为不锈钢筒托着一个直径 1.2 米的空心铜球，全塔总高 30.4 米。

从拱门进入塔身，站在中心位置上，抬头可望见铜球的空心；夏至日阳光直射，穿过铜球空心照到塔底。

标志塔旁的道路模拟地球上赤道、南北回归线、南北极圈 5 条纬线和子午线来布置，并在模拟温度带上种上相应的代表性植物。

广州北回归线标志塔是目前世界上南北回归线标志中塔身最高、规模最大、较有特色的一座。

封开北回归线标志塔位于江口镇工滨公园内。塔基以花岗岩砌成八卦状，基座上以虚实相间的线条标明北回归线的走向。塔高 15 米，四面镶着"北回归线标志"字样；上部为不锈钢结构，其造型从各个角度看去都呈"北"字形。塔顶是一个铜球，球中心有一个圆洞也垂直于地面，供太阳直射时校验。

封开北回归线标志塔于 1984 年 6 月 21 日（夏至日）建成，是我国大陆第一座北回归线标志塔。

8. 尺寸之间——地球的大小

自从有人相信大地是个圆球，关于它的大小，便是人们渴望知道的问题了。最早测量地球大小的是古希腊天文学家埃拉特色尼。当时，他居住在现今的埃及亚历山大港附近。在亚历山大港正南方有个地方叫塞恩，即今天的阿斯旺，两地基本上在同一条子午线上。在两地之间，有一条通商大道，骆驼队来往不绝。两地的距离大约相当今天的 800 公里。塞恩有一口很深的枯井，夏至这一天正午，阳光可以直射井底，说明这一天正午太阳恰好在头顶上。可是同一天的正午，在亚历山大港，太阳却是偏南的。根据测量，知道阳光照射的方向和竖直木桩呈 7.2° 的夹角。这个夹角，就是从亚历山大港到塞恩两地间子午线弧长所对应的圆心角。埃拉特色尼根据比例关系，轻而易举地计算出了地球的周长：

地球周长:800 公里 = 360°:7.2°

计算结果，地球周长约为 40 000 公里，这和我们今天所知道的数值极为接近。

埃拉特色尼的方法是正确的。至今，天文大地的测量工作，也还是根据这原理进行的。不过，精确的测量不是靠太阳，而是靠某恒星的高度和方位来进行测量和推算的。

后来，又有人重做埃拉特色尼的实验，由于仪器精度不高所测得的结果为 28 800 公里。但当时，人们迷信仪器的测量，相信这个与实际长度误差很大的数字。所以，一直到 15 世纪以前，西方人一直认为地球的周长只有 28 800 公里。哥伦布采用的也是这个较小的数值。他错误地估计，只要向西航行几千公里就可以到达亚洲的东部。如果他当时知道了地球的真实大小也许就不会进行那次冒险的航行了。

近代大地测量中，是利用恒星来测定地球某两地间子午线弧长的。只要精确测知一段子午线弧长，便会很容易地计算出地球的周长。这同埃拉特色尼的方法基本一致。

近年来，由人造地球卫星测得的地球大小更为精确。目前所采用的有关数值是：

    地球赤道半径：6 378.140 公里
    地球极半径：6 356.755 公里
    地球平均半径：6 371.004 公里
    赤道周长：40 075 公里
    地球面积：510 100 934 平方公里
    地球扁率：1/298.257
    地球体积：110 820 亿立方公里

认识地球的基本形状和大小，在生产和科学研究上具有重大的实际意义。譬如，在大地测量中，高精度坐标系统的建立；在空间技术应用中，导弹和人造卫星飞行轨道的确定；在对地球内部结构和地球表面一些物理现象的认识，以及天体物理研究等方面，都必须掌握地球有关方面的各种精确数值方能进行。

不过，在日常工作和学习中，人们根据不同的需要，则往往对地球形状和大小作不同程度的简化，甚至把地球看成正球体也未尝不可。因为地球的赤道半径和极半径仅相差 21.5 公里，这只相当地球半径的 1/300。换句话说，如果按照这个比例制作一个半径 30 厘米的地球仪，那么它的赤道半径和极半径仅相差 1 毫米！所以，只要不是从事要求精确的工作，这个差别，相对于地球来说是微不足道的。

9. 温差有别——地球的"体温"

人们常说，太阳带给我们光明和温暖。地球上的光明固然归功于太阳，但地球上的温暖却不都是由太阳那里得到的。地球和人一样，也有自己的"体温"。

由于阳光的照射，地表温度会随昼夜和季节而发生变化，从而使地球表面和表层受到影响。但是，在地球深处，太阳热量所产生的影响越来越小，以至消失。实验证明，太阳的照射只能影响地下十几米以内的温度，这部分地层叫做变温层。十几米以下的地层不再随昼夜和季节而变化，被称做恒温层。巴黎有个 30 米深的地下室，一百年来的温度记录始终保持在 11.85℃，没有丝毫变化。

那么，如果我们再往地层深处去，温度又会怎样呢？是不是还会继续保持恒温呢？

从很深的矿井和钻孔得到的资料表明，地球深处的温度是随着深度而增高的。从地壳深处冒出的温泉，水温可高达百度；而从地幔喷出的岩浆，温度则高达千度。我们把每深入地下 100 米，地温增加多少度，即温度随深度而增加的变化速度叫做"地温梯度"。在不同地区，地温梯度有所不同。在我国华北平原，每深入 100 米，温度增高 3℃~3.5℃；在欧洲大部分地区，每深入 100 米，温度增高 2.8℃~3.5℃。

如果按照这个增温速度推算，地下100公里深处的温度将是3 000℃，1 000公里深处将是3万度，地心的温度则会高达20万度。地球如果真有这样的高温是不堪设想的。因为那样的高温条件，地球将不再是固体球，而会被气化。多数人认为，地球内部温度最高不超过4 000℃。还有人指出，地心温度必须小于8 000℃，因为若超过这个温度，无论压力情况如何，地核的铁都会变成气体状态。所以，前面所列举的地温梯度的数值，只适用于一定深度。随着深度的增加，地温梯度值会不断减小。

至于地球内部的热能从何而来，对于这个问题，目前尚有争议。但一般认为可能来源于三个方面：第一，认为在地球形成过程中，由于尘埃和陨石物质积聚，位能（即势能）转化为热能而保存至今。第二，认为在地球分层过程中，由于较重元素如铁，不断渗入地心，重力位能转变为热能，而保存下来。第三，认为地球内部有镭、铀、钍等放射性元素，会在缓慢蜕变过程中释放热能，为地球不断补充"体温"。不管哪种意见，都认为地球靠它自身可以产生热能。

有人计算，地球自身每年散出的热量，相当于燃烧370亿吨煤的热量，这个数字是目前世界产煤量的12倍。还有人估计，在地下10公里深的范围内蕴藏着300×10^{27}卡热量，相当于目前世界年产煤所含热量的2 000倍。

地球蕴藏着这么多的热量，如果用它发电、取暖，造福人类，岂不是天大的好事？这的确是很诱人的课题，目前很多国家已把开发地热能列入日程。

但是，地球不是到处都能随便开发的，因为具有利用价值的地热太深了。地热必须经过某种地质过程加以集中，距地面较浅，温度较高才有开发价值，才能称其为"地热资源"。温泉、火山就是地热在地表集中释放的现象。地下热水是由于地面的冷水渗入很深的地下，遇到浅层灼热岩体被烤热后，又沿着某些地壳裂缝冒出地表而形成的。在目前条件下，人们主要是利用地下浅层热水，至于对火山热能的利用那还是很遥远的事。

目前已有很多国家在开发和利用地热方面取得了很大成就。例如，新西兰是一个地热资源比较丰富的国家，全国已发现60余处地热田。有的地方热水或热蒸汽的温度高达300℃。新西兰利用地热发电，装机容量达20余万千瓦，仅次于美国和意大利，居世界第三位。

冰岛是因利用地热而著称于世的国家。它的首都雷克雅未克在过去几十年的时间里，通过烧煤取暖，弄得到处是煤烟，造成了严重的污染。如今，这个城市的所有建筑都是用地下热水取暖，而成为世界上最清洁的城市。有的地方还利用地热建造了大型温室企业，新鲜蔬菜四季不断。温室内有几百米深的钻井，这些钻井不需汲水动力，地下热水自会汩汩冒出地面。

我国也有着丰富的地热资源，并在开发和利用方面取得了成功。在青藏高原，沿着念青唐古拉山麓向东延伸，是我国地热资源最丰富的地带，地热工作者叫它"喜马拉雅地热带"。在这个地带上已发现400多处多姿多彩的地热活动。

除有热汽腾腾的热泉和热水湖以及水温高达沸点的沸泉和热喷汽孔外，还有世界上罕见的热间歇泉和水热爆炸等奇妙景象。其中最引人注目的是位于拉萨西北的羊八井盆地，水温高达沸点的热泉很多，有的地面烫得不能坐人，用钢钎向地下只要钻几十厘米深，就会呼呼地冒出蒸汽。当地人称它是念青唐古拉山神的炉灶。现在，那里已经建起了我国第一座湿蒸汽型发电站。

千奇百怪的地温计

量体温用体温计，量室温用温度计；测定井下温度用井温计；要想知道距今几百万年甚至几千万年前的古地温，该用什么呢？地质学家们发现了几种奇妙的地温计。

化石地温计生物遗体化石，尤其是植物孢粉化石和动物小个体化石——牙形石，都是极好的地温计。这些化石中含有丰富的有机质，具有随地层温度升高而碳化度增加的特点。这样的化石在显微镜下会显示出不同的颜色。一般温度高，碳化度也高，颜色就深，反之颜色就浅。这些化石的颜色就会告诉我们古地温。

矿物地温计沉积岩中常有自生的黏土、沸石和硅酸盐矿物。这些自生矿物从沉积到成岩过程中，受物理因素的控制。如黏土矿物，会在不同地温下转换成不同的物质；沸石的结晶顺序也会随地温的升高发生变化；硅酸盐矿物中的二氧化硅层的间距随地温升高而不同。从这些自生矿物在不同地温下的各种变化也可推测出古时的地温。

有机质地温计遍布各类岩石中的固态有机质微粒之一——镜质体，会随温度的升高，相应改变其排列结构，从而使其对光线的反射率发生变化。镜质体的反射率与温度形成直线关系，通过对镜质体反射率的分析，就可得知当时的地温。

煤阶地温计在成煤过程中，随地层温度升高、煤化作用增强，便形成不同的煤阶。由已发现的煤阶便可推算出地层经历过的占地温。

甲烷气体地温计沉积岩中还含有天然气，这些天然气中都含有甲烷气。甲烷（CH_4）中的碳有两种稳定的碳同位素，即碳–12和碳–13。而地温变化可引起同位素分馏。低温下，碳–12的比例大；高温时则碳–13比例大。这两种同位素含量的比值就构成了灵敏的地温计。

10. 遁序渐进——从"大地"到"地球"

大地是一个硕大的圆球体，对于这一点，如今已经没人怀疑了。于是，人们习惯地叫它"地球"，这样既形象又亲切。但人们对地球形状的认识，却不是一蹴而就的，而是经历了一个漫长的认识过程。

古时候，由于人类的活动范围狭小，只是凭着直观感觉，看到眼前的地面是平的，就认为整个大地也是平的。在我国有过"天圆如张盖，地方如棋盘"的说法，认为大地如同展开的棋盘。后来，人们又觉得"平地"的说法无法解释某些现象，便认为大地是凸起的，于是又有了"天像盖笠，地法覆盘"的主张，认为大地如同倒扣着的盘子。在我国历史上，也有人提出过"浑天说"的理论，认为天地如同鸡蛋，天似蛋壳，地似蛋中黄。但这种主张不符合人们的直观认识，所以长期不被世人接受。

在古代，也曾有人用推理的方法论述过大地是圆球体。2 000多年前，古希腊的哲学家们发表过这样的见解。

站在海边，遥望远方驶来的航船，总是先看到桅杆，后看到船身，好像航船从地平线以下徐徐升起。只有当大地是凸起的曲面时，才会有这种效应。

在南北不同地方所看到的北极星高度不同，越往北走，北级星升得越高；越往南走，北极星就越低。同时，在北方能看到的一些星，到南方就看不到了。而在南方能看到的一些星，到了北方就看不到了。这种见解其实就是试图说明大地不是平面，而应该是凸起的曲面。

古希腊人还根据月食现象判断大地的形状。他们认为，月食是由于大地的阴影投射到月亮上造成的，而阴影的边缘始终是弧形的。

古代的思想家们，为说明大地是圆球体，虽找了许多证据，但都不能令人心悦诚服。因为假如大地是个半球形状，也会有上述那些效应。唯一能够证明大地是圆球形体的方法，就是朝着某一个方向直走下去，然后回到原来出发的地方。但是在交通条件不发达的古代，这是不容易办到的。

到15世纪末，意大利人哥伦布第一个试图以亲身实践来证明大地是球形的。他相信，向西走也同样可以到达亚洲。当时，由于欧洲资本主义兴起，为满足贸易上的需要，也希望能再找到一条通往富饶的亚洲的捷径。哥伦布于公元1492年至1504年先后4次横渡大西洋，到达美洲东岸，他以为这就是亚洲。直到他死，还不知道自己所到达的是一个从未被人知道的新大陆呢！

第一个完成环球旅行的人是葡萄牙出生的航海家麦哲伦。他率领265名水手，分乘5艘木制舰船，于1519年9月从西班牙出发，穿过大西洋，绕过南美洲，进入了一片漫无边际的大洋，因为当时风平浪静，他们便称之为"太平洋"。由于一连几个月找不到陆地，得不到淡水和食物，中途不少人病倒和死亡。后来，麦哲伦也在菲律宾群岛与当地人冲突中被杀害。但他们的努力和牺牲并没有白费，最后幸存的一艘船和18名水手于1522年9月的一天回到了故乡。历时整整3年，终于完成了人类史上第一次环球旅行。从此，雄辩地证实了大地确实是球形的。以后，人们便形象地把大地称做"地球"了，而麦哲伦则被后人誉为"第一个拥抱地球的人"。

11. 形状之辩——地球"圆"和"扁"的争论

作为圆球形体的"地球"被发现了。但它是怎样的球形体？当时人们还是不很清楚。有人说地球应该是个滚瓜溜圆的正球体，因为圆是最完美的形态。有人说地球应该是鸡蛋一样的长球体，两极处凸起，因为蛋是一切生命之源。而英国科学家牛顿则根据他的力学观点，断定地球是一个两极较扁，腰部凸出的球体。

牛顿的论断是由一次偶然发现引发的。1672 年，法国的一位天文工作者到南美洲圭亚那（西经 52.5°，北纬 5°）做天文观测，发现从法国巴黎（东经 2.2°，北纬 48.8°）带来的一架最准确的摆钟走慢了。开始，他还以为是摆钟出了毛病，但后来，当他回到巴黎后，这架摆钟却又恢复了正常，经检查，摆钟没有任何毛病。既然不是摆钟本身的毛病，那为什么会出现这种情况呢？当时，对这个问题没有人能作出圆满的回答。

牛顿（同时还有荷兰科学家惠更斯）首先用这个事实说明地球是一个椭球体。他认为，地球由于自转产生惯性离心力，越靠近赤道，由于自转半径较大，则惯性离心力也就越大，地球物质便有向赤道部分移动的趋势。正像我们转动伞柄，伞就会自动张开那样。结果，地球就形成赤道部分向外凸出的椭球体。正因为地球是这样的椭球体，赤道附近的圭亚那比北纬 48.8°的巴黎距离地球中心较远，这样，摆钟被带到圭亚那后，它所受的重力减小了，摆钟的摆动周期便会延长，所以摆钟就走慢了。

这种见解很有道理，但它毕竟属于思辨性的推断，不能作为一种科学定论公之于众。为了证实这种结论的正确性，后来法国科学院派出两支测量队，分别到北极圈附近的瑞典拉普兰地区和赤道附近的秘鲁地区实测子午线（即经线）弧段的长度。其结果是，北极圈附近的一度子午线弧段较赤道附近一度子午线弧段稍长。这就证明了牛顿的见解是正确的。事实上，赤道半径较两极半径长 21.5 公里。

规则的椭球体，其经线圈都是椭圆，而纬线圈都是正圆。但后来发现，地球不是规则的椭球体，即它的纬线圈和赤道并非正圆。赤道直径，在东经 15°到西经 165°方向为长轴，在东经 105°到西经 75°方向为短轴。但二者相差只有 430 米，这和地球半径相比是微不足道的。这样，通过地心到地表就有 3 根不等长的轴，所以人们又称地球是三轴椭球体。

现在根据人造地球卫星测得的地球形状是，它的南北两半球也不对称。北半球较为瘦长，北极略高出理想椭球体 18.9 米；南半球较为胖短，南极略低于理想椭球体 25.8 米。地球又有点像"梨形"。不过，这个差异就更小，南北极两半径仅相差 40 余米。

因此，总的说来，地球是一个不太规则的椭球体，它什么也不像。人们根据它独特的形状，就叫它"地球体"。

上面所说的地球体尽管很不规则，但还不是指地球自然表面的实际形状，而是指经过初步简化了的大地水准面的形状。什么是"大地水准面"呢？我们知道，地球上有高山，有深谷，可谓坎坷不平，复杂异常。但人们在考察地球的基本形状时，往往不去计较这些"细节"问题。科学家们设想有一个静态的海洋表面，并把它延伸向大陆内部，构成一个覆盖全球的假想海洋面，这就是"大地水准面"。

第二章 多姿多彩——地球环境

第一节 绚丽奇异——地球风景线

1. 特殊天象——极昼与极夜

太阳终日不落的现象称为极昼；太阳终日不出的现象，称为极夜。由于在地球公转过程中，地轴与公转轨道面保持 66°33′的夹角，造成除赤道上和春分日、秋分日外，其他地区都有昼夜长短不等的变化，纬度愈高愈显著，在南、北极圈内就会出现极昼与极夜现象。太阳直射在北半球时，极昼出现在北极地区，极夜出现在南极地区；太阳直射在南半球时则反之。在南、北极圈以内，每年都有极昼和极夜出现，南、北极点都有半年的极昼与极夜现象，即半年白昼，半年黑夜。

2. 潮起潮落——潮汐

由于月球和太阳对地球各处的引力不同，会引起地球上的水位、地壳、大气的周期性升降现象。海洋水位的升降为海潮，地壳相应的现象称为陆潮，大气则称为气潮，而其中就以海潮的现象最为明显。人们把白天出现的海水上涨现象称为"潮"，把夜晚海水的上涨现象称为"汐"，合称"潮汐"。月球引起的潮汐，称为月潮或太阴潮，太阳引起的称为日潮或太阳潮。由于太阳距离地球比月球远，所以日潮作用没有月潮的作用大。潮汐涨落伴随着海水的周期性流动称为潮流。

3. 经度之差——地方时

根据天体通过各地子午圈所定的时刻称为"地方时"。地球自西向东旋转，经度不同的地方，同一瞬间的地方时便有差异，两地地方时的差值等于它们的经度之差：经度相差 1°，地方时刻相差 4 分；经度相差 1′，地方时相差 4 秒。以某一子午线的时间为邻近地区的共同时间，这样便有了标准时。我国使用东八时区作为全国大部分地方通用的共同时间，称为"北京时间"。

4. 子午钟声——时区

1884 年国际经度会议决定，在全世界按统一标准划分时区，实行分区计时，把这种按时区系统计量的时间称为"区时"或"标准时"。世界时区的划分，以本初子午线为标准，从西经 7.5° 到东经 7.5° 为零时区，又称为中时区；从零时区的边界分别向东向西，每隔经度 15° 划分一个时区，东西各 12 个时区；东十二时区与西十二时区重合，全球共 24 个时区。各时区都以中央经线的地方时作为本区的区时，即本区的标准时，相邻两时区的区时相差 1 小时。因地球自西向东自转，由中时区向东每增加一个时区，时间增加一小时；向西则相反。时区的界线原则上是按照地理经线划分，但在具体实施中，往往根据各国的政区界线和自然界线来确定。

5. 岁月更替——四季的划分

在地球上，南、北半球的中纬度地区，一年有春、夏、秋、冬之分，合称四季。四季是一种天文现象，由于太阳的回归运动，地球上的白昼长短和太阳高度有季节变化与纬度差异变化，每一季为三个月，夏季在一年中白昼最长，太阳高度最大；冬季在一年中白昼最短，太阳高度最小。春、秋两季是夏、冬两季的过渡季节。我国古代的立春、立夏、立秋、立冬为四季的开始，在气象和气候学上，通常又把最冷和最热的三个月分别称为冬季和夏季。我国以平均温度 10℃ 升至 22℃ 期间的季节为春季，22℃ 以上为夏季，22℃ 降至 10℃ 为秋季，10℃ 以下为冬季。

6. 黄道吉日——二十四节气

二十四节气是我国传统农历的一部分，是根据太阳在黄道上的位置把回归年分为二十四个等分点，它分十二个节气和十二个中气：立春、惊蛰、清明、立夏、芒种、小暑、立秋、白露、寒露、立冬、大雪、小寒，雨水、春分、谷雨、小满、夏至、大暑、处暑、秋分、霜降、小雪、冬至、大寒（前面十二个为十二节气；后面十二个为十二中气）。二十四节气的制定，是从春分点算起，太阳沿着黄道穿越星座，每运行 15 度定为一个节气。如春分就是太阳过春分点的时刻；清明就是太阳经过距离春分点 15 度的时刻，以此类推。二十四节气约起源于战国时期的黄河流域，在表明气候变化和农事季节上，对我国古代的农业生产有重要的意义。

第二节　大地斑斓——地球地貌

1. 矿物合体——岩石

组成地壳的主要物质之一。是在各种不同地质作用下所产生的，由一种或多种矿物有规律组合而成的矿物集合体。组成岩石的基本元素是氧、硅、铝、铁、钙、钾、镁等。岩石的种类繁多，按其含矿物的多少，可分为由一种矿物质组成的单矿岩和由多种矿物组成的复矿岩。按其成因可分岩浆岩、沉积岩、变质岩。其中岩浆岩又叫火成岩，是组成地壳的基本岩石，它是由岩浆活动形成的。岩浆活动有两种：一种是岩浆从火山口喷出地面冷却而成的岩石称为喷出岩；另一种是岩浆从地球深处沿地壳裂缝处缓慢侵入而猛烈喷出地表，然后在周围岩石的冷却挤压下固结而成的岩石，称侵入岩。大陆常见的喷出岩就是玄武岩，地壳中最常见的侵入岩是花岗岩。我国的黄山、华山都是由花岗岩组成的。沉积岩是地壳最上部的岩石，它是由亿万年前的岩石和矿物经过长期的外力作用而形成的。常见的砂岩、页岩、石灰岩都是沉积岩。岩浆岩和沉积岩在受到高温、高压或外部各种化学溶液的作用时，其内部结构重新组合，矿物发生重新结晶而成的岩石就是变质石。

2. 狭窄海道——海峡

海峡是指海洋中连接两个相邻海区的狭窄水道。如连接太平洋与北冰洋的白令海峡，连结东海与南海的台湾海峡等。海峡是地壳运动造成的，地壳运动时，临近海洋的陆地断裂下沉，出现一片凹陷的深沟，涌进海水，把大陆与邻近的海岛以及相邻的两块大陆分开，就形成了海峡。海峡的地理位置一般比较重要，常被人们称为"海上走廊"。例如，马六甲海峡就是太平洋和印度洋的交通要道。

3. 陆地延伸——海湾

洋或海伸入陆地的部分。海湾一般三面靠陆，一面与海相连，其深度和宽度在向陆地的推进过程中逐渐减小。海湾的形状各种各样，有的曲折蜿蜒，有的则比较开阔，与大海融为一体。我国的海湾也很多，如山东半岛的胶州湾，北部的渤海湾和东部的杭州湾等。

4. 浅海地带——大陆架

陆地向海洋延伸的浅海地带。围绕陆地边缘，又称"水下平原"、"陆棚"、"大陆浅滩"等。大陆架的范围一般从低潮算起，一直到深海中的大陆沿为止，平均宽度 75 公里，深度一般在 200 米以下，坡度和缓。大陆架海区水产资源丰富，富产鱼、虾、贝类。海底富藏石油、天然气、铁、铜、锡等矿产。

5. 冲击平原——三角洲

河流流入海洋或湖泊时，因流速降低，所携带泥沙大量沉积，逐渐发展成冲积平原。三角洲又称河口平原，从平面上看，像三角形，顶部指向上游，底边为其外缘，所以叫三角洲，三角洲的面积较大，上层深厚，水网密布，表面平坦，土质肥沃。如我国的长江三角洲、珠江三角洲等。三角洲根据形状又可分为：①尖头状三角洲，如我国的长江三角洲；②扇状三角洲，如非洲的尼罗河三角洲；③鸟足状三角洲，如美国密西西比河三角洲。世界上比较著名的三角洲很多，主要有尼罗河三角洲、密西西比河三角洲、多瑙河三角洲、湄公河三角洲、恒河三角洲以及我国的长江三角洲等。三角洲地区不但是良好的农耕区，而且往往是石油、天然气等资源十分丰富的地区。

6. 广袤无垠——大陆

地球上面积广大的陆地。地球上有六片巨大的陆地：欧亚大陆、非洲大陆、北美大陆、南美大陆、澳大利亚大陆和南极大陆。其中，欧亚大陆面积最大，包括欧洲和亚洲两大洲；澳大利亚大陆最小；北美大陆和南美大陆是连在一起的，中间仅隔一条巴拿马运河。全球陆地还包括六大板块四周分布的许多岛屿，大陆和它四周的岛屿合起来称为"洲"。大陆的地貌结构比较复杂，有高原、山脉、平原、河流、盆地以及丘陵等地形。现在一般认为，在太古代时代地球上的陆地是一个整体，是连在一起的，后来，经过漫长年代的地质运动，才形成今天全球六大块陆地的样子，并且，这些大板块还在不断地移动。

7. 陆岛绵延——大洲

地球上，大陆和它附近的岛屿合称为洲。全球共有七大洲：亚洲（亚细亚洲）、欧洲（欧罗巴洲）、非洲（阿非利加洲）、北美洲（北亚美利加洲）、南美洲（南亚美利加洲）、南极洲和大洋洲。其中，亚洲面积最大，大洋洲面积最小。这七个洲的总面积为14 935万平方公里，占全球总面积的29%，其余71%的面积都是海洋。

8. 水中陆地——岛屿

散布在海洋、湖泊、河流中的陆地称为岛屿。面积大小不一样，小的面积不足1平方公里，陆地面积较大的称为岛，陆地较小的称为屿。聚集在一起的岛屿称为群岛，如南沙群岛；按弧形排列的群岛称为岛弧，如日本群岛就是一个岛弧。世界岛屿的总面积为970万平方公里，约占陆地总面积的1/15，岛屿按成因可分为大陆岛、海洋岛、冲积岛。大陆岛是一种由大陆向海洋延伸露出水面的岛屿，世界上较大的岛屿都是大陆岛，如格陵兰岛为世界上面积最大的岛，我国的台湾岛、海南岛也是大陆岛。海洋岛又包括火山岛和珊瑚岛。火山岛是因为海底火山喷发，岩浆冷却后逐渐堆积，直至露出水面而形成的。夏威夷群岛就是由一系列海底火山喷发而形成的火山岛。珊瑚岛是由热带、亚热带海洋中的珊瑚虫残骸及其他壳体动物残骸堆积而成的，主要集中于南太平洋和印度洋中，热带浅海（南北纬30°之间），一般都有珊瑚的堆积。我国南海中的西沙群岛、南沙群岛有许多岛屿就是珊瑚岛。冲积岛一般是由河口带或滨海沙岸地带流水携带的泥沙、砾石，冲击而形成的岛屿。世界最大的冲积岛是位于亚马孙河河口的马拉若岛，崇明岛是我国最大的冲积岛。

9. 崎岖蜿蜒——山脉

山脉是沿一定方向延伸，包括若干条山岭和山谷组成的山体，因像脉状而称之为山脉。构成山脉主体的山岭称为主脉，从主脉延伸出去的山岭称为支脉。几个相邻山脉可以组成一个山系，如喜马拉雅山系，包括柴斯克山脉、拉达克山脉、西瓦利克山脉和大、小喜马拉雅山脉。世界上著名的山脉主要有亚洲的喜马拉雅山脉、欧洲的阿尔卑斯山脉、北美洲的科迪勒拉山脉、南美洲的安第斯山脉等。喜马拉雅山脉为世界上最大的山脉，它的主峰珠穆朗玛峰海拔8844米，为世界上最高的山峰。科迪勒拉山脉，长7 000~8 000公里，它的支脉与南美洲的安第斯山脉相连，全长1.7万公里，构成世界上最长的山系。

10. 一马平川——平原

陆地上海拔高度相对比较小的地区称为平原。平原是陆地上最平坦的地域，海拔一般在200米以下。平原地貌宽广平坦，起伏很小，它以较小的起伏区别于丘陵，以较小的高度来区别于高原。平原的类型较多，按其成因，可分为构造平原、侵蚀平原和堆积平原。堆积平原是在地壳下降运动速度较小的过程中，沉积物补偿性堆积形成的平原，洪积平原、冲积平原、海积平原都属于堆积平原，如长江中下游平原就是冲积平原。侵蚀平原，也叫剥蚀平原，是在地壳长期稳定的条件下，风化物因重力、流水的作用而使地表逐渐被剥蚀，最后形成的石质平原。侵蚀平原一般略有起伏状，如我国江苏徐州一带的平原。构造平原是因地壳抬升或海面下降而形成的平原，如俄罗斯平原。世界平原总面积约占全球陆地总面积的1/4，平原不但广大，而且土地肥沃，水网密布，交通发达，是经济文化发展较早较快的地方。我国的长江中下游平原就有"鱼米之乡"的美称。另外一些重要矿产资源，如煤、石油等也富集在平原地带。

11. 巍然耸立——高原

高原是指海拔较高（一般在500米以上），面积较大，顶面起伏较小，外围较陡的高地。一般以较大的高度区别于平原，又以较大的平缓地区和较小的起伏区别于山地。高原是地壳一部分经过长期的、连续的、大面积的隆起而形成的。有的高原起伏微缓，如内蒙古高原；有的高原起伏大，如青藏高原、云贵高原；有的高原地表破碎、丘陵起伏，如黄土高原。我国的青藏高原是世界上最高的高原，平均高度在海拔4000米以上，有"世界屋脊"之称；世界上面积较大高原是南美的巴西高原、印度半岛的德干高原、亚洲西部的伊朗高原、阿拉伯高原、埃塞俄比亚高原等等。我国的高原面积约260万平方公里，主要有青藏高原、内蒙古高原、黄土高原、云贵高原四大高原，另外，还包括帕米尔高原的一部分。

12. 高低起伏——丘陵

丘陵一般海拔在200米以上、500米以下，相对高度一般不超过200米，高低起伏，坡度较缓，由连绵不断的低矮山丘组成的地形。丘陵一般没有明显的脉络，顶部浑圆，是山地久经侵蚀的产物。丘陵在陆地上的分布很广，一般是分布在山地或高原与平原的过渡地带，在欧亚大陆和南北美洲，都有大片的丘陵地带。我国的丘陵约有100万平方公里，占全国总面积的1/10。自北至南主要有辽西丘陵、淮阳丘陵和江南丘陵等。

13. 山环水抱——盆地

四周由山脉或高原环绕，中部比较低平或间有小的丘陵、山脉，形成盆状的地形称为盆地。按成因，可分为构造盆地和侵蚀盆地。构造盆地主要是地壳运动和地质构造控制形成的盆地，可分为由断裂陷落的断陷盆地，如吐鲁番盆地；地壳弯曲下陷而形成的凹陷盆地，如江汉平原。侵蚀盆地是受外力侵蚀作用而形成的盆地，这类盆地面积较小，为流水、冰川、风和岩溶等外力作用所致，可分为河谷盆地、冰蚀盆地、风蚀盆地、溶蚀盆地等。世界上最大的盆地是非洲的刚果盆地，面积337万平方公里。我国的盆地约190万平公里，主要有塔里木盆地、准噶尔盆地、柴达木盆地、四川盆地，它们的面积都在10万平方公里以上，其中四川盆地是个聚宝盆，素有"天府之国"之称。

14. 喀斯特地形——岩溶地貌

地表中溶性岩石（主要是石灰岩）受水的溶解而发生溶蚀、沉淀、崩塌、陷落、堆积等现象形成各种特殊的地貌，如石芽、石林、溶洞等，这些现象就总称为岩溶地貌，又称为喀斯特地貌。喀斯特是南斯拉夫西北部一个石灰岩高原的地名。岩溶地形的地面往往是石骨嶙峋、奇峰林立，地表崎岖不平，地下洞穴交错，地下河发达，有特殊的水文网。在岩溶地貌地区，地表水系比较缺乏，影响农业生产。我国石灰岩分布面积约有130万平方公里，广西、云南、贵州等省区都有典型的岩溶地貌。近年来，我国岩溶地貌的许多地方开辟为旅游胜地，如广西的桂林山水，云南的路南石林都很有名。

15. 冰雪天地——冰川

极地或高山地区沿地面运动的巨大冰体，由降落在雪线以下的大量积雪在经过一系列的变质作用而形成冰川。地球上的冰川，有2 900多万平方公里，冰川的移动速度缓慢，这跟地形的坡度有直接关系。根据冰川的形态特点，可将冰川分为大陆冰川和山岳冰川两大类。大陆冰川又称"冰坡"、"冰原"，是覆盖整个岛屿与大陆的巨大冰体。它的特点是：面积较大，有的达百万平方公里以上；厚度大，有的达几千米，中央部分冰层最厚，外形呈盾状或表面有较大起伏的饼状覆盖。大陆冰川主要分布在高纬度地区，如格陵兰和南极大陆冰川是世界上最大的两个大陆冰川。山岳冰川又称"高山冰川"，以发育于山地并受地形的影响比较大为特点，根据冰川的形态和部分可分为悬挂冰川、冰斗冰川、山谷冰川、山麓冰川等。冰川是一个巨大的固体水库，它储存着大量的淡水资源，随着科学技术的逐步发展，大量的冰川将被开采为淡水资源为人类服务。

16. 瀚海无垠——沙漠

沙漠指地表为流沙所覆盖，沙丘分布广泛的地区。沙漠地区一般气候干燥、降雨量小、蒸发量大、植被稀少、气温昼夜变化较大。沙漠的主要分布地区是在南北纬15°~30°之间的信风带。这些地区的降雨量少，气候干旱，地面岩石风化的细小沙粒在风力的作用下容易飘扬堆积成大面积的沙丘，日积月累逐渐形成了分布广泛的沙漠地带。沙漠地区温差大，夏天地面白天最高气温可达60°以上，夜间可降到10℃以下，沙漠的年温差也较大，一般在30℃~50℃。沙漠地区的降水量比较小，一般年降水量在30毫米左右，沙漠中的生物难以生存，常见的沙漠中的植物一般都是耐干旱植物，如仙人掌。沙漠地区的风沙大、风力强，强大的风力作用有时可以推动沙丘，有很大的危害性。我国的沙漠总面积达153万平方公里，世界上最大的沙漠是非洲的撒哈拉沙漠，面积860万平方公里。

17. 有容乃大——海洋

大洋的边缘部分称为海，是由大陆、半岛和岛屿与海洋隔开的水域。面积比洋小得多，占海洋总面积的11%，一般深度较浅，水温受大陆的影响较大，有显著的季节变化。按所处的地理位置又可分为边缘海、地中海和内海等。

边缘海又称"陆缘海"或"边海"，位于大陆边缘，并与大洋相通，如我国的黄海就是边缘海。地中海是介于两块主要的大陆之间的海，又称"陆间海"，地中海有海峡和邻近海区或与洋相连，如欧、亚、非之间的地中海等。内海是指深入大陆内部的海，一般有狭窄的水道与大洋相连，如我国的渤海就是内海。

洋是海洋的中心部分，是指远离大陆、深度较大的广大水域。面积约占海洋总面积的89%，一般深度在2 000~3 000米。水色因含盐分较多（平均为35‰）而呈现蓝色，海洋的沉积物多为钙质软泥、硅质软泥和红黏土等。全球有四大洋：太平洋、大西洋、印度洋、北冰洋。

海洋占地球表面的71%，总面积为3.6亿平方公里。海洋是一个"蓝色宝库"，富含黄金、铁、锰、锡等矿产资源和多种化学元素、稀有元素，并且海洋还有丰富的生物资源，地球上的生物资源80%以上都在海洋里。近年来，人们在研究利用海洋的潮汐能发电，这将为人类带来取之不尽的能量来源。

18. 海流交汇——洋流

海洋中海水沿着一定方向的大规模的流动。也称"海流"。洋流主要是受盛行风、地转偏向力作用和岛屿阻挡等的影响。洋流的宽度一般达数十公里乃至数百公里，长达数千公里。

按其水温和成因可分寒流、暖流、风海流、密度流、沿岸流、向岸流、离岸流等。洋流的存在对世界各地的气候影响很大，往往同一纬度地带的大陆东西两岸因受寒流、暖流的不同影响，气候就会呈现明显的差异。经常出现暖流的沿岸地带，气候湿润，降水丰富，生物资源也很丰富；而寒流经过的地带往往气候干冷，降水稀少，甚至形成沙漠气候。

19. 积水之洼——湖泊

湖泊是指陆地表面积水的洼地，面积一般大小不一，大的叫湖，小的叫泊。湖泊是在地质、地貌、气候、流水等因素的综合作用下形成的。在种类上，按湖盆的成因，可分为构造湖、堰塞湖、岩溶湖、火山口湖、冰川湖、人工湖等；按泄水情况，可分为排水湖和非排水湖。按含盐量的多少，又可分为咸水湖和淡水湖；构造湖是由地壳构造运动形成的凹陷积水而形成的湖泊，一般湖水较深，容积较大，如我国的滇池。堰塞湖是由于山崩、地震、滑坡、泥石流、冰碛或火山喷发熔岩阻塞河道而形成的。岩溶湖也叫喀斯特湖，主要是由石灰岩地区的溶蚀洼地积水而成的湖泊，一般湖底有地下水与之相通，如我国贵州的草海。湖泊具有调节水量、气候和防洪、灌溉、养殖、旅游等综合作用。

世界上最大的湖泊是欧亚大陆之间的里海，面积 37.1 万平方公里；最深的湖泊是苏联的贝加尔湖，水深 1 620 米；世界上最低最咸的湖泊是死海。我国最大的咸水湖是青海湖。

20. 大地皮肤——土壤

土壤是指陆地上具有肥力的、能够生长植物的疏松表层。土壤主要是由矿物颗粒、有机物残体、腐殖质以及水分、空气等成分组成。在植物生长过程中，土壤具有供应水分、养分、空气、热量的能力。土壤中的各种肥力因素是互相联系、互相制约的，它们主要决定于土体类型和土壤结构。

常见的几种土壤类型有黑土、砖红壤、黄壤、红壤、棕红壤、褐土、冰沼土、黑钙土、栗钙土、紫色土、水稻土、草甸土等。我国的贵州、广西、四川等处的山地为黄壤；河北省的冀西山地、燕山山地、山东半岛、辽东半岛及秦岭等处为棕壤；褐土的分布主要集中于从河北省北部到太行山东麓一带；灰化土分布于我国大兴安岭北部；水稻土在我国的分布最广，几乎遍及全国，主要集中分布在秦岭—淮河以南，其中长江三角洲、四川盆地、珠江三角洲、台湾西部平原最为集中；紫色土集中分布于四川盆地；江南地区分布有红壤；砖红壤主要在广西、广东和云南各省区的南部边缘地带以及海南省大部分地区。

21. 地表植物——植被

植被是指一定地区内覆盖地面的植物及其群落的总称。全球地表的植被称为世界植被，某一地区的植被称为地方植被，天然的森林、草甸等称为自然植被，各类森林可称为森林植被。植被是一种宝贵的财富，合理地开发、利用、保护植被将会给一个国家带来长远的经济效益。根据植被地理分布规律，在一定区域内可依照植被类型的一致性和差异性划分出不同等级的植被区域。例如，全球可划分为：热带雨林、季雨林、常绿阔叶林、常绿针叶林、落叶阔叶林、针叶林、针阔叶混交林、寒温带针叶林、稀树草原等多种植被区域。

第三节　海纳百川——地球上的大洲、大洋

亚　洲　全称亚细亚洲，意思是东方日出处。关于这称呼的来历有几种说法：它来自古代的闪米特语言，或来自古代的亚述语言，或来自古代的腓尼基语言。公元前20世纪中期，腓尼基人建立起强大的腓尼基王国，他们航海事业发达，活跃在地中海一带。他们把地中海以东的陆地称为"亚细亚"，把地中海以西的陆地称为"欧罗巴"。

欧　洲　全称欧罗巴洲，意思是西方日落处。它的来源和亚洲相同。

非　洲　全称阿非利加洲。它的来源和含义也有多种说法，其中较普遍的说法是，它源于拉丁文"阳光灼热"一词。赤道横贯非洲中部，95%的地区处在热带，所以非洲获得一个"阿非利加"的名字。

北美洲与南美洲　合称美洲，它的全称是亚美利加洲。1499—1504年，意大利航海家、探险家亚美利哥·维斯普奇几次航行到南美洲，确证哥伦布发现的地方不是印度，而是世界上的一块"新大陆"，他还绘制了美洲地图。后来，人们用亚美利哥的名字为新大陆命名为"亚美利加"。起初这个名字仅指南美洲，到1541年时，把北美洲也包括进去了。

澳　洲　全称澳大利亚洲，标准名称为大洋洲，它包括澳大利亚大陆、新西兰岛以及太平洋的三大群岛（波利尼西亚、密克罗尼西亚和美拉尼西亚）。"澳大利亚"来源于拉丁文，意思是南方的大陆。远在古代，科学家们就推测在南半球有一块大陆。公元2世纪，埃及著名地理学家托勒密便把它绘在了地图上，称之为"未知的南方大陆"。近代的航海家、探险家不断探索，终于发现了它。

南极洲　因地处地球南端而得名。

太平洋　葡萄牙航海家麦哲伦环球航行时，经过了波涛汹涌的大西洋，穿过了风大浪急的麦哲伦海峡，而后进入了太平洋。帆船在这里行驶了几个星期，一路上风平浪静，于是麦哲伦就给它起了个吉祥的名字——和平之海，我国译做太平洋。

大西洋　欧洲人原先认为，他们西边的海洋是一个一直伸到大地边缘的很大的海洋，所以便把它称做大西洋。

印度洋　因靠近印度而得名。1515年，欧洲地图家舍奈尔在他编绘的地图

上，第一次把这片洋面称为"东方之印度洋"，后来简称印度洋。

北冰洋　因地处地球北端，大部终年冰封雪冻而得名。

1. 日出地平线——亚洲

亚洲全称亚细亚洲，是亚欧大陆的一部分，位于东半球东部，是世界上第一大洲。

亚洲西以乌拉尔山脉、乌拉尔河、高加索山脉和黑海海峡与欧洲相邻，西南以苏伊士运河与非洲隔开，东南以帝汶海、阿拉弗拉海以及其他一些海域与大洋洲分界，东北隔白令海峡与北美洲相望。

亚洲总面积为 4 400 万平方公里，占世界陆地面积的 1/3。

亚洲地形起伏很大，有许多辽阔的高原和险峻的大山脉，山地、高原、丘陵合占全洲面积的 3/4。

其中，青藏高原、伊朗高原、德干高原和蒙古高原为亚洲的四大高原。青藏高原平均海拔在 4 000 米左右，号称"世界屋脊"。

位于青藏高原南部的喜马拉雅山脉，平均高度在 6 000 米以上。在亚洲除喜马拉雅山脉以外，以帕米尔高原为中心向东西方向延伸的山脉还有天山山脉、阿尔泰山山脉、昆仑山脉、兴都库什山脉、苏来曼山脉等。

亚洲也有许多著名的平原。山地、高原的外侧，分布有面积广大的平原，如印度河平原、恒河平原以及我国的长江中下游平原、华北平原等。它的中部山地还是许多大河的发源地，其中，流入太平洋的河流有长江、黄河、黑龙江、澜沧江（湄公河）等；流入印度洋的有怒江（萨尔温江）、恒河、印度河等；流入北冰洋的有鄂毕河、叶尼塞河、勒拿河等。由于亚洲的地形是中部高、四周低，所以，这些河流呈放射状的分布。亚洲地跨寒、温、热三个气候带，气候复杂多样，以季风气候为主，夏季高温多雨，冬季寒冷干燥。

亚洲的森林和水力资源比较丰富，石油、天然气、煤等矿产的分布也十分广泛，其中，西亚地区的沙特阿拉伯已探明的石油储量居世界第一位。亚洲的农作物有水稻、小麦、棉花、大豆、茶叶、蚕丝、橡胶、黄麻、椰子等。

亚洲有 40 多个国家和地区，总人口超过 40 亿，是世界人口最多的一个洲。人种分布以黄种人为主，中国是亚洲，也是世界上人口最多的国家。

2. 赤日炎炎——非洲

非洲全称阿非利加洲，位于东半球西部，西濒大西洋，东滨印度洋，是世界第二大洲。

非洲北隔地中海与欧洲相望，东北以红海、苏伊士运河与亚洲相接，面积

3 020万平方公里。非洲境内大部分是高原，因此被称为高原大陆，全洲平均海拔600米以上。整个大陆的地形是从东南向西北稍有倾斜，东部和南部稍高，主要的高原有埃塞俄比亚高原、东非高原和南非高原。中部和西北部地势较低，分布有刚果盆地和撒哈拉沙漠。非洲的海岸线比较平直，主要的河流有尼罗河、刚果河、尼日尔河、赞比西河等，其中尼罗河全长6 600多公里，为世界第一长河。

非洲地跨南北两个半球，3/4以上的面积在南北回归线之间，热带地区约占95%，赤道横贯中部，南北的气候呈对称带分布，大致是中部以热带雨林气候为主，南北为热带草原气候、热带沙漠气候以及地中海式气候。非洲的动物资源比较丰富，有许多珍稀动物，如猩猩、狮子、长颈鹿、斑马等。著名的经济作物有咖啡、椰枣、剑麻和丁香等。

非洲的矿产资源也很丰富。黄金和金刚石的产量居世界第一位，石油、天然气以及铜、锰、铀、铝土、钨、铬等矿产的储量也很大，有"富饶的大陆"之称。

非洲现有55个国家和地区，全洲人口6亿左右。人种以黑种人最多。

3. 陆中平原——欧洲

欧洲全称欧罗巴洲，位于东半球的西北部，与亚洲相连，合称亚欧大陆。欧洲的西、北、南分别临大西洋、北冰洋、地中海和黑海，东和东南以乌拉尔山脉、乌拉尔河、里海、高加索山脉、黑海海峡同亚洲分界。

欧洲总面积仅1 000万平方公里，不及亚洲面积的1/4，在世界七大洲中，仅大于大洋洲。欧洲的海岸线比较曲折，多半岛和岛屿，优良海湾和港口也较多。欧洲的地势在七大洲中最低，平均海拔300米，主要以平原为主，平原总面积占全洲的2/3，主要的平原有东欧平原、西欧平原和中欧平原。山地主要分布在南、北两侧，南部的阿尔卑斯山脉高大雄伟，平均海拔3600米，主峰勃朗日峰海拔4810米。

欧洲的河流和湖泊较多，伏尔加河是欧洲的第一大河，也是世界上最长的内陆河，全长3690公里；多瑙河是一条著名的国际河流，流程2850公里，途经10多个国家。欧洲大部分地区气候温和湿润，海洋性气候比较明显。

欧洲大多数国家都是发达国家，总人口有7亿多，是世界上人口最稠密的地区。

4. 气候多样——北美洲

北美洲全称北亚美利加洲，位于西半球的北部，西接太平洋，东临大西洋，西北面与东北面分别隔海与亚洲、欧洲相望，北邻北冰洋，南面以巴拿马运河与南美洲相连，面积 2 435 万平方公里，为世界第三大洲。

北美洲的地形基本上是中间低、东西两面高。南北走向的山脉分布于东西两侧，东部为阿巴拉契亚山脉，西部为科迪勒拉山系的一部分。在东西两列山脉之间是高原和盆地，著名的高原有科罗拉多高原。大陆中部还有一片广阔的草原，如密西西比草原。另外，中部地区的五大湖区（苏必利尔湖、密歇根湖、休伦湖、伊利湖、安大略湖）是世界上最大的淡水湖群。沿海多鱼场，纽芬兰渔场是世界上最大的渔场之一。

北美洲地跨寒、温、热三带，气候类型多种多样，地形对气候的影响较大，大部分地区冬冷夏热，属典型的温带大陆性气候。

北美洲的矿产丰富，主要有煤、铁、镍、铅、锌、铀、铜、石油、天然气等。农作物主要有大豆、玉米、小麦等。

北美洲共有 23 个国家和 13 个地区，人口 5 亿多，人种主要是白种人、印第安人、黑种人等。

5. 南北狭长——南美洲

南美洲全称南亚美利加洲，位于西半球南部，西临太平洋，东临大西洋，北邻加勒比海，并以巴拿马运河与中美地峡相连，南隔德雷克海峡与南极洲相望，面积约 1 800 万平方公里。

南美大陆北阔南狭，类似一个三角形。海岸线比较平直，半岛、岛屿和海湾较少。它的地形可分为三个南北纵列带：东部是古老的波状高原，主要有圭亚那高原、巴西高原、巴塔哥尼亚高原；中部是广阔的冲积平原，主要有奥里诺科平原、亚马孙平原；西部是高大的科迪勒拉山系，全长 9000 公里，为世界上最狭长的山脉。

赤道横贯南美洲北部，大部分地区属热带雨林和热带草原气候，水力资源丰富，亚马孙河是世界上流域面积最广、流量最大的河流，亚马孙平原为世界上最大的平原。南美大陆有世界上面积最广的热带雨林，是天然橡胶、可可等多种作物的原产地。著名的动物有貘、大食蚁兽、巨嘴鸟、蜂鸟等。矿产资源也比较丰富，如巴西高原的锰、铁，圭亚那高原的铝土，安第斯山区的铜、锡、钒，马拉开波的石油等在世界上都占有重要地位。

南美洲渔场较多，秘鲁鱼场是世界著名的渔场。南美洲有人口 3.8 亿，分布在 13 个国家和地区，人种分布主要有混血种人、印第安人、白种人和黑种人。

6. 偏南一隅——大洋洲

大洋洲是太平洋西部的澳大利亚大陆和附近赤道南北的几组群岛的总称，包括澳大利亚大陆、塔斯马尼亚岛、伊利安岛、新西兰南北二岛，以及美拉尼西亚、密克罗尼西亚、波利尼西亚三大群岛，共有岛屿1万多个。

大洋洲介于亚洲和南北美洲之间，总面积为892万平方公里，是七大洲中最小的一个。澳大利亚大陆东部是褶皱断块山地，中部是沉积平原，西部为侵蚀高原。大洋洲的岛屿可分为大陆岛、火山岛、珊瑚岛三种类型。伊里安岛是大洋洲最大的大陆岛，夏威夷群岛属于火山岛，澳大利亚东北海岸的大堡礁为珊瑚岛。

澳大利亚南部和新西兰属温带气候，澳大利亚大陆属热带沙漠气候，其余岛屿属热带海洋气候。

大洋洲的动植物品种非常珍稀，其中最有代表性的植物是桉树，澳大利亚大陆的袋鼠、袋熊、鸭嘴兽等为珍稀的原始动物。

大洋洲人口约3 400万，是南极洲以外人口最少的洲。主要的国家有澳大利亚和新西兰等。人种以棕色人种和白色人种为主。

7. 寒冰冻地——南极洲

南极大陆连同附近的大小岛屿，合称南极洲。它位于地球南端，几乎全在南极圈内，由南极大陆、陆缘冰和附近的岛屿组成，面积1 405万平方公里，占地球面积的9.4%。南极洲为太平洋、印度洋和大西洋所包围，边缘有威德尔海等几个边海。平均海拔2 350米，为海拔最高的大洲。大陆冰层平均厚2 000米，最厚处达4 800米。南极是世界上最寒冷的地区，年平均气温在−25℃左右，最低气温为−88℃。年平均降水量仅55毫米。风力很大，最大风速达100米/秒，是世界上风力最大的地区。在无长年冰雪覆盖的绿洲上，仅有藻类、苔藓、地衣等植物生长，动物有海豹、海象、鲸、企鹅、磷虾等。主要矿产有煤、金、银、铜、铁、石油、天然气等，其中尤以煤、铁、石油等最为重要。现在南极洲上还没有人定居，不少国家已在南极洲建立了科学考察站。我国自1985年以来，已在南极大陆上建立了长城和中山两个科学考察站。

8. 海洋"巨子"——太平洋

太平洋位于亚洲、南北美洲、大洋洲和南极洲之间，北以白令海峡通过北冰洋，西南以马来群岛、澳大利亚塔斯马尼亚岛附近的东经146°经线与印度洋分界，东南以经过南美洲南端合恩角的西经68°经线与大西洋相接。

太平洋是世界上面积最大、海水最低和岛屿最多的洋。它南北最长约15 800公里，东西最宽约19 500公里，面积约17 698万平方公里，占整个海洋面积的1/2。

太平洋平均深度超过 4 000 米，最深处的马里亚纳海沟深达 11 034 米，是世界上最低的地方。太平洋也是岛屿众多的大洋，岛屿的总面积为 440 万平方公里，几乎占全球岛屿总面积的 45%，主要的岛屿有日本群岛、加里曼丹岛、新几内亚岛、台湾岛、菲律宾群岛等。

太平洋多火山、地震，活火山占全球的 60%，地震占全球的 80%。太平洋中部是台风的发源处，以发源于菲律宾、日本、罗林群岛附近的台风最为强烈，对我国的东南沿海一带有很大的影响。

太平洋拥有自己完整的洋流系统，北部为顺时针环流，由北赤道暖流、日本暖流、北太平洋暖流和加利福利亚寒流组成；南部为反时针环流，由南赤道暖流、东澳大利亚暖流和秘鲁寒流组成。此外，在北太平洋还有来自北冰洋的千岛寒流。

太平洋的矿产资源以石油、天然气最为重要。深海盆底处有丰富的锰结核矿层，富含锰、镍、钴、铜等矿物。

9. 黄金水道——大西洋

大西洋位于欧洲、非洲、南北美洲和南极洲之间，北以丹麦海峡、冰岛、法罗群岛、设得兰群岛为线与北冰洋相邻；南以南美洲南端通过合恩角的西经 68°经线同太平洋分界，东南以非洲南端通过厄加勒斯角的东经 20°经线同印度洋分界。大西洋南北长约 15 000 公里，东西宽 2 800 公里，面积 9 337 万平方公里，为世界四大洋中的第二大洋。

整个大洋的轮廓呈现"S"形，北大西洋的海湾较多，海岸线曲折，南大西洋海湾较少，海岸线平直。平均水深约 3 626 米，洋底中部有一条南北纵贯的大西洋海岭。大西洋主要的岛屿有纽芬兰岛、大安的列斯群岛、不列颠群岛、亚速尔群岛、百幕大群岛等。

大西洋的平均温度为 16.9℃，比太平洋、印度洋都低。平均盐度为 34.9‰。在赤道南北，有几股强大的洋流影响着大西洋的气候。

大西洋富有海洋渔业资源，主要的渔场有北海渔场和纽芬兰渔场。矿产资源以石油、天然气为主。

大西洋的航运价值很高，苏伊士运河和巴拿马运河等都是世界上重要的"黄金水道"。

10. 交通走廊——印度洋

印度洋位于亚洲、大洋洲、非洲和南极洲之间，是地球四大洋中第三大洋。印度洋西南以通过非洲南端厄加勒斯角的东经 20°经线同大西洋分界，东南以东经 146°经线同太平洋分界，赤道横贯北部，大部分水域位于南半球。

印度洋面积7 491.7万平方公里，平均水深3 897米，最深处是爪哇岛南面的爪哇海沟，深达7 450米。印度洋的洋底分布有"人"字形中央海岭，包括西印度洋海岭、中印度洋海岭、东印度洋海岭和南极—澳大利亚海丘。

印度洋大部分属热带海洋性气候，水温20℃～27℃，平均盐度34.8‰，红海达42‰，是地球上盐度最高的大洋。赤道以北的印度洋流受南部季风的影响，洋流的流向随着季风的方向变换而发生改变，冬季刮东北风，洋流呈逆时针方向向西流动；夏季刮西南风，洋流呈顺时针方向向东流动。

印度洋北部沿岸，海岸线比较曲折，多海湾和内海，其中较大的有红海、波斯湾、阿拉伯海、孟加拉湾、安达曼海和澳大利亚湾等。

印度洋的海运线非常重要。它是沟通亚洲、非洲、欧洲和大洋洲的交通要道。向东穿过马六甲海峡可以到达太平洋；向西绕过非洲南端的好望角，可以到达大西洋；西北通过红海、苏伊士运河和地中海相连。

印度洋北部沿岸国家盛产石油，从波斯湾到西欧、美国、日本的航线是世界上最主要的石油运输线之一。

11. 岛屿众多——北冰洋

北冰洋是地球上四大洋中面积最小、深度最浅的洋。它位于北极圈内，被欧洲、亚洲、北美洲三大洲包围，面积1 310万平方公里，平均深度只有1 200米。北冰洋大陆架面积宽广，占洋底的38%，其中以亚洲至北美洲一侧的大陆架最宽。

北冰洋岛屿很多，数量仅次于太平洋，岛屿总面积达400万平方公里，主要的岛屿有格陵兰岛、斯匹次卑尔根群岛、维多利亚群岛等等，其中格陵兰岛为世界最大的大陆岛，面积达217万平方公里。

北冰洋地处高纬度，气候严寒，整个海域没有夏季，严冬达半年之久。由于气候的原因，北冰洋区域内的生物种类很少，植物以地衣、苔藓等为主，动物主要有白熊、海象、海豹、鲸等。在北冰洋中矿产资源最丰富的是石油。

12. 楚河汉界——欧亚分界线乌拉尔山、乌拉尔河

欧洲与亚洲的分界线，最著名的是乌拉尔山以及与之相连的乌拉尔河。说起它来，还有一个历史变迁过程。

2500年前，古希腊的一位被称为西方"史学之父"的历史学家希罗多德提出，欧亚两洲的分界线应该在博斯普鲁斯海峡、黑海、亚速海和顿河一线。

17世纪，一般以顿河、伏尔加河、伯朝拉河和卡马河为界来划分欧洲和亚洲。

太平洋平均深度超过4 000米，最深处的马里亚纳海沟深达11 034米，是世界上最低的地方。太平洋也是岛屿众多的大洋，岛屿的总面积为440万平方公里，几乎占全球岛屿总面积的45%，主要的岛屿有日本群岛、加里曼丹岛、新几内亚岛、台湾岛、菲律宾群岛等。

太平洋多火山、地震，活火山占全球的60%，地震占全球的80%。太平洋中部是台风的发源处，以发源于菲律宾、日本、罗林群岛附近的台风最为强烈，对我国的东南沿海一带有很大的影响。

太平洋拥有自己完整的洋流系统，北部为顺时针环流，由北赤道暖流、日本暖流、北太平洋暖流和加利福利亚寒流组成；南部为反时针环流，由南赤道暖流、东澳大利亚暖流和秘鲁寒流组成。此外，在北太平洋还有来自北冰洋的千岛寒流。

太平洋的矿产资源以石油、天然气最为重要。深海盆底处有丰富的锰结核矿层，富含锰、镍、钴、铜等矿物。

9. 黄金水道——大西洋

大西洋位于欧洲、非洲、南北美洲和南极洲之间，北以丹麦海峡、冰岛、法罗群岛、设得兰群岛为线与北冰洋相邻；南以南美洲南端通过合恩角的西经68°经线同太平洋分界，东南以非洲南端通过厄加勒斯角的东经20°经线同印度洋分界。大西洋南北长约15 000公里，东西宽2 800公里，面积9 337万平方公里，为世界四大洋中的第二大洋。

整个大洋的轮廓呈现"S"形，北大西洋的海湾较多，海岸线曲折，南大西洋海湾较少，海岸线平直。平均水深约3 626米，洋底中部有一条南北纵贯的大西洋海岭。大西洋主要的岛屿有纽芬兰岛、大安的列斯群岛、不列颠群岛、亚速尔群岛、百幕大群岛等。

大西洋的平均温度为16.9℃，比太平洋、印度洋都低。平均盐度为34.9‰。在赤道南北，有几股强大的洋流影响着大西洋的气候。

大西洋富有海洋渔业资源，主要的渔场有北海渔场和纽芬兰渔场。矿产资源以石油、天然气为主。

大西洋的航运价值很高，苏伊士运河和巴拿马运河等都是世界上重要的"黄金水道"。

10. 交通走廊——印度洋

印度洋位于亚洲、大洋洲、非洲和南极洲之间，是地球四大洋中第三大洋。印度洋西南以通过非洲南端厄加勒斯角的东经20°经线同大西洋分界，东南以东经146°经线同太平洋分界，赤道横贯北部，大部分水域位于南半球。

印度洋面积7491.7万平方公里，平均水深3897米，最深处是爪哇岛南面的爪哇海沟，深达7450米。印度洋的洋底分布有"入"字形中央海岭，包括西印度洋海岭、中印度洋海岭、东印度洋海岭和南极—澳大利亚海丘。

印度洋大部分属热带海洋性气候，水温20℃～27℃，平均盐度34.8‰，红海达42‰，是地球上盐度最高的大洋。赤道以北的印度洋流受南部季风的影响，洋流的流向随着季风的方向变换而发生改变，冬季刮东北风，洋流呈逆时针方向向西流动；夏季刮西南风，洋流呈顺时针方向向东流动。

印度洋北部沿岸，海岸线比较曲折，多海湾和内海，其中较大的有红海、波斯湾、阿拉伯海、孟加拉湾、安达曼海和澳大利亚湾等。

印度洋的海运线非常重要。它是沟通亚洲、非洲、欧洲和大洋洲的交通要道。向东穿过马六甲海峡可以到达太平洋；向西绕过非洲南端的好望角，可以到达大西洋；西北通过红海、苏伊士运河和地中海相连。

印度洋北部沿岸国家盛产石油，从波斯湾到西欧、美国、日本的航线是世界上最主要的石油运输线之一。

11. 岛屿众多——北冰洋

北冰洋是地球上四大洋中面积最小、深度最浅的洋。它位于北极圈内，被欧洲、亚洲、北美洲三大洲包围，面积1310万平方公里，平均深度只有1200米。北冰洋大陆架面积宽广，占洋底的38%，其中以亚洲至北美洲一侧的大陆架最宽。

北冰洋岛屿很多，数量仅次于太平洋，岛屿总面积达400万平方公里，主要的岛屿有格陵兰岛、斯匹次卑尔根群岛、维多利亚群岛等等，其中格陵兰岛为世界最大的大陆岛，面积达217万平方公里。

北冰洋地处高纬度，气候严寒，整个海域没有夏季，严冬达半年之久。由于气候的原因，北冰洋区域内的生物种类很少，植物以地衣、苔藓等为主，动物主要有白熊、海象、海豹、鲸等。在北冰洋中矿产资源最丰富的是石油。

12. 楚河汉界——欧亚分界线乌拉尔山、乌拉尔河

欧洲与亚洲的分界线，最著名的是乌拉尔山以及与之相连的乌拉尔河。说起它来，还有一个历史变迁过程。

2500年前，古希腊的一位被称为西方"史学之父"的历史学家希罗多德提出，欧亚两洲的分界线应该在博斯普鲁斯海峡、黑海、亚速海和顿河一线。

17世纪，一般以顿河、伏尔加河、伯朝拉河和卡马河为界来划分欧洲和亚洲。

1760 年，法国地理学家吉利翁在他绘制的世界地图上，则把欧洲东部的界线一直划到了鄂毕河。

第一个以乌拉尔山来划分欧洲和亚洲的是彼得大帝时期的俄国地理学家和历史学家瓦西里·塔季晓夫。他对乌拉尔山脉进行了长期的考察，发现乌拉尔山脉东西两个地区的动植物有许多显著的差别，因而乌拉尔山是划分地理区域的天然分界。后来，人们又把发源于乌拉尔山脉、流入里海的乌拉尔河与其北部的乌拉尔山一起作为欧洲和亚洲的分界线，一直沿用到今天。

在乌拉尔山东麓，距西伯利亚大铁路不远处，竖立着一块欧亚分界的界碑。界碑地处偏僻的山区，那里没有城镇，也没有村落，只有深山老林的衬托，以及皑皑积雪的映照。界碑仅 3 米多高，并不壮观，也不引人注目，却在世界地理上占有重要地位。

乌拉尔山北起北冰洋，南接乌拉尔河，全长 2 000 多公里。整个山脉说不上雄伟，平均海拔四五百米，最高峰也不过 1 894 米。山脉中部地势较平，乌拉尔河上游水浅易渡，因此，自古以来这里就成为欧亚两洲的交通要道。

17 世纪初，沙俄派出第一位访华使节伊万·匹特灵从这里来到中国，使者又带着明朝万历皇帝发出的中国第一封致沙皇的国书，越过乌拉尔山回到莫斯科。不想，这封国书在莫斯科竟成了无人能识的"天书"，直到 56 年以后，才被住在托博尔斯克的一位中国人译出。

19 世纪末，西伯利亚大铁路修成，乌拉尔山脉更成为沟通欧洲与远东的交通要道。

13. 洲际要道——亚非分界线苏伊士运河

苏伊士运河位于埃及北部的苏伊士地峡，起自地中海的塞得港，向南流经提姆萨赫湖和苦湖，至陶菲克港入红海，是亚、非、欧三大洲水路交通的枢纽，是连接西欧和印度洋之间的一条海上捷径。从大西洋经苏伊士运河到印度洋的航程，比起绕经非洲大陆南端的好望角来，缩短了 8000 ~ 10000 公里。

开凿苏伊士运河的计划者和组织者是法国人勒塞普。勒塞普曾出任法国驻埃领事。1859 年 4 月 25 日运河破土动工。1869 年 8 月 18 日地中海和红海被沟通。同年 11 月 17 日，苏伊士运河正式通航，历时近 11 年。

运河西岸，是埃及著名的运河三城——塞得港、伊斯梅利亚城和苏伊士城，都是人口聚集的商业和工业中心。

在埃及甜水水渠引来了尼罗河水，水渠几乎同苏伊士运河平行，被称为"小运河"。渠上白帆点点，往来穿梭，渠旁农田树荫，郁郁葱葱，构成了一幅别致的图画。运河东岸，则是另一番景象，绝大部分地段是一片黄色沙海，渺无人烟。这是尚待开发的西奈半岛。

苏伊士运河现在已成为世界上最繁忙的水道，欧亚两洲间的海运货物大部分要从这里经过。

苏伊士运河也在不断的现代化，不仅加宽和加深了运河河道，以便让更大更多的船只通过，而且建立了新的航道管理系统。在伊斯梅利亚苏伊士运河管理局大楼的最高层，设置了电子航道管理系统的中央控制室。站在成排的电视荧光屏前，运河各段的情况和在运河上航行的船只一览无余，值班人员坐在荧光屏前不时发出有关的指示。

南行的轮船从塞得港徐徐驶进苏伊士运河，航速一般限制在每小时13～14公里，在运河的航行时间一般是12小时到13小时。加上在运河中停泊、等待的时间，通过运河共需24～26小时，到陶菲克港，就走完了173公里的运河全程，进入红海的苏伊士湾了。

苏伊士运河扼欧、亚、非三洲交通要冲，沟通地中海和红海，成为从大西洋经地中海到红海、印度洋和太平洋航线的咽喉要道。凭借它得天独厚的战略地理位置，苏伊士运河已成为世界海运枢纽，是一条具有重要经济价值和战略意义的国际航道。

14. 南北纽带——南北美洲分界线巴拿马运河

1879年法国全球巴拿马洋际运河公司从当时统辖巴拿马的大哥伦比亚联邦取得运河开凿权，并于1880年1月1日正式着手开凿。运河工程由曾经负责修建苏伊士运河的勒塞普主持。在动工典礼上，勒塞普的7岁的女儿费尔南迪挖了第一锹土。但是，由于巴拿马运河地峡自然条件与苏伊士地峡不同，这里是个潮湿而多山的地带，开凿工程遇到了意想不到的困难，半途而废了。

1902年，美国以4 000万美元的代价收买了法国的巴拿马运河公司，取得了巴拿马地峡的10英里（约等于16.1公里）宽的狭长地带的永久租借权和在这一地带内开凿运河、修建铁路以及驻军设防的权利。1904年美国继续开始巴拿马运河的开凿工程，他们接受法国公司失败的教训，决定修建水闸式运河。修建运河除从当地及西印度群岛雇佣工人外，还从非洲、南欧以及东南亚、中国雇来数万劳工。工程历时10年，耗资38700万美元。1914年8月15日，万吨蒸汽货轮"埃朗贡"号首次通过运河。1920年7月，美国宣布运河供国际使用。

由于巴拿马地峡地势起伏，山峦重叠，同时运河所连接的大西洋和太平洋水位相差也较大，高潮时可差5～6米，因此必须建水闸式运河，船只必须借助运河内水闸水位的升降和河岸上电气机车的曳引，翻上爬下。轮船从太平洋一侧的巴拿马湾的巴尔博亚港入河，航行12.9公里，到达第一组水闸——米腊弗洛雷斯水闸。船只来到水闸跟前时，闸门打开，船驶入闸内后，闸门便关闭起来。这时河岸两边的电气机车缓缓拖着轮船爬坡。这样连升两级，水位升高 16 米多。船只经过米腊弗洛雷斯湖，来到了佩德罗·米格尔水闸，水位又升高 9.5 米多。到此船只进入运河本流。美国人为了纪念 1907—1913 年间主持这段开凿事务的盖拉特，把它命名为"盖拉特航道"。船只从这段长 13 公里的航道中驶过后，在甘博亚附近驶进了长 38.5 公里的加通湖。辽阔的湖面碧波荡漾，湖中有许多美丽的小岛，还有种奇异的浮岛。在加通湖中航行约 3 小时，轮船来到加通水闸，这是全航程中水位最高的地方，也就是运河的顶点。这组水闸共有 3 个部分，犹如 3 个高大的台阶。船只经过这 3 个闸门，水位降低 26 米，出了加通水闸，水位与大西洋海面齐平。从这里航行 10 公里，就到达了运河的大西洋入口处，即加勒比海利蒙湾内的克利斯托巴尔附近。运河全长 81.3 公里，一般船只通过运河约需 16 小时。运河上航行设备齐全，多数船只可日夜通行。

在巴拿马运河凿通前，大西洋和太平洋间的航行必须绕道南美大陆南端狭窄而曲折的麦哲伦海峡或常有暴风雨的合恩角，运河的开通把两大洋沟通起来，使两洋沿岸的航程缩短约 14500 公里，并减少了航行中的危险性。

航路的缩短大大便利了海上交通和国际贸易，每年通过巴拿马运河的货物常达 4000 余万吨，占世界海上贸易总额的 6% 左右。目前一年有 60 多个国家的 1.4 万至 1.5 万艘轮船通过运河，平均每天 40 多艘。

1977 年 9 月 7 日签署的《巴拿马运河条约》和《关于巴拿马运河永久中立和经营条约》规定，废除 1903 年《美巴条约》，取消永久性概念，从 1979 年 10 月 1 日起，在 20 年间巴拿马将逐步收回运河及运河区主权，到 1999 年底巴拿马全部承担对运河的管理和防务工作，驻扎在运河区的美军全部撤离。

15. 海上"陆桥"——亚美分界线白令海峡

在白令海峡一带地区，历史上曾留下过许多勇敢者的足迹。1725 年 1 月 28 日，任俄国海军上校的丹麦人白令，受俄皇彼得一世之命，前来探险考察。他花费了 17 年时间，克服了重重困难，查清了亚、美大陆之间并非是陆地相连，而是中间隔着一条海峡，证明了通过这里是大西洋到太平洋的最短航线。但是，这个年近 60 岁的探索者在完成了任务之后，却被困在了一个荒岛上，同行的有几个人被狐狸包围咬死了，他自己也死于坏血病。白令海峡就是为了纪念这位科学的先驱者而命名的。

白令海峡地处太平洋与北冰洋之间。亚洲大陆东北端的杰日尼奥夫角和北美洲大陆西北端的威尔士亲王角，把大洋"挤"成了这条窄缝，两地之间最近距离仅 35 公里，乘坐雪橇不到 4 小时就可以到达对岸。两"角"夹峙的白令海峡中，有两个分别属于俄、美的小岛，日界线便从两岛之间通过，因此，在两个相距仅有 4 公里的地方，却隔着一天的日期。白令海峡水深仅 42 米。据考证，1 万年前这里曾是连接亚、美大陆的一座"陆桥"。人类和许多动植物，早先曾通过这里移居到美洲，而美洲的动物也从这里到亚洲"串门"。

威尔士亲王角所在的阿拉斯加半岛，是白令于 1741 年发现的，以后俄国皮毛商人还在这里建立了村落。但是，这片当年十分荒凉的冰天雪地，被沙皇于 1867 年以 720 万美元的代价卖给了美国。现在的阿拉斯加州，已经成了"能源的源泉"而身价不知涨了多少倍。

过去，美国曾和苏联政府商定，在白令海峡共建一座跨国公园，计划共占地 296 万亩，美国一方的在阿拉斯加州的西沃德半岛上，苏联一方的在西伯利亚靠近白令海峡的楚科奇半岛的顶端。这两个地方都是人烟稀少，但野生动物资源丰富的地方，是地球上难得的"没有污染的地区"。这座世界上占地面积最大的公园建成后，两国人民可以自由往来其间，同时也将吸引各国的科学家和游人前来考察和观光。

16. 以洋为邻——太平洋与大西洋分界线合恩角

1520 年 11 月 1 日，麦哲伦的船队沿着南美洲大陆东岸南下，来到了一个荒岛礁石成群的地方。这一带水域风大浪高，凶猛的急流四方乱窜，海水中还常飘浮着巨大的冰块。船只在"羊肠小道"中艰难地航行着，最后总算通过海峡进入到太平洋。为了纪念麦哲伦环球航行的功绩，后人把这个海峡命名为"麦哲伦海峡"。麦哲伦穿过海峡的时候，看到南侧的岛屿上到处有印第安人燃烧的篝火，便给这个岛屿起名叫"火地岛"。合恩角就处在火地岛的南端，在南极大陆未被发现以前，这里被看做是世界陆地的最南端。

合恩角，位于南美洲的最南端，通过这里的经线是大西洋和太平洋的分界。

合恩角离南极洲很近，捕鲸的活动曾是这一带的重要事业。在这里可以见到用鲸肋骨做成的"栅栏"，在穷人家里还有用鲸椎骨做的小凳。在 1914 年巴拿马运河通航以前，这里是大西洋与太平洋之间航行的必经之路。现在经过巴拿马运河比绕道合恩角缩短了 1 万多公里的航程，但是船只通过运河不仅受到吨位限制，而且要等待开启船闸，费时间太多，所以"人工海峡"还不能完全代替天然海峡的作用。

火地岛的气候变化无常，有时从大西洋海面刮来的飓风时速达到 150 公里，一时间飞沙走石，天昏地暗。

更多的时候火地岛是宁静而美丽的，境内高山耸峙，河渠纵横，蓝天大海映着山顶的积雪和山谷的冰川，山腰间林木苍翠，山脚下牧草丰美，它奇异的风光和神秘的色彩，使这里成了别具一格的旅游胜地。

火地岛面积约为 4.9 万平方公里，东半部是阿根廷领土，西半部属智利管辖。阿根廷火地岛的首府乌斯怀亚，是世界上最南的城市，它离南极半岛只有 1 000公里，是进入南极的门户，是名副其实的天涯海角。在印第安语中，"乌斯怀亚"意思是观赏落日的海湾。在这里观赏落日，水天上下，云霞似锦，美不胜收。

17. 隔海相望——大西洋与印度洋分界线好望角

500 年前的一天，沿着非洲西南海岸，有一艘三桅帆船在南下。当他们航行到大陆南端的时候，遇到了南大西洋上特有的暴风恶浪。风暴和凶猛的海流掀起一道又一道的巨浪，就像是要把船只撕裂似的。这时，船上的人一个个神情紧张，面如土色。最后，这些人总算在一个岩石的岬角上得以死里逃生，可是谁也不愿再继续向前航行了，只求上帝保佑他们平安地回去。原来，这是葡萄牙的迪亚士率领的探险队，为了到东方掠夺黄金，想寻找一条通往印度的新航路。他们没有达到目的，回去对国王说是因为遇到了"风暴角"，而无法继续前进。而葡萄牙国王看了他们绘制的地图，却认为从此到达"黄金之国"有了希望，便给这个地方起名叫"好望角"。

又过了 10 年，1497 年 11 月 22 日，又一个由探险家达·伽马率领的葡萄牙远航队，第一次绕过好望角，到达了梦寐以求的印度。大西洋通往印度的航线从此打通了。通过好望角附近的非洲最南端的厄加勒斯角的经线，是大西洋与印度洋的分界。近代，在好望角附近建起了开普敦港口，这里成为欧、非、亚三大洲之间的海上交通要道，也是世界上最繁忙的航道。1869 年修成了苏伊士运河，使得亚欧间的海运货物得以分流，但仍有很大一部分，还是经过好望角运输的。

好望角北连开普敦半岛，西面的特布尔湾和东面的福尔斯湾，都是天然良港。特布尔湾有开普敦商港，它的深水码头可停泊 40 多艘远洋巨轮。福尔斯湾有西蒙斯敦军港，可停泊 50 艘军舰，是非洲大陆最好的港口。

为适应好望角航道发展的需要，近年在开普敦港内新建了一个可容纳 25 万吨以上巨轮的干船坞和一个世界范围的通信网。西至南美洲，东面包括整个印度洋，南至南极海域，几乎覆盖了整个南半球，在半径 5 000 公里范围内的飞机、轮船以至潜艇，都可以随时取得联系，对其活动情况提出准确的报告。

18. 咽喉航道——连通印度洋与太平洋的马六甲海峡

在风平浪静的马六甲海峡北侧，当年的一个不为世人注目的马剌加王国的小渔村，到 15 世纪末的时候，已经成为发达的马六甲城，其繁华盛况甚至超越了欧洲的威尼斯、热那亚和非洲的亚历山大。琳琅满目的中国的漂亮丝绸和精致的瓷器、印度的棉布、锡兰的肉桂、马来亚的锡块、东南亚的胡椒和香料、阿拉伯的干枣和皮革、波斯的地毯、非洲的象牙和宝石，陈列在集市。穿着五颜六色服装、操着各种语言的商人们穿梭在街巷。马六甲海峡成为历史上著名的"香料之路"、"海上丝绸之路"。

中国人对当地的发展作了很大贡献。当时，在城里专为中国人开辟了居住区。15 世纪初，明朝郑和七次下"西洋"，这里是必经之地。直到现在，还保留着郑和为当地人民打的好几眼井，其中有一眼被命名为"三宝井"。井前的三宝殿正面挂着"三宝天王千秋"大字金匾。

和中国人的作为成对照的却是另外一种境况。16 世纪初，一个叫谢兰的葡萄牙人来到马鲁古群岛，看到这里遍地都是丁香树。对于喜欢用香料和胡椒做调料的欧洲人来说，这简直是一块"宝地"。从此，带着"黄金梦"的人们蜂拥般来到这里，大肆掠夺。马六甲海峡地区成了殖民主义者拼力争夺的"肥肉"。

马六甲海峡，处在亚洲大陆南端的马来半岛（其最南为皮艾角）和苏门答腊岛之间，是一条 1 185 公里的狭长水道，最窄的地方仅有 37 公里。现在，马六甲海峡是世界海上航行最繁忙的地区之一。日本所需 90% 的石油都要经过这里，海峡航道成了日本经济的生命线。

海峡北侧的新加坡发展成为航运的中心。"新加坡"是马来语"狮子"。今天，扼守海峡咽喉的"雄狮"，是与鹿特丹、纽约、横滨并立的世界四大港口之一，居于太平洋与印度洋、亚洲与大洋洲海陆交通的要冲，被称为"远东的十字路口"。

第四节　鬼斧神工——地球地表奇观

地球上千奇百怪的自然景观太多了，除了高原、沙漠、平原、山地外，还有许多奇石异景，名山大川。它们充满着无穷的奥秘，并由此引出了许许多多流传千古的神话故事。从"火焰山"到"魔鬼城"，从"龙宫洞"到"千佛岩"，没有一处不令人神往。那些美丽的神话故事又给这些神奇的地方锦上添花，使这些地方更具魅力。

地表奇石异景是多种因素综合作用的结果，其中有三种因素特别重要。一是与岩石类型有关。桂林的山，云南的石林，各地的大溶洞都只能出现在用于烧石灰和水泥的石灰岩中；而一种称为"丹霞地貌"的景观，只能出现在由沙粒形成的沙岩中。二是与气候条件有关。我国南方阴湿多雨，再加上石灰岩发育，所以南方多溶洞和石林；而西北地区由于干燥少雨，所以与沙有关的地貌景观较多。三是与流水和风的长期作用有关。它们能形成一些奇特的景观，如"魔鬼城"、大峡谷等。

1. 超凡脱俗——张家界与丹霞地貌

湖南西部的张家界已被越来越多的游人所熟悉。那陡峭的山崖，柱状的山体，茂密的森林，漫山遍野的鲜花，已使它成为游人向往的游览胜地。人们称这里有一种原始、天然、纯朴的美。游人来到这里，有一种回归自然的超凡脱俗感。其实，与这里具有相似景观特征的风景区很多，尤其在南方，像江西的三青山、福建的武夷山、甘肃兰州的仁寿山、广东北部的丹霞山等都是如此。这种地貌以广东北部的丹霞山最具特征，故人们称为"丹霞地貌"。

"丹霞地貌"是一种发育在由砂粒组成的砂岩分布地区的自然地貌景观。尽管各种神话传说给它的形成披上了一层神秘的外衣，但实际上它是流水长期破坏的结果。这种地貌常以高高的悬崖峭壁，林立的石峰为特征，远远看去好像在山上建有一座座富丽堂皇、气势宏伟的宫殿。各地形态逼真、生动的奇景很多，如甘肃仁寿山有"天斧砂宫"之称，这里有布局协调、规模宏大的"宫廷建筑群"，有高大雄伟、形体怪异的"风蚀塔"，有栩栩如生的"河台"、"白蛇"，还有令人生畏的"铁牢"。江西三青山上有一女神峰，远远看去，形如少女，丰满秀丽，圆圆下巴，秀发齐肩，她凝神沉思，正襟端坐在悬崖边，双手托着两颗古松，那神态实在令人叫绝。许多丹霞地貌发育地区都已成为著名的游览区，像甘肃兰州仁寿山，已成为古丝绸之路上的旅游区，福建武夷山不仅是风景秀丽的旅游区，有人甚至称那是"世界的奇迹"。由此可见，丹霞地貌在旅游业中是占有相当重要地位的。

丹霞地貌是怎样形成的呢？它有几个条件：一是发育在由砂粒组成的砂岩中，而且砂岩厚度很大，整体性强，砂岩中与地面垂直的裂缝很多。二是与长期的流水破坏有关。带有许多裂缝的砂岩受到河流的冲刷切割，就会在河流两岸形成相互对峙的高高峭壁，使得河流形成"一线天"的险境。像福建崇安县境内的玉女峰和大王峰，夹河对峙，状如石门，高出河面400～500米，悬崖峭壁，十分险峻。若砂岩下面还有厚厚的由泥组成的泥岩，则会在山上出现类似西藏布达拉宫那样雄伟的高大断崖，甘肃兰州仁寿山就是如此。有时，在高高的悬崖上还会出现岩洞，有些地区的岩洞中还可住人并建有庙宇。在流水破坏下，岩石倒塌时会形成高高的"天生桥"，像湖南张家界。丹霞地貌的形成还与气候条件有关。在雨量特多的广东、广西地区，它发育得最完美，各种地形都会出现。像广东仁化的丹霞山、南雄的真仙岩、平远的南台山、龙川的霍山、广西容县的都桥山、北流的铜石山等。在雨量较少的地区则仅有个别地形发育，像甘肃的仁寿山。

2. 天下奇观——黄山、华山

　　黄山以它秀丽、险幻的奇景成为世界性的旅游热点。那里的奇松、怪石、云海和温泉，称为"四绝"。黄山云霞变幻，山峰险奇，珍禽异兽，遍地皆是，被称为人间仙境。和黄山相比，陕西的华山则以险峻而著称于世，李白"势飞白云外，影到黄河里"的诗句，就是描述华山之险的。

　　那么，黄山、华山是怎样形成的呢？我国民间自古就有"二郎劈山救母"之说。二郎为救被压于山下的母亲，取出利斧，猛地一劈，山被劈成两半，从而有了华山的险峻。其实，它们并不是二郎劈成的，也不是神仙造成的，而是与火山活动中钢水般的岩浆有关。地理学家们给它们起的名字叫"花岗岩地貌"。原来，火山活动时，钢水般的岩浆并不都是流出地表，有相当多的部分在达到地表附近时就停止活动并慢慢凝固了，它们凝固后形成的巨大岩体称为花岗岩体。花岗岩体的形态是不规则的，有的呈柱状，有的呈毯状，也有的呈蘑菇状。当覆盖它们的地表物质被年长日久的流水冲刷、风的侵蚀而带走时，花岗岩体就露出来了。由于花岗岩的硬度很大，抵抗破坏的能力强，所以，就高高地凸出于地表，形成险峻的高山。若花岗岩呈柱状，就形成石峰群立的外貌，黄山和华山就是著名的实例。华山由中、东、西、南、北五个峰组成，远看犹如莲花，故称华山。它以险峻的奇峰峭壁为特点，山体四周的岩壁，基本上都受圆柱状花岗岩体的形态支配。黄山花岗岩体近似圆形，有名的山峰有 72 座。这些山峰都与岩浆冷凝收缩时形成的大量裂缝有关，这些裂缝实际上把一个圆形的花岗岩体分割成许多小的岩体，以后受到风吹日晒，雨淋霜打，裂缝慢慢扩大，就会形成一些独立的山峰。黄山有由裂缝扩大形成的深谷 36 条，正是这 36 条深谷把原来一个圆形的花岗岩体分割成 72 座峭壁奇峰。

　　花岗岩地貌在我国发育很广，除了黄山、华山外，我国还有不少著名的山峰和风景区都是这样形成的。像海南岛的五指山、秦岭的太白山、山东的崂山、浙江的天目山、湖南的衡山、广东的罗浮山，都具有或高或低的陡崖峭壁，矗立于群山之上，成为著名的风景区。在国外，有些花岗岩地貌甚为壮观。位于美国北怀俄明州的"戴维斯塔"，就是一个高大的花岗岩体，美国人称为"魔鬼塔"。它位于丘陵地区，塔高近 400 米，相当于 110 层高的摩天大楼。随着光线的改变，塔还会奇怪地改变其颜色和特征，时而昏暗苍茫，时而又闪闪发光；在晴天，一两百公里以外都能看到这座神秘的、带有沟槽的"石头金字塔"。1906 年，美国总统罗斯福把该塔定为全国保护古迹，成为世界旅游者神往的地方。

3. 乐山乐水——桂林山水

　　桂林山青水碧，洞奇石秀，有"桂林山水甲天下"之美称。那一座座秀丽的山峰如撒落在一汪碧水中的精美田螺；泛舟漓江，如行画中。那长达千米，高数十米的七星岩、芦笛岩大溶洞更是别有洞天。进入洞里，犹如进入神话世界，令人流连忘返。在云南有一个著名的风景区——路南石林。这里是"阿诗玛"的故乡，在一丛丛挺拔俏丽、竹笋般的石峰中，有"苏武牧羊"、"将军鞋"、"夫妻斗气石"、"阿诗玛"、"猪八戒背西瓜"、"二牛戏水"等一系列形态逼真、惟妙惟肖的景点。假若你有机会前去参观，导游小组一定会告诉你有关石林形成的美丽传说：八仙之一的张果老手操神鞭，本来准备把那些石头赶到一个清静的地方。不巧到这里时已至深夜，巧遇阿诗玛与情人阿黑在此幽会，这些石头再也不愿走了，张果老用神鞭怎么抽打也无济于事。无奈，只好把它们放在这里。导游小组甚至告诉你，那石峰上的一条条裂缝，就是神鞭打留下的痕迹。多么美丽动人的神话传说！

　　是什么神奇的力量造就了如此美丽的人间仙境？科学家们研究证实，这是一种由石灰岩形成的地貌景观，并给它们起了一个好听的名字——喀斯特地貌（又叫岩溶地貌）。形成喀斯特地貌的石灰岩是烧制石灰和水泥的主要原料。这种岩石中的主要化学成分是碳酸钙。碳酸钙在含有二氧化碳的水中很容易溶解，而实际上，所有的地面水都含有来自大气中的二氧化碳。这样，在水的作用下，石灰岩就会慢慢被溶蚀。若石灰岩发育的地区地表水和大气降水多，长期溶蚀的结果就会形成类似于桂林的山、云南的石林那样的地貌。若石灰岩中有裂缝，水就会沿着裂缝慢慢溶蚀，年长日久，原来一条细细的裂缝就会变成今天类似桂林七星岩、芦笛岩那样的大溶洞。大溶洞连接起来并和一条地面河流相通，河水就会通过溶洞流进流出，这样就成了地下河。所以，喀斯特地貌的形成一是要有石灰岩作为物质基础，二是要有长期的流水冲蚀，三是长期稳定的水源则在气候湿热地区能得到充分的保证。这三个因素决定了我国南方喀斯特地貌特别发育的特点。当然，这种秀丽的地貌景观不是一两年就能形成的，它要在水的精雕细刻下，像姑娘绣花一样才能完成。就拿桂林的山和溶洞来说，形成的时间已有3亿多年了，在这3亿多年里，水像一位绣花姑娘，精心地在原先的石灰岩层上构思、设计、绣绘，最终才变成今天的模样。就是在今天，水仍然在对它们进行慢慢的加工、修饰。

　　和地表的奇山、石林相比，地下的溶洞又有它的独特之处。对一个石灰岩溶洞来说，里边少不了有石钟乳、石笋、石柱、石幔、石花等洞穴景观，而且它们常具有奇特的形貌供人们想象，从而有了许多优雅漂亮的名字。这些景观是如何形成的呢？追踪研究，它们仍然是水对石灰岩溶解的杰作。溶洞形成后，从洞顶滴下的水滴中含有碳酸钙，碳酸钙随着水滴慢慢沉淀，便会形成冰棱一样的石钟乳；而水滴滴到地上，慢慢地便形成石笋；时间长了，石钟乳和石笋连接到一起，便形成石柱。有的溶洞中有水流存在，水流遇到台阶时，便形成瀑布，由此，便形成幕状的石幔。这些石灰岩溶洞景观形态各异、变化多端，人们根据想象，给予分别命名，便使得本来寂静无声的溶洞里充满了神话色彩和无穷的奥秘。可以说，所有的溶洞都如此。

我国的喀斯特地貌在南方发育良好，尤以广西、贵州为甚。它们或形成大片秀丽的峰林，或造成拔地而起的孤峰。像桂林地区这两种情况都有。在地处亚热带的云南则以石林为代表。同时，由于河流的下切较深，地下河规模很大，如云南约河支流田心河在个旧市斗姆阁潜入地下，到红河河边才出露，注入红河，全长达6公里。在湖北省的中部，石灰岩地区常由于溶蚀而发育成洼地、漏斗等景观。

在我国的北方，由于气候干燥，降雨量相对减少，且石灰岩分布相对南方少得多，所以北方的地表喀斯特地貌不发育，但是在地下深处的石灰岩层中却有大量的溶洞发育；甚至还发育着石林，只不过它被上面的厚厚岩石盖住了。这些发育在地下的溶洞里常注满了水，由此给采矿业带来极大危害。当采到溶洞时，若事先不知道溶洞的位置，溶洞里的水便会奔泻而出，瞬间内把矿井淹没，造成严重的人员伤亡。

由上所述可以知道：喀斯特地貌景观既不像丹霞地貌景观那样原始、自然，也不像花岗岩地貌景观那样险峻、奇幻，它表现出的是一种婀娜多姿、妩媚动人的美。难怪作为风景区，它对游人具有那么大的诱惑力。

4. 风蚀地貌——"魔鬼城"

新疆有个"魔鬼城"，那里有不知道建于何时的"古城堡"，也不知道这座"古城堡"因何种原因，毁灭于何时。大家只知道每当夕阳西斜，夜色沉沉时，当你亲临"魔鬼城"，能听到如诉如泣的女人哭声和喊叫声，令人毛骨悚然，仿佛这片荒废的古城里，游荡着无数冤死的灵魂，它们在这夜色的掩护下，向苍天发出悲壮的呼唤。

这里真是"魔鬼城"吗？真的有屈死的灵魂在呼喊吗？那不过是人们的想象。其实在那里兴妖作怪的既不是妖怪，也不是灵魂，而是我们都非常熟悉的风，是风雕刻出了一片古城堡废址；是风在那里游荡出了令人害怕的声音。科学家们称这种地貌为"风蚀地貌"。风蚀地貌，不言而喻，是由于风的长期破坏作用形成的。这种地貌景观在我国主要发育在干燥少雨、风力较强的西北地区，尤以新疆最多。

说起风的破坏能力，也许有人不以为然。其实风的破坏能力是很强的，不说台风的威力，就是和风、微风，长年累月的作用也能毁掉一座大高楼。西北地区沙漠茫茫，狂风卷着细沙，抽打着它所能遇到的一切，这种破坏力是无法想象的，沙漠地区的风对地面物质以吹和磨两种方式进行破坏。天长日久，它能把好端端的一方平地撕碎、削平，化为乌有。风蚀地貌主要类型有以下几种：

风蚀城堡大多见于软硬岩石相间分布的地区。由于岩石软硬不同，风的破坏结果就有不同表现。软的破坏多，硬的破坏少，这样就形成许多层状台墩，远远看去，就像古城堡的废墟。新疆准噶尔盆地乌尔禾的"风城"就是最典型的代表，上面所说的"魔鬼城"也是这样形成的。在风蚀城堡里，往往由于风对软、硬岩石的破坏不同而形成蘑菇状的风蚀蘑菇、风蚀柱以及洞穴状的风蚀穴等景观。一旦风蚀城堡形成了，风在其间穿行，会受到层层阻拦，再加岩壁上有许多风蚀穴，风就像吹哨子一样发出阵阵声响，这种声音再经过各种风蚀景观的反射，就形成一种奇特的声音。"魔鬼城"里所听到的女人哭声和吓人的叫声就是这样形成的。

风蚀劣地由风蚀破坏而形成的土墩和凹地组成的地貌景观。地面崎岖起伏，支离破碎，高起的风蚀土墩成长条形，并与风力方向平行。这种地貌在新疆罗布泊洼地西北部的古楼兰附近最典型。

风蚀地貌多发育在沙漠地区，在茫茫沙漠中，陡地出现一片形态奇特、造型别致、高出沙海的景观，当然令人惊奇。特别对那些在沙漠中旅行的人来说，经过很长时间单调、寂寞的旅行，猛抬头，看见耸立于眼前的那一片奇观，无异于看见一片绿洲，这就是风蚀地貌作为风景区开发的特长了。

在新疆盛产葡萄的哈密地区之天山脚下，有大片由碎石或鹅卵石组成的戈壁滩，这里素有"火焰山"之称，传说《西游记》中唐僧师徒四人西天取经经过的火焰山就在这里。想那孙悟空为借芭蕉扇钻进铁扇公主的肚子里，借来扇子后扇，连自己屁股上的毛也烧了。这里是否就是《西游记》中的火焰山无从考证，但这里的温度确实够得上"火焰山"这个形象的称呼。据说，中午的戈壁滩中可烤熟鸡蛋，而到了晚上则很快寒气袭人。这也是风的杰作。风的长年破坏作用，使得附近山上的裸露岩石破碎，崩落下来，形成沿山体分布的戈壁滩。这种戈壁滩没有植被，吸热性极强，所以中午的温度非常高；而到了晚上，由于它散热极快，白天吸收的热很快散失掉，又寒气袭人。

除了上述的几种地貌景观外。地球表面还有许多其他景观。如由河流长年冲刷形成的河谷地貌，我国著名的长江三峡和金沙江虎跳峡都属于河流切割造成的。长期缓慢活动的冰川也能形成一些奇特的地貌，如江西庐山有一条峡谷就是由冰川的磨蚀形成的。

总之，大千世界，无奇不有。当我们面对千奇百怪的自然景观时，我们应该明白：它们不是神仙创造的，也不是天生就有的，而是大自然的杰作，大自然为自己创造出了千奇百怪的脸谱。

5. 疑窦丛生——神秘的历史建筑遗址

很少能找到一个像"大西国"这样的传说，千百年来它是那样牵动人们的心弦：离现在 1.1 万多年前，在直布罗陀海峡对面有一块叫做"亚特兰蒂斯"的大陆，上面有一个大西国。它的面积比欧洲和非洲加起来还大，它的军队曾征服过当时的西方世界——地中海沿岸地区的大多数国家。在这个国家里，有美丽的城市，城市中有金碧辉煌的宫殿和庙宇，居民都信仰太阳神。后来，由于发生了大灾变，这个国家突然在一夜之间消失得无影无踪，沉没到大西洋底下去了。自从古希腊哲学家柏拉图在公元前 350 年记载了这个传说之后，它便引起了历代学者、科学家的极大兴趣，在世界上先后写出了 5 000 份关于这个问题的报告。有的认为在那么遥远的时代，人类社会根本达不到那么发达的程度，而另外一些人却始终满怀希望地探索这块失踪的大陆。众说纷坛，一直争论不休。

1968 年，有人在加勒比海的巴哈马群岛的海底发现了巨大雄伟的石砌建筑群，里面有宽阔平坦的街道，有城墙和码头。研究过这些石头的人认为，它们的历史恰巧是 1.1 万年。后来，几个国家的科学家又宣称，他们在 1 000 英尺深的海底发现了一座高达 500 英尺的巨大金字塔。那些学者们立刻把它们和失去的大西国加以联系。还有人把大西国的传说和另外一件事相联系。史书上记载着，公元前 1400 多年，现在的希腊克里特岛上出现过高度发达的米诺斯文化，后来由于桑托林火山的爆发，岛上的克诺萨斯王宫和其他文明施设遭到了覆灭。这些人推测，关于大西国的传说，可能来源于这里。一些考古学家一直没有间断在这里的发掘工作，企望从中获得奇迹。

揭开这些谜底也许还要等上几个世纪，但是，另外一些地埋上发生变迁的事实，却早已为当今的人们所熟知。

在我国湖北西部秭归县的楚王台山上，有两座古城的遗址，一座位于山上，一座位于山下，两城相距几百米，而两座古城的建筑结构和用料都极其相似。专家们经过研究认为，这两座明代同一时期所建的古城，原本是一个整体，是后来断层活动把它们一劈为二的。

美国旧金山郊外有一座牧场的木栏，在 76 年前当地发生大地震的时候，木栏中腰被截断，两头一下子错开了 6 米。原来这里正处在美洲板块和太平洋板块边界线的断裂带上，上面的情况就是板块的运动造成的。这个断裂带就是有名的美国西海岸的圣安得列斯断层，它总长在 1 000 公里以上。1 000 万年来，断层两侧朝相反方向错开了四五百公里。

在人们看不见的海底，也无时不在日新月异地发生着变化。"幽灵岛"就是最明显的例证。地中海西西里岛以南的 25 海里的格雷姆岛，100 多年来。它曾经一再出现和消失，1950 年它再次出现，外交家们正在为它的主权归属问题争论不休的时候，它却突然在 1956 年又一次隐没到海底。同样情况还发生在加勒比海：一艘英国军舰开到特立尼达岛附近的一个小岛上，在上面举行了庄严的升旗仪式，宣布这个岛为英国所有。然而，没过几天，这个岛突然没入了水中，人们甚至还没来得及给这个小岛命名和把它绘进地图里。岛屿的消失，有时还会造成悲剧。在 20 世纪，新西兰东北库克群岛的图阿纳基岛，一天清早，渔民像往常一样出海捕鱼去了，可是他们傍晚归来的时候，在这个 1.3 万多人的岛屿所在地上，只剩下一片汪洋。

在意大利那不勒斯海湾岸边耸立的 3 根大理石柱子，使人们更清楚地看到地壳变迁的历史足迹。公元前 105 年，罗马帝国在这里修建了塞拉比斯古庙，这 3 根柱子便是当年的遗物。现在人们可以看到这 12 米高的柱子上，在 3.6 ~ 6.1 米的地方，布满了坑坑疤疤的小洞，不难判断，这是海生软体动物蛀蚀出来的。海生动物怎么能"爬"到这些大柱子的中腰，从事这么艰巨的"雕刻"？人们正是从这里找到地壳变迁的线索。原来，古庙修建以后，最下面的一段便被火山灰掩埋，后来地壳逐渐下沉，石柱的下部又被海水覆盖，到 13 世纪，海水最终淹到了 6 米以上。再以后，地壳又缓缓上升，海水退去以后，便留下了当今的记录。

近年来，一个岛屿在里海的巴库港附近露出水面，岛上有一个建筑于 13 世纪的城堡和宫殿。历史学家们估计，这是 1306 年的一次强烈地震，把巴库城的一部分掀入了里海。

在荷兰，1800—1900 年间，海岸下沉了约 30 厘米。现在全国有 1/4 的土地在海平面以下。在北欧斯堪的那维亚半岛一带，100 年来，人们记录到的陆地上升达到 2 米，这里的杜尼奥城，古代曾是一个大港湾，现在浅得连小舟也难以泊岸。

地壳不仅在不断地发生着高低起伏的变化，还更多地进行着水平方向的位移。

1926 年，世界上 52 个天文台精确地测定了彼此的相对位置。1933 年第二次测量时，发现欧洲与美洲的距离在 7 年内增大了 45.5 厘米，也就是说平均每年以 6.5 厘米的速度在相对运动着。

近百年来，印度次大陆每年以 1.2 厘米的速度向西藏高原推移，因此，喜马拉雅山被挤得继续升起。

红海是地壳变化最显著的地区之一。潜水装置在红海海底大约 1 700 米的深处，拍摄到灼热的岩浆顺着把海底分为两半的裂缝向外流出的情景。1979 年，在非洲阿萨尔湖附近发生一次火山爆发，使非洲和阿拉伯半岛的距离，一下子增大了 120 厘米。红海，是未来非洲与亚洲之间一个新的大洋的雏形。

6. 匪夷所思——形形色色的岛屿

具有特异功能的岛屿

爱琴海中的阿罗斯安塔利亚岛，岩石中含有大量的碱性物质，因此，岛上的居民从来不用花钱买肥皂。衣服脏了，可以随便在哪里拾个土块来搓洗，洗澡的时候，抓把稀泥往身上一抹也就行了。

在西印度群岛中的马提尼克岛上居住的人，个个都"高人一头"，就是来岛上居住过一段时间的人，也会莫名其妙地长高几厘米。据认为，该岛蕴藏着某种放射性矿物，它能使人体机能发生某种特异变化，因而"催高"了身体。

加拿大东海岸有个世百尔岛，轮船每次驶近它的时候，罗盘就会"失灵"，同时有一种奇特的力量把船拉向岛屿，以致因此造成了不少船只触礁沉没。航海的人们把它叫做"死神岛"，总是远远地躲过它。原来这个岛屿的岩石中含有丰富的磁铁矿。

由"特殊材料"构成的岛屿

缅甸英莱湖中的腐草和泥土多年垒结形成浮岛，人们在这些浮岛上面盖房居住，种庄稼，聚成村落，形成街市。浮岛在罗马尼亚的多瑙河三角洲地区更多，这里是世界上最大的芦苇产地。遇到风暴和水面上涨时，这些"岛屿"会发生浮动。而在北冰洋上有许多的考察基地设在浮水形成的冰岛上。

波斯湾附近的澳尔穆兹岛，上面堆满了食盐，到处一片白漠，寸草不生。

澳大利亚东北部有名的大堡礁，是由在热带海洋中生活的珊瑚虫"献身"构成的，形成了一条绵延2 000公里的"海上长城"。这里，350多种色彩和万千形态的珊瑚，把海洋世界打扮得绚丽多彩。

有历史地位的岛屿

塞内加尔的戈雷岛，是一个历史上西方殖民者用来贩卖黑奴的"奴隶岛"。现在岛上还保留着当年关押待运黑奴的"奴隶堡"。当年，从亚非各地每天都掠夺200～400名黑奴，押上岛来，当场"按质论价"出售，并在他们身上烙上号码。生了病的会随时被扔到大海里喂鲨鱼，活下来的随后被送进货舱，就像塞沙丁鱼罐头一样，装得满满地运往美洲。在1538年到1848年间，从这里运走了2 000万黑奴。现在，这块血泪斑斑的土地已被宣布为人类的文化遗产而保留下来。

英国小说《鲁滨孙漂流记》中的荒岛，就是智利的胡安—费尔南多斯群岛中最大的一个岛屿。岛的山顶上，至今还留着一块当年铭记流放海员塞尔柯克的铜牌和他住过的山洞——鲁滨孙洞。《鲁滨孙漂流记》便是作家笛福根据这一素材写出来的。

有些岛虽小，但名声很大。小小的圣赫勒拿岛，以囚禁过拿破仑而名闻全球。岛上他的衣冠冢和生前住处"隆武德"等古迹，已成为陈列拿破仑使用过的各种器具和书籍的博物馆。

7. 陆间之海——地中海

地中海位于非洲与欧洲之间，是世界上最大的陆间海。

地中海面积251万平方公里，大体呈长方形，东西长4 000公里，南北最宽处1 800公里。它的地形复杂奇特，意大利西南方的海底，有一条海脊，把地中海分为东、西两个海盆。亚平宁半岛、西西里岛、马耳他岛等就是这个海脊露出海面的部分。

地中海是一个很深的海，最深处达5 092米。地中海地区地壳极不稳定，岛屿众多，许多岛屿上有活火山和火口湖。意大利西西里岛上的埃特纳火山是著名的活火山。

地中海沿岸有18个国家，约3亿人口，海上交通历来很发达。

在世界海洋中，地中海面积不算很大，可它对人类社会作出的贡献却无与伦比，它是西方文明的摇篮，古希腊爱琴文化的发祥地，中世纪国际贸易的重要场所。苏伊士运河开凿以后，它更成为国际航运的重要枢纽和世界战略通道。

在地中海西部，欧洲伊比利亚半岛的直布罗陀和特腊法尔加尔角，与非洲北端的阿勒米纳角和埃斯帕特尔角隔海相望，形成一条沟通地中海与大西洋的狭窄水道，这就是著名的直布罗陀海峡。海峡长约90公里，宽处43公里，最窄处仅14公里，是一条咽喉要道。

直布罗陀海峡是地中海补给的进出口，强大的海流以每小时7公里的速度源源不断地涌进地中海；在它的下面，又有一股水流连续返回大西洋。一出一进的水流交换，就像大海的呼吸一样，日夜不停地进行着。

水面上，每天有1 500艘以上的商船行驶其间，西欧国家进口的石油、原料，出口的产品大都经过这里，海峡成了西方经济的生命线。

直布罗陀是一座重要的港城和要塞，现属英国管辖，是防守地中海的门户。直布罗陀与对岸的西班牙飞地休达和摩洛哥港口丹吉尔遥遥相对，形成犄角之势，紧紧锁住直布罗陀海峡，就像是海峡的两只眼睛，注视着一切过往的船只和不断变化着的大海风云。

8. 海上草原——马尾藻海

在大西洋上航行了多日的哥伦布探险队,1492 年 9 月 16 日这天,忽然望见前面有一片大"草原"。要寻找的陆地就在眼前,哥伦布欣喜地命令船队加速前航。然而,驶近"草原"以后却令人大失所望,哪有陆地的影子,原来这是长满海藻的一片汪洋。奇怪的是,这里风平浪静,死水一潭,哥伦布凭着自己多年的航海经验,感到面前的危险处境,亲自上阵开辟航道,经过 3 个星期的拼搏,才逃出这可怕的"草原"。哥伦布把这片奇怪的大海叫做萨加索海,意思是海藻海。

这就是大西洋没有海岸的马尾藻海,据说,早在 2 000 多年前,大科学家亚里斯多德曾提到过"大洋上的草地"。

马尾藻海在大西洋北部百慕大群岛附近,位于北纬 23°~35°,西经 30°~68°之间,东西长达 4 500 公里,南北约 1 500 公里,面积在 700 万平方公里以上,差不多有 3 个地中海大。

马尾藻海四周为几条顺时针方向奔流的海流所包围,西面和北面是墨西哥湾流及其延长部分——北大西洋海流,东面是加那利海流,南面是北赤道海流,中间形成了马尾藻海稳定的海面。

在这里,大量繁殖并旺盛生长着马尾藻,使茫茫的大海铺满了几尺厚的海藻,海风吹来,海草随浪起伏,呈现出一种别致的海上草原风光。

马尾藻海不仅有"草原风光",而且还有许多奇特的自然现象。

大西洋是世界各大洋中最咸的大洋,马尾藻海又是大西洋中最咸的海区。这里海水的盐分很高,海水深蓝透明,像水晶一样清澈,而浮游生物远少于其他海区。

这里海平面要比美国大西洋沿岸高出 1.2 米,可是,这里的水却流不出去。

最令人不解的是,这个"草原"还会"变魔术":它时隐时现,有时郁郁葱葱的水草突然消失,有时又鬼使神差地布满海面。

表面恬静文雅的"草原"海域,实际上是一个可怕的陷阱,充满奇闻的百慕大"魔鬼三角区"几乎全部在这里,经常有飞机和海船在这里神秘地失踪。

9. "绿色土地"——格陵兰岛

公元 875 年,几位勇敢的挪威探险家驾着一叶木舟横渡大西洋,接连几天都在晶莹如玉的冰川中穿来绕去。一天,他们在南部山谷中找到了一块绿地,于是把这个岛称为"格陵兰"(英文"绿色的土地"的意思)。从公元 986 年起,格陵兰就建立了移民定居地。

　　格陵兰是世界第一大岛，位于北美洲东北部，总面积 217 万平方公里，4/5 在北极圈以内，84% 的土地终年冰雪皑皑。这里有仅次于南极洲的世界第二大冰盖，面积 172 万平方公里，平均厚度为 1 500 米，最厚处达 3 400 米。如果岛上冰雪一旦全部融化，整个地球上的海水会升高 6.5 米。

　　格陵兰是冰川的故乡，每年都有上万座的冰山飘浮出海。冰山是由万年积雪在重压下形成的，纯真洁净，没有杂质污染，是价廉物美的上等冷饮，深受人们喜爱。格陵兰每年都向西欧和美国大量出口冰川冰，成为世界最大的"天然冰工厂"。该岛雅各布斯哈汶港的市徽，便是两朵圆形的雪花夹着一座蓝白相间的冰山。

　　格陵兰大部分地区气候严寒、干燥，不时有暴风雪降临。东北部冬天气温下降至零下 60℃，夏季仍然在零下 20℃，年降雨量仅 150 毫米。南部因受墨西哥湾暖流影响，冬季气温比北部高。因此，人口集中在南部沿海地区，而北部、东北部和东部则无人居住。

　　由于气候酷寒，整个格陵兰找不到一棵树。格陵兰人喜欢把房子外墙涂上绿、红、白、黄、蓝色，以增加空间色彩。

　　格陵兰每到冬季就有连续几个月的"极夜"，天色朦胧，不见太阳；夏季则太阳终日高悬，昼夜常亮。雅各布斯哈汶港从 12 月 1 日至 1 月 12 日，是"极夜"期。因此，每逢 1 月 13 日，市内居民和游客就扶老携幼到山顶眺望久违的太阳升起，犹如节日般欢跃。

　　2 月初，太阳的金色光辉回到大地之后，气温大约在零下 10℃ 至 15℃ 之间，人们乘坐着狗拖的雪橇奔向结冰的海面，进行捕鱼活动；狩猎活动也随之忙碌了起来。仅有 4 000 居民的雅港，养了 5 000 多条狗。狗在格陵兰人生活中是不可缺少的帮手。

　　格陵兰 5 万居民中，4 万是当地人，1 万是丹麦人。格陵兰人即因纽特人（爱斯基摩人），但经过 200 多年来同丹麦、荷兰、德国、挪威、瑞典和冰岛人的通婚，绝大多数格陵兰人都已成为混血人，只有西北部人迹稀少的地区仍保留极少数纯因纽特人。他们长着黄皮肤、黑头发、高颧骨、扁鼻梁、细眼睛、宽肩膀，酷似我国的蒙古族人。格陵兰人主要生活来源靠捕鱼和狩猎。鱼类以鳕、虾和萨门鱼为主，海里的鲸、海豹以及深山里的鹿则是狩猎的主要对象。

　　格陵兰岛属丹麦管辖，首府戈德霍普是岛上最大的城市。格陵兰城镇之间有直升飞机来往，有电话、电信联系。但是，一些格陵兰人习惯传统的生活方式，因此出现了高楼与冰屋并存，直升飞机和狗拉雪橇同行的有趣景象。

10. 千姿百态——形形色色的湖泊

　　传说 3 000 年前，周穆王姬满，坐在 8 匹骏马拉着的车子上面，日行了 3 万里，来到"西王母之国"，西王母在瑶池边上盛宴招待他。这个西王母的"瑶池"，就是坐落在新疆乌鲁木齐附近天山上的天池，它原本只不过是一个冰川形成的终碛湖。

一些湖泊常被这样蒙上神秘的色彩，传播着美丽的神话，有一些湖泊至今还在受着顶礼膜拜。

湖泊的神话十分美妙，有些关于湖泊的"人话"也很有趣。在贝宁共和国科托努以北的诺古埃湖上，有一处称做冈维水上村庄的湖光水色，经常吸引着各国的旅游者。这里，在高出水面一两丈的圆木脚上，盖着一幢幢尖顶草房。在这种高脚楼房外面，有宽敞的平台，甚至还有垒叠着泥土饲养禽畜的小块"陆地"。这里的人家都有木船，作为往来的交通工具。在村庄中央，有船只组成的水上集市，彼此交易都在船间进行；还有的商贩船，沿街串户送货上门，居民从窗口一伸手就可以买到东西。这种水上村庄有30多个，是17世纪初人们逃避兵乱形成的。

湖泊不仅给人类以灌溉、舟楫、渔盐之利，还有一些湖泊具有特别的用途。

在黑海附近有个泰基尔基奥尔湖，许多人远道专程来这里洗"泥澡"。他们用湖泥涂满全身，然后躺在沙滩上晒太阳，或是索性浸泡在泥浆里待上一段时间。原来这个湖里含盐量很高，并且在腐植质泥层中含有多种矿物质。这些跋山涉水来洗"泥澡"的人是为了治病。据说这个湖的治病效果还满不错呢！

加勒比海的特立尼达岛上的沥青湖，更是出名。这个面积36公顷的"湖泊"，全是由天然沥青构成的，上面不仅可以走人，还可以行车。从1870年开始，人们就从这里源源不断地开采沥青，可是湖面却没有下降，原来湖里还在不断地"长"出沥青。这里的沥青质量特别好，可以铺成"灰色闪光马路"，方便夜间行车。这种沥青还出口到我国。

我国青海、宁夏、内蒙古有许多盐湖，构成了一望无际的银色世界。青海的察尔汗盐湖是最大的一个。在这里，盖房子用盐块，铺路也用盐，青藏公路上有著名的"万丈盐桥"。在这里，甚至连厕所也是用盐修砌的。

世界上别具情趣的湖泊

死海的故事是人所共知的。公元70年，罗马大军统帅狄杜攻克耶路撒冷，他下令把俘虏投入海中淹死。可是奇迹发生了，戴着脚镣手铐的俘虏在水里根本不往下沉。罗马士兵一遍又一遍地把他们投入大海，可海浪一次又一次地把他们送回岸边。罗马统帅被眼前的景象惊呆了，赶紧把俘虏释放了，他以为一定是有神灵保佑，这些俘虏是不该处死的。

这个使俘虏得免一死的海，偏偏又叫了个"死海"。它是个内陆湖，南北长74公里，东西宽15公里，最深处400米，是世界陆地上的最低点。这个湖淹不死人是因为水中含盐分高，湖水的浮力大。"死海不死"的特异景观，使它成为世界著名的旅游胜地。美国著名作家马克·吐温曾对它作过生动的描写："在这里我可以把身体完全伸直仰卧在水面……"

阿拉斯加半岛上的努乌克湖，上面的湖水是淡水，生长着淡水的动植物；下面的湖水却是咸水，生活着海洋动植物。两相界线分明，其中的生物也绝不混同。而在巴伦支海的基里奇岛上，更有一个奇妙的"五层湖"。

意大利西西里岛上的"酸湖"连细菌都没有，任何生物如果跌进去也必死无疑，这是由于湖底有一个泉口在不断喷出强酸所致。

11. 排山倒海——地震和海啸

1896 年 6 月 15 日发生在日本三陆的一次海底地震引发了一次大海啸。在这次灾难中，有 3 万多艘船只流失，2.7 万多人死亡。

1946 年 4 月 1 日凌晨，住在夏威夷岛上的史密斯，被一阵雷鸣般的响声惊醒了。涨高的海水向他的住房扑来，但是当他急着跑出去的时候，海水却又向远处退了下去，以致露出平日从未见过天日的海底。15 分钟后，他跑到一个高地上，这时，海水又一次更凶猛地扑到了岸上。随后便又退了下去。这样往返了 6 次以后，海水起伏的势头才慢慢减弱。这是发生在几千里外的阿留申海沟的地震，它所引起的海啸，在经过了日本、澳大利亚两次反射以后，过了 18 小时，又第二次在夏威夷群岛造成的更加强烈的反应。

强烈的海底地震，会在浅海地带引起海啸，它往往给人们带来巨大的灾难。

1755 年 11 月 1 日，万圣节，在葡萄牙首都里斯本的教堂里，信徒们正在做祈祷，突然间一声山崩地裂般的巨响，教堂像遇到风暴的船一样剧烈地摇晃起来，随即，这些善男信女们便被永远地埋葬在这倒塌的教堂之中。这时，全城陷于一片昏暗。6 分钟之内，建筑物几乎全部变成废墟。有些幸免于难的人匆匆逃到海滨，又被高涨到 20 多米的海水迎面吞噬。就这样，全城 6 万人罹难。这次大地震所引起的海啸，一直波及很远的地方：在西印度群岛地区，掀起了 7.8 米高的波浪；非洲沿岸的海水，起落了 18 次。

历史上最大的一次地震海啸，1960 年发生在智利。地震过后，首都圣地亚哥以南约 320 公里长的海岸沉到了海底，瓦尔的维亚城变成了海湾。地震引起的海啸，波及 1 万公里以外的日本，使那里的 10 万人受害。

海底地震能引起海啸，陆地上的地震则往往造成山崩地裂。

1556 年，我国关中大地震，有的县整个陷落了下去。

1792 年 5 月 21 日，日本九州地震，把一座岳前山崩进了大海。

1911 年 2 月 18 日，帕米尔高原发生了一次强烈地震，一座崩塌了的山，在穆尔加布河上筑起了六七百米高的大坝，形成了 50 平方公里的萨列兹湖。

火山爆发会形成地震，但多数地震，是由于构成地壳的板块相互冲撞造成的地层岩石的突然破裂和错动形成的构造地震。因此，地震带集中在板块的边界上。太平洋板块四周是世界上最大的地震带，处在这一地带上的智利、加勒比地区、墨西哥、日本、印度尼西亚等地是世界上地震最多的国家。

世界上每年发生的地震，人们能感到的约有 5 万次，但能造成破坏的地震平均不过十几次。

我国处在太平洋板块向西漂移、印度洋板块向北东推挤的左右夹攻之中，是地震较多的国家。我国早在公元前 780 年就有了地震记录。在 3 000 多年的历史资料中，记载了 4 级以上地震 3 700 余次，其中有 600 多次破坏性地震。

千百年来，为了对付地震，人类绞尽了脑汁。现在，人们运用现代化科学技术的成果，随时在观测着大地的"脉搏"。人类还雄心勃勃地不仅在尝试着治服地震，而且期望有一天能利用形成地震的能量为自己服务。

12. 自然魔力——地球的外营力

我国新疆克拉玛依东北的乌尔禾地区，在浩瀚的沙漠里，有一个方圆数十里的地方，里面"街巷"纵横，"楼阁"毗邻。然而，在这座肃穆的"城堡"里却没有一丝人烟踪迹，只有呼啸的狂风和风所造成的鬼哭狼嚎的声音，人们把这里叫做"魔鬼城"。原来，这是大自然的一个杰作，风，就是这座"城堡"的"建筑师"。脉脉含情的和风，伴随的是诗情画意；然而，暴躁的狂风，却在不断地改变着大地面容。这里本来是一个台地，因为处在著名的"老风口"上而常常遭受五六级以上的定向风吹蚀，形成了一座"风城"。

在内蒙古的乌兰布和沙漠里，分布着数以千计的汉代古墓。奇怪的是，这些古墓的墓穴大多暴露在地面上，有的棺材已经损破朽毁，死人骨骼就像平放在地面的浮雕一样裸露着。原来，这又是风的恶作剧，千百年来它把墓顶的泥土剥蚀个精光。

地球表面，像风这样的"建筑师"，还有阳光、空气、流水、冰川、海浪和生物等等，它们组成了改变地球表面形态的力量，叫外营力。它与来自地球内部、促使地壳产生运动的内营力，不断展开斗争，使大地的模样在默默地发生着变化。我们人类也参与着这项"修理地球"的斗争。

下面就来看看，外力作用是在怎样改变着大地的面容。

在我国太行山东麓的河北涉县境内，有一片地上布满了石球。传说当年岳飞被陷害以后，他的一个姓李的部将在这里据守抗金，曾用这些滚石抗击围攻的金兵，后人因此把这里叫"忠义坡"。其实，这些石球就是风化作用的产物。

13. 风雨腐蚀——风化作用

岩石在一冷一热的时候容易破裂；渗进石头缝里的水，在结冰的时候也能撑裂石头；长在石缝里的树根，对岩石也有破坏作用。岩石在温度变化、空气、水和生物作用的影响下，不断地在崩解破碎，从大块变成小块，再从小块变成沙粒和泥土，这就是风化作用。

风化作用不加区别地破坏着地面上的一切物体，许多古建筑都受到它的威胁：埃及的金字塔，被销去了顶端；古罗马的石雕，被销蚀着"皮肤"；我国乐山大佛身上的花纹，也因此被"熨平"……

经风化形成的沙土，常常被风吹刮到另外的地方，这时，风又成了大自然的义务"搬运工"。不过，它的行为却时常遭到人们的憎恶。

5世纪，在我国北方，匈奴领袖赫连勃勃在一片水草肥美的地方建造了一座都城——统万城。它成为当时我国北部的政治、经济中心。但是，今天在地球上再也找不到这座历史上的大都城，是风沙把它完全淹没，从地面上抹掉了。如今，在它当年的位置上，地图上标着"毛乌素沙漠"。现在只有考古学家还有兴趣进入这极目荒凉的地区，去研究古城的废墟。

世界上有许多地方常常遇到风沙的袭击。

1977年8月14日白昼，毛里塔尼亚首都努瓦克肖特，突然被黑暗笼罩，全城到处伸手不见五指。几小时以后黑暗消退了的时候，满城覆盖上了一层黄沙。这是一片沙云过境造成的情景。人们估计，这片沙云中含有千万吨的沙尘。就这样，狂风吹动着地处北非的世界最大沙漠——撒哈拉沙漠，以平均每年6公里的速度向外扩展着。

我国也有沙尘（沙暴）天气现象。1977年4月22日，甘肃张掖市强风卷起沙石，遮没太阳，风力达到11级。

1993年5月5日，与张掖相邻的金昌市遭到沙暴袭击，风力达到12级，最大风速34米/秒，3000多个蔬菜大棚被毁，24万只羊和1 500多头大牲畜不知去向。大风沙还袭击了相邻的5个县市。

1994年4月5日至11日，沙暴再次降临河西走廊上空。这次沙暴天气很可能是国内外已见诸记载的最长的一次。在沙暴过程中，气温忽热忽冷，高达26℃，低至－5℃；天气时风时雨，许多塑料大棚被摧毁，大树被刮倒，路灯被打碎，玻璃被破坏，庄稼、蔬菜和刚开的桃花都蒙上一层黄土，人们戴上大口罩，嘴里、鼻孔里、耳朵眼里还是塞满了沙子；其间还下了一场"泥雨"。

风蚀的力量是很大的。在世界上风暴猛烈的南极洲，如果放一根锈迹斑斑的铁链到那里，用不了两天，铁链就会被风雪磨得闪闪发亮。

流水的侵蚀作用更是强大和普遍。我国北方的黄土高原，被它冲刷得千沟万壑、满目疮痍；石灰岩地区的石林、溶洞等岩溶地貌，也是它的"杰作"；它还在许多地方留下了"劣迹"。

1959年11月末，法国的马尔巴塞水库，由于连续一个星期的暴雨冲击，造成了岩石的滑坡，使水坝破裂。汹涌奔腾的洪水，以每小时70公里的速度向下游冲去，距水库 10 公里的弗雷加斯城随后便成了废墟。

世界著名的尼亚加拉大瀑布（位于美国与加拿大之间），从 1918 年以来，由于流水的侵蚀，引起悬崖的 3 次崩塌，使瀑布位置平均每年后退 1.02 米。

由于流水的侵独作用，在一些河流之间发生着激烈的相互争夺。

松花江和嫩江，原本是各行其道的两条河流，中间的一条分水岭使得"松嫩分明"。但是，两条河流却不满足自己既有的"领地"，而齐力向分水岭展开了进攻。结果，分水岭不断被侵蚀，终于被打通。两条河流"握手"言和，嫩江便被松花江拦腰"拉"了过去。

这种河流的"劫夺"（又叫"袭夺"）现象，世界上到处可见。在我国四川，嘉陵江夺走了洛阳以北的汉水；在湖南，沅江抢走了辰溪以上的资水；在欧洲，多瑙河的上游被乌塔赫尔霸占……

河流在上游地段往往表现得那样"冲动"，而在中下游地段却十分"斯文"，它把搬运的泥沙沉积在水流和缓的地区，不断地整修大地，把大地填平补齐。

洞庭湖在古代曾是 4 万多平方公里的一个大湖，叫云梦泽。但是由于河流携带的泥沙淤积填塞，到 20 世纪 30 年代，剩下了 5 000 多平方公里；而到了 1958 年，只有 4 350 平方公里。这样，它只好把我国第一大淡水湖的桂冠让给鄱阳湖。长江口上的崇明岛，是 2 000 年来长江泥沙积聚所诞生的"儿女"。黄河的泥沙，每年把三角洲向海中扩展 3 公里。河流就这样默默地"创造"人间的平地。

海浪也在不断地向大地发动攻击，它冲击着岩壁，侵吞着海岸。位于美国纽约附近的哈得孙河谷，千百年来，被海浪下切了 5 000 米。

冰川像推土机一样，把地面上的岩石一层层剥下来，再堆到低处，大冰川期中，冰川的堆积物有的厚达千米。冰川又像锉刀一样，在它流经的地区，刮出冰川谷地。

地面上的风化、侵蚀、搬运和沉积作用相互联系，"配合作战"。不断地在改变着大地的容颜。在漫长的历史岁月中，人类在建设家园的同时，也在不断地改变着大地的面貌，修建水库，绿化沙漠，条条运河，层层梯田……把地球装扮得更加美丽。但是，当人们违背了自然规律，对地表形态进行破坏，就会遭到大自然毫不容情的惩罚。

14. 地球之巅——珠穆朗玛峰

在一个森林密布、虎豹成群、神鬼出没的地方，来了一个叫乌见仁布钦的活佛。他降服了统治这里兴妖作怪的女魔，使她变成了神女。这个神女的名字就叫"珠穆朗玛"。

珠穆朗玛与 4 个妹妹住在一起。在她们中，一个长得非常美丽，另一个有一副优美的歌喉，再一个坚定而富有智慧，还有一个心地纯洁而善良。珠穆朗玛与

4个妹妹合称"长寿五姐妹"。大姐珠穆朗玛，居于众姐妹的中央，众姐妹像星星拜月亮一样围绕在她的身旁。

这个"神女"的故事说的就是世界最高峰——珠穆朗玛峰。人们常把珠峰和南极、北极并列，称她为"地球的第三极"。

多少年来，这个神秘的"地球之巅"，一直吸引着世界各国的勇士们去探索。但是人类直到到达南、北极之后的第42年，即1953年才第一次登上珠穆朗玛峰。从1921年开始到现在，已经有20多个国家的登山健儿，在珠峰进行了40多次登山活动，但是先后只有100多名运动员攀登到她的顶峰。

珠穆朗玛峰位于我国与尼泊尔两国之间，我国西藏地区的珠峰北极，是攀登珠峰的路线之一。

1960年5月25日和1975年5月27日，我国科学考察登山队员，先后两次把五星红旗插上珠峰之巅，终于揭开了这个"地理空白点"上的朦胧面纱。考察队测得了珠峰的准确"身高"——8848.13米，打开了珠峰历史的"万卷书"，并给她所在的喜马拉雅山填写了"履历表"。现在所测得的准确高度为8 844.43米。

亿万年前，现在的喜马拉雅山区，曾经是一片汪洋大海，是地质史上的"古地中海"的一部分。那时，这里还是一个鱼鳖活跃、各种海生动物充斥的世界。后来，南亚次大陆板块这个"硬汉子"从南边"漂游过来"，使喜马拉雅古海无容身之地，被迫"挺身而起"，形成了如今横亘东西，在我国和印度、尼泊尔等国之间，绵延2 500公里的巨大弧形山系。喜马拉雅山的兴起，是地球史上的一个伟大事件。

在世界上的众山之中，论年龄，这个3 000多万岁的喜马拉雅山，还只能算是一个年轻的"小妹妹"。可是，要论"身材"，她却是后来居上，全世界14座8 000米以上的高峰中，有10座"住"在这里。仅是最近100万年以来，她就长高了大约300米，就是到今天，也还没有停止发育。喜马拉雅众姐妹，充满了青春的活力，这一带地区地壳活跃，经常发生地震。1932年珠峰一带的一次地震，使得山脚下绒布寺的挂钟一齐响了起来。寺庙屋顶被震塌了，周围天空尘土弥漫，峰顶出现了彩云。1950年8月15日，一次7.5级大震，又使峰顶陡然升高。

青藏高原是空气海洋中的一个高耸的"岛屿"。这里山顶的气候严寒而多变，每年10月到第二年的3月，强烈的西北风，常常达到12级以上。这时，即使威名远扬的台风与之相比，也只得甘拜"下风"了。强烈的高空风，常常在峰顶拖起一条像仙女头上纱巾一样的长长的云带；每年5月末开始，东南季风造成山间飘浮的云海，随时又把白雪抛洒在山顶；只有每年的四五月份，才是登山活动的黄金季节。

"喜马拉雅"是藏语的"冰雪之乡"。这里确实是一个到处银装素裹的冰雪世界，而珠穆朗玛峰更是冰川的大本营。这里分布着世界上最高的东绒布、中绒布和西绒布冰川。一条条巨大的冰川，像晶莹的玉带，在阳光照耀下，闪烁着蔚蓝色的翡翠光彩。冰川在消融萎退过程中形成的一些独特的冰面造型，把这里装饰得如仙境一般。高达三四十米的美丽的冰塔群，远远望去，就像玉龙身上的鳞甲；明镜一样的冰湖，随时变幻着色彩，湖光塔影，遥相辉映。冰晶洞、冰钟乳、冰柱……种种天作奇观，构成无与伦比的人间美色。不过，来到这里的人们都知道，在这琼琳碧瑶之中，须得倍加小心，因为不知道"雪山女神"什么时候就会发起脾气，有时会在你不知不觉之中，随着隆隆巨响，一道白色云雾冲霄而下，遮天盖地，这就是被称做"白色死神"的雪崩。

在珠峰地区，有奇丽的冰雪景象，也有葱郁的绿荫世界。在山峰两侧的河谷地区，生长着原始森林，平坦地方则被辟为农田。河谷往上的山坡上，盛开着白色的野生蔷薇、艳红的玫瑰和五彩缤纷的杜鹃。处在珠峰脚下一个盆地里的定日城，种植着青梨、豌豆、萝卜、油菜，周围的山坡上则放牧着成群的牛羊。附近的绒布寺，是居于海拔5 000米的一座大庙，可算得世界建筑上的奇迹。

在海拔5 000米以上地区，植物生长期短促，发育阶段紧凑。5月中旬刚刚开始生长，到6月中旬便开花结实了。越是向上，植物的生长期越短。生长在这里的植物，能在短促的生长期里，迅速地完成它一生的使命。在冰雪里，美丽的雪莲更显示着生命的力量。

山区特有动物的活动，增加了生命的欢跃。这里生长的野牦牛，身躯魁伟，体力强壮，成群结队地过着游荡生活，夏季一直可以上到海拔6 000米的高山栖息。生活在这里的西藏野驴，是世界上的珍稀动物。成群的岩羊和高原鼠、兔，经常出没在崇山峻岭之中。人迹罕至的冰川两岸，却是雪鸡聚集的好处所。巨大的喜马拉雅山鹰，则能到达海拔8 000米的雪山上空。

15. 天然绝境——东非大裂谷

在非洲东部的高原上，有一条世界上最大的断裂谷带，就像要把大地撕开似的，裂谷宽50~100公里，气势非凡，被称为"地球的伤疤"。它南起赞比西河口，向北延伸，包括尼亚萨、卢多尔等湖盆地，直达红海。从地质构造上看，这个裂谷带还应包括红海和亚洲西南部的死海谷地，合起来长达6 000公里。

肯尼亚是观察裂谷景色的最佳地点。从首都内罗毕驱车西北行，不到两小时便可来到裂谷边上。登上悬崖，屏住呼吸，凭栏下望，松柏叠翠，深不可测；左顾右盼，莽莽苍苍，不见边际；举目远眺，可见一部分平平展展的谷底，几十公里以外又是陡壁如削，那便是峡谷的彼岸了。整段裂谷似神工鬼斧凿就，处处两壁直立、怪石峥嵘。谷底，或是浓荫蔽日的热带森林，或是芳草萋萋的牧场，或湍流飞瀑，或湖泊如镜……这真是一个千姿百态的美丽画廊。

大裂谷地带气候温暖潮湿，草原辽阔，森林茂密，生长着许多野生动物，许多是世界上其他地区所罕见的。坦桑尼亚、肯尼亚充分利用这一有利条件，开辟野生动物园和野生动物保护区，大力发展旅游事业，取得了可喜成果。

这条大裂谷带还是一座巨大的天然蓄水库，非洲大部分湖泊都集中在裂谷带地区，大小共30多个，这些湖泊一般都具有狭长、深陷的特点。裂谷南部的马加迪湖是天然碱湖，湖水接近于凝固状态，纳库鲁湖水鸟众多，是肯尼亚第一个专门保护鸟类的国家公园。在裂谷西北段的图尔卡纳湖则富产鱼类，鱼中大者可与成年人比短长，不少游客将其吊在木架上与自己合影留念。

图尔卡纳湖地区还是古人类学家和考古学家的乐园。那里多次发现古人类化石和古人类用火的遗迹。据分析，200多万年前，人类的祖先就在这里活动了。

2亿年以前，非洲大陆和美洲大陆是一个大陆，以后地壳沿一条南北方向的海底深沟发生了破裂，部分地壳下沉，把这个大陆一劈为二。随着这两部分慢慢分开，大西洋就诞生了。今天，沿着东非的裂谷，一个类似的地壳巨大变化过程正在进行中。在这条地沟的北端，地壳的两大板块，即阿拉伯和非洲已经分开，并且以每年2厘米的速度往两面移动，在它们中间隔着一个年轻的海——红海。红海不但过去在扩大，现在也一直在扩大。1978年11月6日，红海之滨吉布提阿法尔地区火山爆发，附近红海一下子扩大了1.2米。红海这样持续扩大下去，将成为世界第五个大洋。而那时阿拉伯半岛以北的波斯湾口将被堵死，这个海将变成一个内陆湖泊。

裂谷本身正以每年大约1毫米的速度向两面移动，再过数百万年将会形成一道很宽的裂缝，一个新的海洋将把肯尼亚、坦桑尼亚和东非其他国家同这个大陆的其余部分隔开。

16. 大河之最——亚马孙河

亚马孙河是世界第一大河，全长6 437公里，汇合1 000多条支流，浩浩荡荡；流域面积700多万平方公里，包括巴西、玻利维亚、哥伦比亚、厄瓜多尔、圭亚那、秘鲁、苏里南、委内瑞拉等国，约占南美大陆面积的40%。河的中下游河床很宽，一般4～6公里，汛期下游达25～80公里，河口地区可达200公里，呈现一片汪洋，淡水冲入大海达150公里。中下游水深一般在60米以上，有些地方深达240米。1500年，欧洲探险家威·宾逊沿巴西海岸北上时，曾把亚马孙河入海口误认为"淡水海"，而巴西人则称亚马孙河为"河海"。每年，3 800多立方公里的河水从亚马孙河注入大西洋，占世界所有河流水量总和的1/9。它的水力资源极为丰富，仅巴西境内即可发电约1亿千瓦。整个亚马孙河水系航运条件很好，包括支流在内3.5万公里河道可以通航，3 000吨海轮沿干流可上溯3 600多公里，直抵秘鲁的伊基托斯。

从空中鸟瞰，亚马孙河流域淹没在郁郁葱葱的林海中。把这里叫做"林海"，一点也不过分，亚马孙河流域的森林面积确实远远超过地球上最大的海——珊瑚海。1/5 的森林资源，8 亿多立方米木材，就蕴藏在这莽莽林海中，各种各样的珍禽异兽，在林海中到处出没和繁衍……

由亚马孙河冲积而成的亚马孙大平原，土地肥沃。这里高温多雨，年降水量 1 500～2 500 毫米，对农业生产极为有利。这儿农产丰富，尤以盛产稻米、甘蔗、甘薯、玉米、烟草、香料、咖啡、可可、香蕉、柑橘等著名。

亚马孙河是淡水鱼类的乐园。在那滔滔流水中，有 2 000 多种鱼。它是世界上拥有鱼类最多的一条河。其中不少是亚马孙河特有的鱼种，如 2 米多长、300 公斤重的比拉库鲁鱼，是巴西最大的一种淡水鱼；带有发电器官的电鳗和电鲶等。河中有一种珍贵的哺乳类水生动物——牛鱼，它头部像牛，体形似海豚，胸部长着一对如拳头大小的乳房，每当露出水面时，由于它头上往往挂满水草，胸前露出乳房，犹如长发披肩的女人，因此有"美人鱼"的雅称；还有一种凶猛的鱼叫做"吃人鱼"，头部和两侧呈黑色，长有两排像剃刀一般锋利的牙齿，"吃人鱼"总是千百条聚集在一起，成群觅食，人或牲畜在水中遇到它们，就会遭到袭击，几分钟之内被吃得只剩一副骨架。

古往今来，在亚马孙地区，大自然造化和孕育了种类繁多的生物。长期以来，它吸引了许多科学家前来考察。近代著名的生物学家达尔文、居维叶、拉马克等都对亚马孙地区的考察资料进行过深入研究。

亚马孙丛林大部分地区尚未被开发。它那珍禽异兽、原始部落等种种奇闻怪事，不时地从探险家的笔下披露出来，使本来就显得神秘莫测的亚马孙丛林，又平添了几分神秘色彩。

17. 富甲天下——刚果河

刚果河发源于非洲南部加丹加高原。它由南向北流去，穿过赤道以后折向西北，然后折向西南，再次穿过赤道，在巴纳纳城附近流入大西洋，形成一个大弧圈。

刚果河全长 4 374 公里，流域面积 345.7 万平方公里，就长度来说，列非洲第二位（次于尼罗河），就流域面积和水量来说，列非洲第一位，在世界列第二位（次于亚马孙河）。刚果河流域 2/3 在扎伊尔境内，支流还流经刚果（布）、喀麦隆、中非共和国、坦桑尼亚、赞比亚和安哥拉的一部分。刚果河支流之密，犹如蜘蛛网。刚果河和它的支流分布在赤道两侧，整个流域雨量十分充沛，平均年降雨量在 1500 毫米以上。有趣的是，赤道以北的雨季是每年 3 月到 10 月，而赤道以南的雨季则是 10 月到次年 3 月，这样一来，刚果河全年的流量就相当丰沛而且稳定。

刚果河的上游叫做卢阿拉巴河。这一段有 3 处大瀑布，其中一处叫"鬼门关"。从斯坦利瀑布起，到利奥波德维尔止，是中游。中游有平原河流的特点，水流十分平稳，主要支流，都是在这一段注入刚果河的。这一段河面很宽，港汊、河湾和沙洲、岛屿极多，是全河的主要航道。从利奥波德维尔往南，进入下游，河面大大收缩，有些地方宽度在 250 米以下。从利奥波德维尔到马塔迪的 350 公里河程中，有一系列急流瀑布，称利文斯敦瀑布群。马塔迪以下，进入沿海低地，河面开阔，河水深达 40 ~ 70 米，可通远洋巨轮。

除刚果河本身有这些通航河段之外，还有 39 条可以行船的支流，它们构成刚果河流域一个巨大的水运网，其中通航河段全长约 1.7 万公里，是当地交通运输的主要干线。由于水量大和落差大，刚果河流域拥有丰富的水力资源。

在刚果河大弧圈的内侧，是一个很大的盆地，即刚果河盆地。盆地从四周海拔 1 000 多米的高地下降到盆底海拔仅 300 米左右的低地，犹如一个圆形剧场。

刚果河盆地雨量丰沛，热量充足，植物生长特别茂盛，在赤道气候带内常绿热带雨林广布，在南、北纬4°之间连绵不断的大森林，面积广达 1 亿公顷，简直是一片无边无际的绿色海洋。这里的热带森林里树木长得异常稠密，彼此树冠密切相接，构成一幅巨大的绿色帷幕。高大的乔木树干挺拔，树身直如圆柱，虽然有许多藤蔓灌丛在它下面寄生、纠缠，但这无损于它的坚韧，它们一股劲地直向高空发展，把自己的树冠高高伸向半空，乔木一般高达 30 ~ 40 米，最高可达 80 米，树身粗壮，有的粗到六七人才能合抱。在这些巨大乔木下面的是高度较低但有耐阴能力的乔木，再往低层则是由幼树和灌木组成的树丛。而所有这些又都由不计其数的藤本攀缘植物错综复杂地交织编结在一起，造成一个难以通行的热带植物王国。这些热带丛林生长迅速，生命力异常旺盛，偶尔一棵大树死了或被砍倒了。但只要阳光照射到地面，周围立刻便又会萌发许多棵小树，它们生长迅速，不久便又能成为参天大树。在这种热带森林中无季节之分，生长在这里的树木一年到头都在长叶、开花、结果。

刚果河流域的热带丛林植物种类繁多。其中最具经济价值的是油棕、椰子树以及各种名贵的热带硬木，如乌木、红木、檀香和花梨木等。

从赤道雨林地带向热带草原的过渡带，广大地区被热带稀树草原代替。热带稀树草原上的土地可以种植谷物。在赤道雨林、热带草原气候条件下，刚果河流域既宜于栽培棕榈、橡胶、咖啡、可可等热带作物，又适于棉花、稻谷、油料作物等的生长。

刚果盆地的热带动物也几乎应有尽有，猩猩、大象、狮子、长颈鹿、斑马、犀牛、羚羊、河马、鳄鱼等等，都是世界动物园中的珍品。在扎伊尔靠近乌干达附近的明湖的南岸和西南岸，有著名的禁猎区，在这里能见到猩猩在树丛中奔跑，大象在田野里漫步，河马在湖岸上打滚以及狮子偷偷穿过丛林的别致场面。这里还有大量的豺狼虎豹、羚羊鬣狗之类的奇珍异兽和稀有的鸟类昆虫，到处充满着旺盛的生机。

刚果盆地蕴藏着丰富的矿产资源，尤以稀有金属和有色金属在世界上占有突出地位。例如原子能工业主要原料的铀、镭，工业用的钻石，制造喷气式飞机所需的铌、钽，制造热核武器所需的锂，制造喷气发动机、导弹和潜艇等所需的超级合金原料钴，制造半导体的重要原料锗等，蕴藏量均名列世界前茅，铜、锡、锌、钨、锰、铌、钍以及金、银等埋藏量亦很丰富，因此，这里素有"中非宝石"、"世界原料仓库"之称。

18. 峭壁悬河——尼亚加拉瀑布

北美洲的尼亚加拉河是汇通五大湖水的一条河流，伊利湖流水在汇集了苏必利尔、休伦和密歇根三大湖水之后，从这条河流往安大略湖。河流只有56公里长，但河谷狭深陡峭，形成一个很深的断层。河东是美国的纽约州，河西是加拿大的安大略省，大瀑布就坐落在这里。

尼亚加拉河上游地势平展，河面宽阔，水深流缓。可是在距瀑布不远处，河道变窄，水流加速，河水落差骤然间就猛增到15米。随着地势的起伏，这股湍急的水流被一座位于加美边界的"山羊岛"隔开：水势最猛的一股流入加拿大境内，呈马蹄形，这就是闻名世界的尼亚加拉大瀑布，它的宽度为750米，落差52.8米；水势较弱的一股是美国瀑布，它的宽度为330米，落差55.2米。而后，这两个瀑布的水流就以排山倒海之势、雷霆万钧之力注入尼亚加拉河下游。

尼亚加拉河为加美两国共有，尼亚加拉河主航道中心线为加美边界。在这条和平边界上，双方不设一兵一卒，两国人民自由往来。设在尼亚加拉河两边的姊妹城市都叫尼亚加拉瀑布城。遗憾的是，美国居民在本国境内看不到自己的瀑布，他们必须驱车穿过彩虹桥来到加拿大境内，才能观赏大瀑布的壮丽景色。

在这里，人们既可以乘坐游艇驶向大瀑布，在它面前经风雨、见世面，又可以乘坐电梯穿过72米深的地下隧道，钻到大瀑布脚下，倾听惊涛骇浪的怒吼。入夜，相当于42亿支烛光的探照灯从四面八方照射在大瀑布上，异常壮观。此外，还有一景是"天上观瀑"：在河西岸上筑有一座高塔，高约160米，上面是一个可以转动的巨大圆盘饭店，每一小时转动一周，游人可以通过玻璃窗纵览大瀑布的来源去路。

尼亚加拉瀑布城以别具一格的园艺素享盛名，从世界各地引进了很多奇花异卉，如荷兰的郁金香，中国的牡丹，日本的樱花，墨西哥的仙人掌，还有数不清的紫罗兰、百合花和羊齿类植物等等。在尼亚加拉下游，距大瀑布不远处有一座巨大的花钟，由2.4万株各种不同的植物构成，它模仿建于苏格兰爱丁堡的花钟，但体积却是它的3倍，直径1.2米，时针和分针自重225千克，秒针长6.3米，自重112.5千克，每隔一刻钟报时一次。

尼亚加拉瀑布城还有为数众多的博物馆和古玩商店，其中以蜡人博物馆最为著名，里面收藏了各国历代名人栩栩如生的塑像数百尊。

大瀑布附近有登山车和游乐场，瀑布南方的塔夫林千岛公园是一个很幽静的池沼群岛地带，可以泛舟、游泳。

19. 天堂之水——水泉种种

法国比利牛斯山脉中，有一个名叫劳狄斯的小镇。小镇附近遍布岩洞，其中一个岩洞后面有一道泉水，是闻名全世界的"圣泉"。这个圣泉有神奇的治疗功效，这已为国际医学组织严格审定和承认。因此，许多身患沉疴，甚至被医学"宣判死刑"的人，都不远千里，来到圣泉。他们在水池里洗个澡，便会使病情减轻甚至不药而愈。现在，每年来这里洗圣泉浴的人多达 430 万人，超过到穆斯林圣地麦加、耶路撒冷以及天主教中心罗马的人数。

我国也有许多这样的药泉，内蒙古呼伦贝尔草原上的乌尼阿尔山的泉水便是一个。每年风和日暖的五六月份，各地的牧民便赶着牛羊，带着蒙古包，从四面八方来到这里避暑和治病。这里的泉水有汽水一样的味道，装在瓶子里，它冒出的汽能把瓶顶开。如果有人肚胀，喝上几杯泉水便立见功效。它还能治疗许多疾病。

泉水，作为大自然的一种奇泉，以特有风姿点缀江山，美化生活。

我国有许多历代烹茶、观景的名泉。江苏镇江的中泠泉，号称"天下第一泉"；江苏无锡锡惠公园的惠山泉，有"天下第二泉"之称，是名曲《二泉映月》的故乡；"天下第三泉"则在江苏苏州的虎丘。此外，还有与龙井茶配伍的浙江杭州的虎跑泉。

在我国北方也有两个"天下第一泉"，都是乾隆皇帝御封的：一个是皇宫里平时饮用的北京玉泉山的泉水；另一个则是皇帝出巡时曾饮用过的山东济南趵突泉。

美国西部的黄石公园有一个老实泉，它每隔一定时间喷射一次，高达 60 多米的水柱犹如彩虹凌空，成为观赏的美景。这种间歇泉在冰岛有 100 多个，在俄罗斯的堪察加半岛的一条河谷中就有 20 多个。新西兰的北岛，1886 年，由于火山爆发，带动了 7 个间歇泉同时喷射，石头、稀泥随着水、气一齐飞到了高空。我国西藏昂仁县有一个间歇泉，它在喷发时以 45 度角斜射到附近一条河的对岸，水柱在河面上形成一座 20 米长的银白色"拱桥"。还有一个在河底的间歇泉，每次喷出来的热水，把河中的游鱼都烫死了，使这条河成了"死鱼河"。

还有一些泉水更为新鲜有趣。在我国许多地方有一种"喊泉"，尤其在广西的石灰岩地区最多。如兴安县的喊水井，德保县的叫泉，北流县的泥牛泉，富川县的犀泉，天等县的愣特潭等。这些泉水，在人大声呼叫的时候就应声涌出。安徽寿县的咄泉，则大叫大涌，小叫小涌。贵州平坝的喜容泉，人在旁鼓掌喧哗，泉水就大量冒出气泡，在左边鼓掌，则左边泉水冒出泡，在右边鼓掌，则右边泉水冒出泡。现代科学已经对这种自然现象作出了解释，原来是这些泉水在涌出前已经蓄积在岸洞内的一个将溢的储水池里，当人发出喊叫声或鼓掌声的时候，声波传入岩洞，使处于临界状态的水面受到压力，从而引起泉水流到泉外。

20. 极地乌金——南极的煤田

人类在寸草不生、冰天雪地的南极洲竟然发现了煤田！难道说，这里曾有过茂盛的森林？要找到这个问题的答案，必须先知道几亿年里地球的温度有过什么变化。可是现代人怎么可能回到上亿年前去考察呢？

1947年，美国科学家尤里发现了一种奇特的"温度计"，它能精确测量出远古时期地球的温度。这就是海生动物化石。最普通的氧（氧-16）和它的稀有同位素（如氧-18），在化合物中的比率会随着温度的变化而变化，只要把海生动物化石中的氧-16和氧-18的比率测定出来，就可以知道那个动物活着的时候，海水的温度是多少了。

用这种"温度计"测量出在1亿年前，全世界各海洋的平均温度是21℃左右；1 000万年后，它缓慢下降到16℃；再过1 000万年，这一平均温度又再度上升到21℃。此后，海洋温度又逐渐下降。不管当时造成温度下降的原因是什么，它都很可能是使习惯于变化不大的温和气候的恐龙惨遭灭绝，而使那些能维持恒定体温的温血鸟类和哺乳动物大量出现的原因之一。

南极洲的煤田也有答案：当时地球气候温暖，没有大陆冰川，甚至两极地区也没有冰川，到处是一派枝繁叶茂的景象。后来，因为地球降温，两极冰雪覆盖，茂盛的森林逐渐变成了煤田。

21. 纸中山河——地图之最

古今中外，地图在人们生活中占据着重要地位。历代兴邦治国、军事部署、建筑施工、旅行探险、交通运输，都离不开地图。地图也在人类发展史上留下了许多趣话和不解之谜。

世界上最早的地图 过去，人们一直认为世界上最早的地图是罗马帝国时代的地图。其实真正最早的地图应是1973年12月在我国湖南长沙马王堆三号墓出土的三幅汉代彩色帛绘地图，距今2 100多年。图上绘制着今天的湖南、广东、广西三省交界地区，即湘江上游及南岭、九嶷山及其附近的地形。

令人惊奇的是，图中大小30条河流、山脉、城镇与今天的地图几乎基本相同。现代人只有借助于发达的科学技术、先进的测量仪器，甚至遥感技术和人造卫星才能绘出。那么，2 100多年前，我们的祖先又是靠什么绘制出如此精确的地图的呢？

世界上最早的立体地图 据《史记》中记载，秦始皇用水银灌制百川江河的大地模型图，这大概就是世界最早的立体地图了。但是最著名的还是北宋沈括用熔蜡制成的定州（今河北定县）西部山川地形模型，后来沈括又把它复制成木雕立体图。沈括的立体地图比西方学者布朗所说的世界最早的立体地图——瑞士苏黎士州立体图，要早600年。

世界上最大的地图　17世纪，荷兰人绘制了3本世界最大的地图集。其中1本现保存在德国柏林图书馆，长1.7米，宽1.1米，重175公斤。另外2本分别存放在德国的罗斯托克大学图书馆和英国伦敦不列颠图书馆。

西方最早的地图集　1700年前由古希腊的托勒密编制了西方最早的地图集。此后直到16世纪之前，欧洲所有的地图集都叫"托勒密"。

22. 不解之谜——南极地图

世界上有许许多多不解之谜。1531年，法国数学家、地图学家阿郎斯·凡画的一张世界地图就是其中之一。

不久前，美国地理学家吉·维豪普特对这张世界地图进行仔细研究，发现这张400多年前画的地图上，南极大陆的轮廓线竟与我们今天所知的相差无几。

据史料记载，最早发现南极大陆的时间是1820年，是一位俄国航海家发现的。而对南极洲的详细测绘只是近代的事。那么，生活在16世纪的阿郎斯·凡又是怎么知道南极大陆的情况的呢？

更令人不可思议的是，这张地图上没有罗斯陆缘冰。而实际上，这块冰早在1531年前就已形成了。因为要结成这么一大块冰，至少要经过1 000～5 000年。因此，有人猜测，阿郎斯·凡在绘制这张地图时，是依据古代流传下来、我们不知道的资料或地图画的。也就是说，人类知道南极大陆的时间至少应往前推1 000年。那么，在遥远的古代，科技非常落后，是什么人通过什么方法航行到南极，又用什么手段绘制了这样准确的地图？

这张南极地图中蕴藏的秘密至今仍困扰着世人。

23. 各具特色——古代地图

现代地图的方向，一般都采用"上北下南左西右东"的表示法。可在历史上却有过与此截然不同的各种地图定向法，且往往与地图绘制时期的政治或宗教有关。

我国封建时代以南为上，皇帝的宝座是朝南的，住的正房是向南的，地图的上部也表示南方。如马王堆出土的汉代地图就是"上南下北"。

1154年绘制的著名的阿拉伯世界全图和其他阿拉伯地图，其上部也为南方。这是因为伊斯兰教的圣地麦加城和麦地那城都在阿拉伯地区的南部。中世纪，在基督教势力极盛的古罗马，人们为表示对位于欧洲东方的基督教圣地耶路撒冷的虔诚和向往，将地图的上部定为东方。

美国早年的地图却以西方为上，这与当时美国正致力于开发西部有关。后来，人们确定了以北极星为定方向的根据，从此，世界上广泛采用了以北为上的地图方位。

在不同的历史时期，人们运用不同的方法绘制出各种不同形式的地图，这与人类不同历史时期的生产力发展水平有关。

陶片地图，出现在 4 000 年前的古巴比伦。

草纸金矿图，绘于 3 000 年前的古埃及。

金属地图，2 200 多年前我国战国时代中山国的《兆域图》。它是用金线缕嵌的线条、符号和数值制成的铜板地形图和建筑工程图。

丝帛地图，2 100 多年前的汉代地图。

石刻地图，现保存在西安碑林中的 800 多年前的宋代石刻地图——《华夷图》和《禹迹图》。

现代科学技术的发展，也使地图的花样不断翻新：立体感强、携带方便的塑料地图；用高分辨率制作的缩微地图，既可储存在电脑中，又可在屏幕上自由展示；能发光的荧光地图，为夜间作业提供了方便；影像地图，能表现出人类在地面上看不到的情况。

24. 不思其解——地球上的神秘地带

地球上有许多地方，常发生一些不可思议的怪事，连科学家都不解其因，因此，人们把这些地方称为神秘的异常地带。

地心引力异常地带　在美国犹他州议会大楼附近，有一个约 500 米的陡坡，表面与其他任何斜坡公路没什么异样。可当你驱车来到坡下，停车不动时，车竟会自动缓缓爬上斜坡，就像有个无形的力从后边推你的车或从前边拉你的车似的。人们把这神秘的斜坡称为"重力之丘"。越重的物体，在"重力之丘"受的作用力越大，而对童车、皮球之类较轻的物体，几乎不起作用。

美国加利福尼亚州圣克鲁斯镇，这里的人可以一步步走上墙壁，轻松自如，如履平地。是魔术吗？不是。这也是地球引力异常造成的。这里的吸引力不是来自地下，而是来自斜壁，或是斜坡。镇里还有个小屋，人们只要穿着胶底鞋，就能斜着站，甚至能成 45°角，倾斜站立，而不倒地。当飞机从小镇上空飞过时，所有的仪表指示器都会失灵，飞机会脱离航线；小鸟飞经时，也会像迷失方向一样瞎飞乱撞，甚至坠落到地面上。

水流方向异常地带　靠近希腊卡尔基斯市附近的埃夫里波斯海峡，是一个让人捉摸不透的地方。这里的水流瞬息万变，反复无常。一会儿向南奔泻，一会儿向北倾注。一昼夜这么忽南忽北地变化方向达 11 ~ 14 次之多，最少也有六七次，海水流速也大得惊人，每秒8.5海里！这对过往的船只常造成极大危险。有时，浪涛滚滚的海面突然风平浪静，像个熟睡的孩子，悄然无声；可不到半个小时，海水又像一匹横冲直撞的野马，忽南忽北地折腾起来。有时又能一连12小时规规矩矩，认准一个方向奔流而去。

我国台湾省东部沿海地区有个叫都兰的地方，这里山脚下有股溪水，一反"水往低处流"的常规，涓涓细流莫名其妙地向山坡上流去。是大自然中的"虹吸"现象，还是另有原因？

气候异常地带　我国河南林县石板岩乡西北的太行山半腰处，有一驰名中外的风景胜地——冰冰背风景区。此地海拔1 500米，面积约600平方米。它吸引游人之处不仅是美丽的自然景致，更具魅力的是它那冷热颠倒的异常气候，每年阳春三月，大地草木葱茏，百花盛开时，冰冰背却如进"三九"，开始结起冰来，结冰期长达5个月之久。六月三伏天，人们挥汗如雨，热不堪言时，这里却正是冰期盛季，一踏入此地，顿感寒气袭人，冰凉彻骨。八月中秋，霜降叶枯，冰冰背的冰开始消融。寒冬腊月，大地冰封，冰冰背却是热气腾腾，泉水淙淙，温暖宜人，山沟沟里奇花异草，嫩绿鲜艳，美不胜收。冰冰背为何出现四季错位，至今尚无统一解释。

25. 倒立三角——地球仪上看到的怪现象

摊开世界地图细细察看，你会惊讶地发现，地球上的海陆轮廓和分布有许多有趣的现象，令人不可思议。

大陆轮廓几乎全是倒三角形　地球上绝大部分大陆都是南部较狭窄，呈尖状，越往北越宽，一个个如同顶点朝南的"倒立"三角形。南极洲的倒三角形状不够明显，若以亚欧大陆为中心看，南极大陆也是"倒立"的，濒临印度洋的东南沿海岸线与纬线圈呈平行状，构成三角形的一边；西南极的南极半岛呈尖状，构成南极洲"倒立"三角形的顶点。七大洲中，唯独澳大利亚大陆是个例外。据说，在2亿多年前，这片大陆是从贡瓦纳古大陆分裂漂移而来的，产生了旋转，形成现在与其他大陆方向不同的"直立"三角形，三角形的顶点朝北。

半岛方向大多朝南　地图上最醒目的一些半岛如欧洲的四大半岛——巴尔干半岛、亚平宁半岛、伊比利亚半岛和斯堪的纳维亚半岛；亚洲的三大半岛——中南半岛、印度半岛、阿拉伯半岛以及著名的朝鲜半岛和堪察加半岛；北美洲的阿拉斯加半岛、加利福尼亚半岛、佛罗里达半岛等，不知为什么，统统向南伸入茫茫大海之中。有心人曾计算过，地球上各大陆凸出的半岛中朝南的数量约是朝北的两倍。不仅一些大半岛如此，连一些略小些的半岛如日本的波岛、纪伊、房总等半岛也都朝南凸起，小半岛中朝南凸起的数量也是朝北者的两倍。

陆地与海洋背靠背 如果你用一根长针做直径，从地球仪上任何一块大陆的任何一点直插入地球仪的另一端，你会发现，这条"直径"（即长针）的另一端十有八九都是海洋。如亚欧大陆的背面是南太平洋；非洲大陆的背面是中太平洋；南美洲大陆背面是西太平洋；北美洲的背面是印度洋；澳大利亚大陆背对的是大西洋；南极大陆背后是北冰洋。

这些现象是一种偶合，还是另有什么原因？目前仍是个不解之谜。

26. 气候区域——地球上的三条"带"

地球上有各种各样的"带"，与人类的生产生活关系密切，它们是：气候带用来表示地球上冷热的分布区域，气候带又可分为天文气候带和物理气候带。天文气候带，形成于公元前 500 多年，我们的祖先在实践中观察到地球的纬度不同，所受太阳辐射也不同，由此又形成人类不同的生活方式和生产方式，形成不同的自然景观和生物现象。人们便按纬度划分了 5 条带状气候区域：热带，南、北半球温带和南、北半球寒带。

物理气候带是公元 1800 年开始采用的。由于原来的 5 条天文气候带已不足以反映复杂多变、丰富多样的地球气候。为了更符合全世界各地的实际气候分布情况，科学家们提出用温度、降水量、风等的分布作为划分气候带的标准，并称之为物理气候带。物理气候带由 11 个气候带组成：赤道带，南、北热带，南、北亚热带，南、北温带，南、北亚寒带，南、北极寒带。

气压带由于地球表面纬度高低不同，接受太阳辐射的多少也不同，于是形成不同的气压带。赤道附近受太阳辐射的热量多，温度高。空气受热膨胀上升，气压下降，形成赤道低气压带。而在南、北纬度30°附近，从赤道低气压带上升的气流开始从高空下降，致使低空的空气密集，气压升高，形成南、北副热带高气压带，也叫回归高气压带。在南、北纬度60°附近，存在着一组相对的低气压带，叫副极地低气压带。南、北极地附近，由于气温终年很低，空气冷重，气压较高，形成了南、北极地高气压带。地球上总共有三个低气压带和四个高气压带。

风带如同水自高处流向低处一样，空气从高压向低压带流动，便形成了不同的风带。地球上的三个低压带和四个高气压带之间共有四个风带；由两极地高压带向两副极地低气压带流动的空气，受地球自转作用力的影响，偏转为东风，极地盛行东风的地带便叫东风带。由南、北两副热带高气压带吹向副极地低气压的风，偏转为西风，盛行西风的地带为西风带。从南、北两条副热带高气压带吹向赤道低气压带的定向风，因受地球自转影响，又偏转为东南信风和东北信风，刮这两类风的地区分别称为东南信风带和东北信风带。

27. 奇特诡异——夜空光带

我国黑龙江省的加格达奇夜空突然出现了一种奇特而瑰丽的景象，吸引了当地居民。大家纷纷从家中出来，翘首观赏。在西方苍茫的地平线上，突然出现一个亮点，最初，它按着近似螺旋的轨迹，然后沿着近似"W"的曲线上升。亮点的尾部留下一条橙黄色光带，像火烧的云一样美丽。亮点周围又出现了淡蓝色的圆底盘，随着亮点一边升高，一边扩展，一边向东方缓缓移动，此时，整体形状酷似卫星地面接收站的天线。光点携带着底盘升到了人们的头顶，并迅速扩散。由于面积不断扩大，原来的淡蓝色逐渐变成了乳白色。此时亮点一闪一闪，射下一束束扇状的光面，2分钟后便慢慢地消失。这时，西方低空中的光带仍然存在，并在上方扩展成一个淡蓝色的云团，状如一个倒放的烟斗。约经半小时，这条橙黄色的光带和淡蓝色的云团才先后消失。这一奇异景象，漠河县、呼中区、新林区等地的居民也都看到了。人们异常兴奋，相互猜测着这一奇异景象的由来，是北极光呢，还是别的什么自然现象？至今这仍是一个谜。

1957年3月2日夜晚，在黑龙江呼玛县的上空也曾出现过离奇的光带。

那天晚上7点多钟，天色刚黑，在呼玛气象站的北面，西北方的天空中出现了几个稀有的彩色光点，接着光点放射出不断变化的橙黄色的强烈光线，把整个北方天空照得血红。不久光带渐渐模糊而成幕状，如同天空中挂着一幅艳丽夺目的彩色帷幕。而后，彩幕逐渐变弱消失。过了一个半小时，天空又出现了几个光点，放射出几十支光柱和色带，忽隐忽现。渐渐又变成了一幅美丽闪耀的彩色光幕。从光幕里偶而射出几支橙黄色的强烈光柱，接着光幕变弱，光柱也消失了。

奇怪的是同一天晚上7点钟，新疆北部阿勒泰北山背后的天空中也出现了鲜艳的红光，好像那里的山林起火似的。过了一会，在红色的天空里，射出很多片状、垂直于地面的白色中略带黄色的光带，以后越来越淡，变成银白色，直到消失。

28. 旋涡光团——草原极光

1988年8月25日至27日，呼伦贝尔草原上空出现了极光，当地居民都观看到这一自然景观。连续出现的极光现象都是从晚上9时左右开始的。先是一条火红色直线由西北向东南方向急速升起，至大熊星座下方，然后逐渐扩展开来，变成一条五彩缤纷的彩色光带，呈不规则曲线状。在彩带前方，还出现了旋涡状光团，中间有一耀眼亮点。开始似蝌蚪，以后逐渐升高变成椭圆形彩色光带，持续了30分钟左右。呼盟气象处观测后，确认是极光。极光一般常见于高纬度地区，呼盟出现极光，实属罕见。

29. 光晕折射——寒冬"彩虹"

1989 年 1 月 16 日 17 点 20 分至 45 分，我国新疆阿勒泰市正南天空中出现了两道呈"X"形的"彩虹"。据阿勒泰一些老人说从未见过这种奇怪的现象。

据气象部门介绍，这种现象类似彩虹，但不是彩虹，在气象上被称做"晕"。它是太阳光线照在最高云层——卷云中才能产生的一种折射和反射现象，不过在冬季发生，尚属罕见。

30. 神灯鬼火——神秘的光团

在美国新泽西州长谷镇附近的铁路上，有时夜晚会突然出现一种神奇的闪闪发光的气团，急速地摇曳升上天空。据调查统计，除长谷镇外，在美国其他地方，有时夜晚也发现同样的光团。这一使人迷惑不解的现象，轰动了整个美国。从事宗教迷信活动的人说是"神灯鬼火"，另外有些人还说是"天外来客"。

1976 年，经地质学家、科学家共同努力探索，终于揭开了光团之谜。形成神奇光团的原因，主要是地壳中埋藏着一种叫做石英的晶体矿物，当地下断层发生移位时，地壳的石英由于受到强大压力或扭曲力的作用，产生了压电电荷。当足够多的压电电荷上升到地表时，它就"释放"到空气中。如果电荷的释放十分强烈，周围的空气就会充分电离、发热以至发出光辉。任何地方只要有这种情况，人们就会看到一个直径 2 英寸至 3 英寸的神奇光球。

31. 人间仙境——海市蜃楼

我国山东省蓬莱阁历来有海市蜃楼奇观之说，可是人们却未曾亲见，是否可信，不得而知。1986 年山东电视台和电影制片厂等单位联合在济南成立"蓬莱海市蜃楼摄制组"，几年来却一直没有捕捉到海市蜃楼奇观的影子。1989 年 6 月 17 日，山东电视台孙玉平在蓬莱地区拍摄电视片《齐鲁海疆》的部分镜头时，却意外地碰到了好运。那天北京夏令时 14 时 20 分，蓬莱阁对面沿黑山岛往东的 100 公里海面上，出现了一条巨大的淡黄色光带，大雾弥漫四际，这一征兆说明海市蜃楼奇景即将出现。孙玉平和他的伙伴按捺不住激动的心情，刚刚架好摄像机，海市蜃楼便出现了：只见忽而亭台楼阁，各显奇姿，忽而苍松翠柏迎风摇曳；东边刚见客舍，西边又现高楼……美景瞬息万变，令人目不暇接。孙玉平与他的伙伴们肩扛摄像机，在松软的沙滩上来回奔跑，一连 6 个多小时，终于抢拍下了一套珍贵的海市蜃楼录像。

美国、德国、日本、英国等一些国家获悉后，纷纷愿出高价购买这套录像片，却都被一一谢绝了。

32. "佛光"普照——海上奇观

"佛光"是普陀的一大奇观。

在某个漆黑的夜晚，突然间，海面上闪烁着道道闪光，不久连成一片，倏忽万变。继之，海水淹没的浅滩，也闪烁着光点，有如万斛明珠。此时仿佛一天繁星都洒落在浅滩之中，如果你随手往水中一捞，只见无数星星在手掌中闪烁，又从指缝间溜走。潮水退后，沙滩依然银光点点，如同聚集着千万只萤火虫……这就是"佛光"。普陀"佛光"，又叫"海火"、"神灯"。相传这是菩萨神力的显示，有幸见到"佛光"的人被认为有佛缘，能够得到幸福。

你可曾知道，普陀"佛光"还曾把日寇驱走过呢！那是 1944 年 7 月，大约有 8000 名日军在普陀登陆。军官们横冲直撞进入神殿，恣意攫取文物；士兵则在海滩上安营扎寨，搅得岛上犬不宁。不堪其扰的老百姓，只好叩别了庄严的庙宇，躲到别处。

有一天晚上，千步之外的莲花洋上，突然灯火闪烁。日寇疑是美军太平洋舰队来袭，急忙用探照灯扫视海面，可是一无所见。不一会儿，海上灯火越来越多，遍布海面。日寇军官下令开炮迎击，一时炮声隆隆震撼全岛，然而"对方"却毫无反应。"灯火"随着海潮汹涌而来，吓得日军官兵纷纷跪在沙滩上连连叩头，乞求菩萨恕罪，随之仓皇撤离普陀佛地。当地老百姓都认为这是"菩萨保佑"的结果，一时传为佳话。

那么"佛光"究竟是怎么回事呢？原来，这是由一种生活在海水中的能发出强烈萤光的浮游生物造成的。每当海水中生物腐败后产生的有机物增加时，这种浮游生物便大量繁殖起来，并在风平浪静的海湾处聚集。白天，日照强烈，人们难以发现它们的踪影。到了夜晚，这种群集的浮游生物便发出大面积的闪烁的荧光来，形成了普陀奇观——"佛光"。

33. 时过境迁——海洋与沙丘的传说

世界上最著名的第二大沙漠——塔克拉玛干，位于我国最大的高原式内陆盆地——塔里木盆地的中央。当你面对 32.7 万平方公里的滚滚黄沙时，如果有人告诉你，这里原是一片白茫茫的大海，你相信吗？

这却是千真万确的事实。

大约在 6 000 万年前，塔里木盆地是一个浩瀚的内陆海，海面高度曾达 1 250 米，水深 1 000 多米。今天的罗布泊，就是这片大海向东退缩的残迹。由于海水面积扩大,气候温暖湿润,沿岸森林茂密,海洋生物非常繁盛。如今塔里木盆地蕴藏着大量煤田和石油,就是当年死亡的浮游生物沉积而成的。

这么大一片海洋怎么会变成了沙漠?它那厚达百米以上的流沙又是来自何处呢?塔里木盆地位于欧亚大陆的心脏部位,是世界上距离海洋最远的地区之一,周围群山环抱,加上青藏高原这巨大的屏障,阻挡了各大洋水气的深入,使深居内陆的塔里木盆地成了世界上最干燥的地区之一,为塔克拉玛干沙漠的形成提供了独特的气候条件。

昆仑山、天山大小河流的冲积物为形成沙漠提供了物质来源。据统计,周围一块面积775平方公里的地区,每年可为塔克拉玛干沙漠提供2.71万立方米的黄沙。随着气候日益干燥,沙漠从中心向边缘,由东向西不断扩大,滚滚黄沙终于吞没了一座座繁华的古城,形成了浩瀚的塔克拉玛干大沙漠。

34. 大自然杰作——地中海曾是一片荒凉的沙漠

大自然真会开玩笑,原是一片茫茫的大海,被它变成了浩翰的塔克拉玛干大沙漠。而原是干涸的沙漠地,在它手里又变成了汪洋大海。位于亚、非、欧三大洲之间的地中海就是大自然"沙漠变海洋"的杰作。

地中海东西长约4 000公里,南北最宽1 800公里,总面积约250.5万平方公里,平均深度约1 600米,是世界上最大的陆间海。然而在距今700万～500万年期间,浩浩荡荡的地中海却是一片干涸荒芜的沙漠。1970年8月,美国的"格洛玛挑战者号"考察船在地中海海底不同地点和不同深度,发现了沉积层中有石膏、岩盐和其他矿物的蒸发岩,其形成年龄距今700万～500万年之间。人们从现代晒海盐知识得知,只有在封闭的盐场才能使原生海水的90%以上蒸发完,沉淀出食盐来。由此可推断,当时的地中海确实是干涸的。

考察船还发现,位于地中海北岸的罗纳河和南岸的尼罗河的河谷一直延伸到现在海平面下500～1000米深处。这些河谷深达300多米,现已被海洋沉积物填满。

由此可见,当时的地中海必定比今天的海面低几百米。这正说明今天的地中海600～1 100米以上都是干涸陆地。在地中海干涸的200万年期间,罗纳河、尼罗河等河流蚀,出了这深达300米的巨大山谷或河谷。

今天的地中海地区降水量较少,年降水量300～1 000毫米,海水温度却较高(10℃～30℃)。这些因素都有利于海水的蒸发和干涸。有人推测,照现在的降水量和河水注入量,1 000年后地中海将再度干涸。

35. 热浪滚滚——终年燃烧的地下火

1984年,美国俄亥俄州有一处地下燃起大火,一直到今天还在燃烧着。蒙古也有一处地下火，已经烧了 50 多年了。

最令人吃惊的是，过去，苏联有一个煤矿区，周围的山坡终年灰烬滚滚，热气冲天，就是此地的地下火造成的。这儿的地下火在地下 550 米深处，大约 3 000 年前，不知何故引起。结果一发而不可收拾，熊熊燃烧至今。据推测，它还要延续燃烧几个世纪呢。眼睁睁地看着宝贵的煤矿白白燃掉，真叫人心痛啊。可要扑灭这场地下火，所需要的费用远远超过所抢救出的煤炭的商品价值，因此，人们只得由它烧去。

36. 奇妙无穷——有趣的地理连环现象

国中国 世界上有 4 个国家在另一国领土中，成为"国中国"。世界上最小的国家梵蒂冈在意大利境内；欧洲最古老的共和国圣马力诺也在意大利境内；风景秀丽的小国摩纳哥三面毗邻法国领土，一面临海；地处非洲南部的莱索托，四面被南非共和国包围着。

岛中岛 在南太平洋西部汤加王国的西旬岛中有一岛屿，岛上有湖，湖中又有岛，一环套一环，构成了世界上罕见的岛中岛。

湖中湖 加拿大安大略州的休伦湖中，有一大岛，叫马尼图林岛。岛上又有个面积达 166.42 平方公里的马尼里湖，是世界上最大的湖中湖。

湖下湖 美国阿拉斯加半岛上有个奇异的湖——努乌克湖。湖水分上下两层，上层为淡水，生长着淡水动植物；下层为咸水，生产着海洋动植物。水层间有明显的分界线，其中的生物也绝不混淆。造成这奇妙的双层湖的原因是，这两层不同的水来源不同，淡水来自陆地上的冰雪雨水，因此比重轻，浮在上面；咸水是狂风卷起海水涌入湖中，因海水含盐，比重大，便沉入下层，形成了努乌克湖的咸淡两味。在巴伦支海的基里奇岛上，还有个更奇妙的"五层湖"呢。

海下海 中亚一带的咸海是一个双层海：地面海和地下海。在地面海海底 300～500 米以下是地下海，深度达 500 米左右。地下海的海水与白垩纪沉积混为一体，含有矿物质和盐分。每年，地下海供给地面海 4 亿～5 亿立方米的海水，而不枯竭。这源源不断的海水原来是来自天山山脉，天山山脉有几道暗河直通咸海的地下海。

37. 真相大白——地球重力"偷"鱼的故事

1911 年 4 月，利比里亚商人哈桑在挪威买了 12 000 吨鲜鱼，运回利比里亚首府后，一过秤，鱼竟一下少了 47 吨！哈桑回想购鱼时他是亲眼看着鱼老板过秤的，一点儿也没少秤啊，归途上平平安安，无人动过鱼。那么这 47 吨鱼的重量上哪儿去了呢？哈桑百思不得其解。

后来，这桩奇案终于大白于天下。原来这是地球的重力"偷"走了鱼。地球重力是指地球引力与地球离心力的合力。地球的重力值会随地球纬度的增加而增加，赤道处最小，两极最大。同一个物体若在两极重190公斤，拿到赤道，就会减少1公斤。挪威所处纬度高，靠近北极；利比里亚的纬度低，靠近赤道，地球的重力值也随之减少。哈桑的鱼丢失了分量，就是因不同地区的重力差异造成的。

地球重力的地区差异也为1980年墨西哥奥运会连破多项世界纪录这一奇迹找到了答案。墨西哥城在北纬不到20度，海拔2 240米处，比一般城市远离地心1 500米以上，正因为地心引力相对较小，运动健儿们奇迹般地一举打破了男子100米、200米、400米、4×400接力赛、男子跳远和三级跳远等多项世界纪录，1968年也因此成为奥运会历史上最辉煌的年代之一。

38. 季节反常——地球的特殊地带

四季变化，是地球的一大自然现象。春夏秋冬的形成是地球绕太阳公转的结果。地球公转的轨道是一个椭圆形，太阳位于一个焦点上。又因为地球是斜着身子绕太阳公转，太阳直射点在地表上也发生了变化。各地得到的太阳热量不等，便有了不同的四季。

每年6月22日前后，地球位于远日点，这时太阳直射北回归线，这一天便成了北半球的夏至日，是北半球的夏季的开始。而南半球正值严寒冬季。9月23日前后，太阳直射赤道，南、北半球昼夜平分，得到太阳热量相等。但这一天却是北半球的秋分，南半球的立春。12月22日前后，地球位于近日点，太阳直射南回归线，北半球进入冬季，南半球正值夏季。3月21日前后，太阳再次直射赤道。南、北半球在这一天分别开始了自己的秋季和夏季。

尽管南、北半球四季变化相反，但一般终归是合乎自然规律的四季。但地球上有些地方的季节却反常得很，古怪得很。

一年皆冬　南、北两极终年都是冰雪统治的冬季。南极的严寒可谓世界之最。最冷时达到−88.3℃，最高温度平均为−32.6℃。北极海拔低，地形为盆地，所以不像南极那样严寒。但最高温度也在0℃以下，最低达−36℃。

一年皆夏　位于红海边的非洲埃塞俄比亚的马萨瓦，是世界最热的地方，全年平均温度为30℃，几乎天天盛夏，热不可耐。

一年皆春　我国云南省的昆明市，全年平均温度为15℃，隆冬季节，昆明却春意浓浓，平均气温将近10℃；盛夏时令，昆明仍春意盎然，平均气温不过20℃。一年四季气候暖和，雨水充沛；植物繁茂，鲜花盛开，四季如春，故有"春城"之誉。

一年三季　热带地区有些国家，由于它们所处的地理位置特殊，并受季风显著影响，一年中分为三季。如北非的苏丹，11月～翌年1月为干凉季；2～5月

— 90 —

为干热季；6~10 月为雨季。其中干凉和干热两季统称为"旱季"。东南亚的越南、印度、缅甸等国家，一年也是三季，但与苏丹的三季又不同，而是分为冬干季、雨季和雨季前（4~5 月）的热季。

一日四季 印度尼西亚爪哇岛西部，有个叫苏加武眉的地方。这里离赤道很近，理应是典型的海洋性热带气候。可是这个地方的气候却十分奇特：早晨风和日丽，百花盛开，春意盎然；中午烈日当头，花蔫叶垂，热如酷暑；傍晚天高云淡，凉爽宜人，秋风瑟瑟；夜半气温骤降，寒气袭人，近似严冬。一觉醒来，又是春。这里的人一日里可度过春夏秋冬四季，真叫人不可捉摸。

四时皆夏，一雨成秋 我国岭南地区（包括广东、广西、福建、台湾四省）由于独特地理纬度地形条件，成为全国气候最温暖的地区，几乎没有冬天。这里常常在一天之中从早到晚都一样热，如同盛夏。然而一场雨后，顿时凉爽宜人，颇有秋意。所以宋代诗人苏东坡有诗曰："四时皆是夏，一雨便成秋。"

39. 幻想成真——"六月飞雪"

我国元代著名剧作家关汉卿在他的惊世之作《窦娥冤》中讲述了一个感人的悲剧故事。故事中有一段最叫人难忘的情节：老天爷也为窦娥遭遇的奇冤深抱不平，竟在炎炎烈日的六月天，降下鹅毛大雪，为这个不幸的女子鸣冤叫屈。从此，"六月雪"成了神话，留在了人们的脑海里。

然而，神话在今天变成了现实。

1987 年 8 月 10 日（农历六月十二），湖北省随州市万和区新城乡新峰村的上空晴朗无云。下午 6 时，西南天空中突然间滚滚涌来铅灰色的云层，接着雷声大作。6 时 12 分突然下起大雪，时大时小的雪花中，夹杂着冰雹。当时的气温高达 30℃，冰雹落地时多已融化成硬币状的冰片。雪花落地时呈松花形状，旋即融化成水，6 时 35 分，雪止。新峰村雪花飞扬时，隐约可见东北方向仍是日朗天蓝。村民们被这奇景惊呆了。当地老人说："六月下雪，从没见过，也没听祖先说过。"据《随州志》记载，随州历史上虽有多次夏日冰雹，但从未见过三伏天下雪。

"六月雪"不再是神话，更不是某人受了冤屈的印证。科学家们正在探索出现这种奇异自然现象的科学道理。

40. 奇乎怪哉——盛夏结冰的怪山

世界之大，无奇不有。我国湖南省五峰县白溢寨山，就有一座奇特的山。此山最高峰海拔 2 320 米。山腰处有两块各为两亩左右的地方，怪事就出在这里。

每年盛夏季节，四周烈日炎炎，热浪滚滚，而这两块地方却覆盖着一块块雪白的冰砖，寒气凛人。盛夏一过，冰砖渐渐消融。到了冬天，这里反倒不见冰砖的踪影。来年盛夏，神奇的冰砖再度出现。年复一年，从不间断。盛夏结冰，真让人百思不得其解。

在正常的大气压下，水到0℃方可结冰，一年四季只有冬天才会是冰雪世界，即便是高山的终年积雪不化之处，也只是存在于海拔3 800米的雪线以上地带。低于雪线处，只有冬天才会积雪结冰。白溢寨山盛夏结冰处，一不在雪线以上，二非隆冬严寒，岂不怪哉？

有人说，既然有使小气候变暖的地热，大概也有使小气候变凉的"地冷"吧？就算有所谓"地冷"，可又为什么偏偏在盛夏时最"冷"，而且竟然结出冰砖呢？这不是太古怪了吗？

41. 冰火世界——冬热夏寒的奇地

说出来你可能不信，世界上居然有冬热夏寒的奇地，它就在我国辽宁省桓仁县，总面积约1.6万平方米。

立春过后，当周围的气温和地温逐渐上升时，这里的地温却一反常态，开始慢慢下降。到了夏天，地下滴水成冰，人畜只要在远离地缝6~7米处站上一两分钟，就会顿感阵阵寒气刺骨。有人作过试验，将一小碗水放在裂缝处，一夜之间，竟冻成冰块。盛夏三伏，人们正汗流浃背，暑热难熬，而此地裂缝内最低温度可达-15℃，缝中冒出寒气使人如临隆冬。立秋之后，四周寒霜普降，草木皆枯，此异常地带的地温却奇迹般地节节上升。时至寒冬腊月冰天雪地，这里却如同仙境，春意浓浓，绿草茵茵，一派生机勃勃的景象。当地农民在这热气腾腾的地面上搭棚种菜，棚内温度一般能保持在17℃。地温也在15℃左右。

这块神奇的土地为什么会有如此异常的地温呢？

一般认为，这块奇地的成因是它的地下储气结构与众不同。它能储存巨量的空气，而且空气的冷热变化比地面缓慢，夏天涌入的热空气，待到冬天才缓缓放出；而冬天进入的冷气又一直保存到夏天才渐渐释放。这种特殊的保温层导致地温异常。

可有人说，地下拥有两条寒热重叠的储气带，冷、热气同时释放。因夏天热而不显热气，对冷气人们却十分敏感，所以只感到冷气上升。而冬季，冷气又被周围的寒流冲淡，不易为人察觉，热气反显得突出了。

还有种说法更奇，认为此地地下的储气带有自动启闭的天然阀门，冬天吸冷气放热气，夏天吸热气放冷气。

究竟原因何在？这种特殊储气结构又是如何形成的？地下结构谁也看不见，钻井测量又破坏了储气带，会失去这块宝地。怎么办呢？这已成了科学界的一大难题。

42. 自然景观——蓝太阳和绿太阳

一看标题，你或许认为这是童话故事吧？不，这不是童话，而是人们亲眼目睹过的自然奇观。

1951年9月26日，日落时分，苏格兰的居民看到了蓝色的落日。第二天，这轮蓝色的太阳又出现在丹麦、法国、葡萄牙、摩洛哥的上空。它的颜色随着地点和时间的改变而不断地变幻着，由雪青色变为蓝宝石色和淡青色。这一奇景在欧洲一些地区持续了两三天。

1965年春的一天，一场特大尘暴席卷北京上空。顿时黄沙滚滚，天昏地暗。太阳突然失去了耀眼的光芒，变成了蓝绿色。

1979年7月，波兰人乌尔班奇驾驶帆船，从达萨摩亚群岛向西行驶，一天傍晚，他忽听舵手惊呼："快看呀，绿太阳！"果真有一轮绿日悬挂西方空中，它像幻影一般很快消失。几天后，船员们又看见了这轮绿色的太阳。

无独有偶，在我国新疆北部准噶尔盆地，一天，一辆满载旅客的公共汽车行驶到天山以北茫茫沙海边，太阳就要落山了。这时奇迹出现了：只见快要沉没的夕阳放射出嫩草般鲜绿的绿光，染绿了西方的天空。

这种异色太阳的最早见证人，大概要算6000年前的古埃及人了，他们在金字塔壁画中绘制的绿太阳至今仍清晰可见。

真奇怪，夕阳通常都是橙红、橙黄或腊黄色的，怎么会有这么美妙的蓝光和绿光呢？

原来这是大气折射作用产生的一种自然现象。包围着地球的大气就像一个巨大的棱镜，将位于地平线附近的太阳光分解成各色光线。大气对不同波长的光的折射程度也不同。波长越长，折射越小。太阳的七色光中红光波长最长，其次是橙、黄等。这就是为什么我们平时看到的落日是红色或橙黄色的缘故。当大部分太阳光盘已居地平线以下，只有很小一部分露在地平线上时，由于折射的作用，显露出来的只是太阳的绿光、蓝光（紫外线光波最短，早已折射掉了）。而蓝光又极易被大气分子散射掉，这时，人们就会看到发绿光的太阳了。不过，不是任何地方都能看到绿太阳的。必须在空气能见度好、大气中水汽含量少、地平线平直而清晰的条件下，才有可能看到绿日。

蓝光既然极易被大气散射掉，怎么会出现蓝太阳呢？这是由于空气中的悬浮物，如尘埃、小水滴等也会散射阳光。其中直径为0.6~0.8毫米的尘埃微粒散光的能力很特别，它们散射红、黄光的能力反倒比散射蓝光大。如果空中悬浮这种微粒，红、黄光会被散射掉，而留下蓝光。太阳就变成蓝色的了。

43. 童话世界——大自然的五彩城

在新疆的克拉麦里山，有一处国家重点保护的自然景观——五彩城。

进入五彩城，如同置身于一个童话世界：一幢幢色彩斑斓的"高楼大厦"鳞次栉比，金黄色、青灰色、暗红色、铁黑色构成了一幅立体油彩画；有的"建筑"自身就有七八种颜色，妙不可言。"建筑"的形状各异，有"佛祖大庙"，"清真寺"，还有"金字塔"，一排排整齐的"房舍"如同古代军营。城中"街道"纵横，怪石林立，如同一尊尊栩栩如生的彩色雕像；兽中之王雄狮，凶猛的老虎，翱翔的苍鹰，亭亭玉立的少女，俨然一座艺术殿堂。

如此美妙的五彩城是出自哪位艺术大师之手呢？当地人会告诉你：是七仙女。相传王母娘娘的小女儿七仙女，厌倦了天庭寂寞无聊的生活，偷偷下凡，来到了克拉麦里山。这里虽不见人烟，却有许多可爱的野生动物。七仙女采来天空飘浮的彩云，精心构筑了这座人间仙境——五彩城。仙女住在五彩城里，终日与可爱的动物们为伴，不思归天。一日，被巡天将军发现，将七仙女掳回天庭，只剩下这座美丽的空城，小兔、黄羊、野驴等小动物们思念仙女，现在还常常来五彩城找七仙女呢。

七仙女造城当然只是神话传说，创造了这巧夺天工的"建筑"和"雕塑"的真正的艺术大师是大自然。

大约在8000万年前，这里原是一片大湖泊。湖中有大量五颜六色的沉积物。后来地壳上升，湖水干涸，沉积物裸露在地面上，形成各色岩石：红色的铁质砂岩、灰色的泥灰岩、棕色的磷铁矿、黑色的锰质岩、黄色的泥质岩。千百万年来，经流水冲蚀和风化作用，岩层中松软部分被冲走吹跑，留下坚硬的岩石。大自然的一双巧手终于将这些彩色岩石雕刻成千姿百态的"飞禽走兽"、"楼台亭阁"，为人类创造了这座面积达8平方公里的举世罕见的五彩城。

44. 五光十色——多彩的"世界"

大自然用绚丽多彩的色调创造了五光十色的奇观，有海、有湖、有沙漠，还有土壤。

五色海

红　海　位于非洲与阿拉伯半岛之间，因沿岸水中生长着许多红色藻类，海水因此发红。

黄　海　位于中国渤海与东海之间，因黄河带入大量黄色泥沙而呈黄色。

绿　海　位于沙特阿拉伯和伊朗之间，因曾有过大量绿色藻类，而得名绿海。

白　海　位于俄罗斯的科拉半岛附近。因长年被冰雪包围。呈白色，故称"白海"。

黑　海　位于俄罗斯和土耳其之间，因海底沉积着黑色的烂泥而得名。

五色湖

彩　湖　印度尼西亚的佛费勒斯岛上有一湖，左边为深红色，右边为碧绿色，后边为青色，各色宽约 200 米。一湖为何三色，至今还是个谜。

萤光湖　在巴哈马群岛有一个湖，湖面闪烁着绿色萤光，这是一种萤火酶素微生物发光所致。

墨水湖　在加勒比海的乌巴哥海岛上，有一湖名叫佩奇湖。湖面黑色，无水可行走，软绵绵，由沥青构成，又称沥青湖。

五色沙漠

多彩沙漠　位于美国科罗拉多河大峡谷东岸的亚利桑那沙漠，由于火山熔岩形成的沙粒中含有矿物质，使整个沙漠呈现出粉红、金黄、紫红、蓝、白、紫诸色。在阳光照射下，由于反射和折射的作用，半空似乎飘荡着不同色彩的烟雾，令人眼花缭乱。峭壁秃丘在中午呈蓝色，傍晚是紫水晶色。岩峰常为蓝色，故有蓝峰之称。沙漠东部遍布彩色圆丘，沙丘间屹立着数以千计的色如玛瑙、坚如岩石的彩色石柱。长的超过 30 米，最粗的达三四米。亚利桑那沙漠以它美妙无比的色彩成为世界罕见的景观。

红色沙漠　澳大利亚的辛普森沙漠呈红色，天地间火红一片，奇丽无比。其成因是沙石上裹有一层氧化铁，这是铁质矿物长期风化漫染大漠所至。

黑色沙漠　中亚细亚土库曼斯坦境内，黑海和阿姆河之间，有一片名叫卡拉库姆的黑色沙漠。整个大漠呈棕黑色，如置身其间，仿佛堕入黑暗世界，令人不寒而栗。这片沙漠是当地黑色岩层风化而成。

白色沙漠　美国新墨西哥州的路索罗盆地，白沙浩瀚，其沙粒是砂石膏晶体的微粒。1 亿年前，由于地壳运动，石膏质海岸隆起为山，雨水挟带溶解了的石膏流入山谷盆地中的路索罗湖。后来气候日益干燥，湖水蒸发，湖岸的石膏晶体被风化成细沙，随风铺满整个盆地，成了这片白色沙漠。连沙漠里的一些动物，如囊鼠、蜥蜴等为适应环境，身躯都成了白色。

五色土

黑　土　我国东北平原湿润寒冷，微生物活动较弱，土壤中有机物分解慢，积累较多，所以土色较黑。

黄　土　我国黄土高原的土壤呈黄色，这是由于土壤中有机物含量较少的缘故。

红　土　高温多雨的我国南方土壤中矿物质的风化作用强烈，分解彻底。易溶于水的矿物质几乎全部流失，只剩氧化铁、铝等矿物质残留土壤上层，形成红土壤。

灰蓝土　在排水不良或长期被淹的情况下，红土壤中的氧化铁常被还原成浅蓝色的氧化亚铁，土壤便成了灰蓝色的，如南方某些水稻田。

白　土　含有较高的镁、钠等盐类的盐土和碱土常为白色。

紫红土　四川盆地素有"紫色盆地"之称，因为这里的土是紫红色的。这是由中生代形成的紫红色砂页岩风化而成的土。

45. 红色巨岩——变幻色彩的巨石山

无数旅游者从世界各地千里迢迢来到澳大利亚阿利斯普斯市445公里处一片荒原上，为的是一睹世界著名的天然奇观——Ayers红色巨岩。人们不顾长途跋涉的疲劳，迫不及待地登上陡崖，艰难地攀登两公里的路程。大约两个小时后，可登上岩顶，方可在登记册上留下自己的大名，以示不朽。

为何游人对此岩石有如此雅兴，又如此迷恋呢？因为Ayers奇特，它是由一整块露出地面的巨石组成的大石山，高348米，方圆9公里。整块岩石无一处裂缝，也没有普通岩石的明显层理，是由稳定而连续的砾质长石石英砂岩构成。专家分析，这座风化残山形成年代为晚元古代，距今约6亿年，它的周围是第四纪（即250万年前）沉积物覆盖的一片荒原。

远远望去，Ayers几乎呈直立状，傲然屹立在宽广的莽莽荒原上，最为奇妙的是它那变幻莫测的色彩：在夕阳辉映下，整块岩石通身红透，犹如一块硕大无比、璀璨夺目的红宝石，镶嵌在辽阔的沙漠上；当乌云压顶时，Ayers静静地射出奇异的蓝绿色，如同幽灵一般。

吸引游者的还有栖息在山下灌木丛中的澳大利亚土著人，他们已在这片土地上生活了至少1万年，是这里真正的主人。直到今日，他们的生活方式仍停留在新石器时期，除了啤酒，他们几乎不接受任何现代文明。一块古老而充满神秘色彩的巨岩与一个古老而停滞的民族在一起，构成了一幅古朴而奇特的画卷，是那样和谐美妙，难怪引得世界各地好奇的旅游者纷至沓来，流连忘返了。

46. 千里运石——流动的冰川

150年前，瑞士两位地质学家在阿尔卑斯山以北地区考察，发现平原上莫名其妙地散布着一些阿尔卑斯山中部的典型岩石。

无独有偶，在我国庐山东面 9 公里处的一个小山坡的路旁，竟耸立着一块与当地的岩石性质毫无相同之处的大石头。西藏聂拉木县喜玛拉雅山的山坡上，有一块 3 万多吨重的大漂砾，来自相距遥远的希夏邦马峰。更令人惊诧的是，1975年 4 月 7 日，人们在珠穆朗玛峰地区发现了一些砾石，它们的老家是在更为遥远的南半球。

是谁促使这些来历奇特的巨石"弃家"出走，流落他乡的呢？

1846 年瑞士科学家阿加西斯终于揭开了这个谜：是冰川搬运了巨石。

地球的冰，总共大约 3700 万立方公里，覆盖着 10% 的陆地。其中 86% 构成了南极洲冰川，10% 成了格陵兰冰川，余下的 4% 则构成冰岛、阿拉斯加、喜马拉雅山、阿尔卑斯山以及其他一些地点的冰川。

冰川都是些固体的冰，它怎么会搬运石头呢？

冰川虽都是些巨大的固体冰块，但却像个站不稳的巨人。在重力作用下，由高向低缓慢流动，难怪阿加西斯把它比做缓缓流动的河流。冰川的流动速度一般每昼夜在 1 米以上。快的能达到每昼夜 20 米。目前创下流速最高记录的大概要算北美洲北部阿拉斯加的黑激流冰川了。1936 年 10 月它的流动速度竟达到每天60 米。我国流动最快的冰川是念青唐古拉山北段的阿扎冰川，年流速约 300 米。奥地利的阿尔卑斯山有条维也纳冰川，名字虽美，脾气却暴躁得很。它不甘心慢慢地流动，而是快速地爆发式地前进。每隔 82 年它就向前跃动一次。

47. 缘于现实——"火焰山"传奇

《西游记》中有一段最精彩的故事：孙悟空三借芭蕉扇，唐僧师徒智闯火焰山。这火焰山并非杜撰，而是确有此山。它就是位于新疆吐鲁番地区的火烧山。

火烧山最早记载于奇书《山海经》中，称其为"炎火之山"。因古代人不解"山何以会燃"而编出了一个个奇妙的神话来。现代人揭开了火烧山之谜，"火焰山"从此告别了神话世界。

那如同烈焰飞腾的火烧山像一条火龙盘绕天山脚下，"白天烟雾腾腾，黑夜火光冲天"。这烟这火是源于此地的一片大煤田。火烧山地表下有一厚达 39 米的易烧层。由于吐鲁番地区干旱少雨，炎热似火，难以形成土壤覆盖煤层，又由于天山上升运动高出潜水位，暴露出空气中的煤层便自行着火燃烧，燃烧时形成了裂隙成了通风"烟囱"，促进了煤层的不断燃烧。燃烧过的岩石变成了红黄色的火烧岩，质地坚硬，不易剥蚀，便成了一座座火烧山断断续续矗立在地面上。夏日炎炎，骄阳似火，红色岩石在烟气作用下火光闪闪，俨然像一座骇人止步的"火焰山"。

科学家在高出地表百米的火烧山上，还发现了被冰川搬运到 6 公里之外的天山脚下的烧结岩，这说明，煤层燃烧必是发生在冰川之前，距今已有几十万年了。第四纪以来煤层的燃烧就未停止过。

48. 蔚蔚壮观——火山造就的奇谷

火山活动是一种极其壮观的自然现象，它是地下深处的灼热岩浆冲破地表岩层喷出地表产生的。由于火山的大小、岩浆源、地质、地理情况的不同，火山还创造了一个个奇特的景观，如地理学上所谓的"死谷"、"荒谷"、"万烟谷"。

死　谷　俄罗斯堪察加半岛有一个长约 2 公里，面积约 8 平方公里的山谷。人畜一旦误入谷中，必死无疑，连天空中飞经此谷的老鹰，也常堕入其中。山谷里尸横遍地，腐臭难闻，当地人称其为"动物墓地"。

这个恐怖山谷为什么会这样残酷地杀害生灵呢？原来此谷处于火山分布区。谷中地层里含有大量硫，不少纯硫裸露出地面。加之这里有一个三面峭壁环抱、一面是小热泉冲出缺口的小凹地，地下溢出的热气由二氧化硫、甲烷、硫化氢及惰性气体构成，比重大，不能飘离地面，而在小凹地这天然密闭的"气库"里更难以散逸。遇到无风天，这种有毒气体越聚越浓，致使误入谷地的人或野生动物立即中毒身亡。此地因此得名"死谷"。

像"死谷"这类自然现象在世界上有多处，如我国腾冲火山区沙坡村的"扯雀坑"和曲石的"醉鸟井"都属于这一类。

荒　谷　在加勒比海有一个由几座火山构成的多米尼加岛。岛南部的亚特山附近有一个小山谷。山谷里寸草不生，一片荒凉，因此得名"荒谷"。荒谷虽秃，却成为世界旅游猎奇的盛地。因为在荒谷海拔 690 米的山坡上，有一个与特立尼达沥青湖并称为加勒比海两大奇迹之一的"沸湖"。湖中热水上涨时，湖面如开锅似的，沸腾翻滚，蒸气缭绕。同时一股高达两三米的热流喷出湖面，喷射约几十分钟便停止，湖面一片幽静。突然，湖底一声巨响，一根银色水柱从湖底腾起，直冲空中，壮观之极。顿时又蒸气弥漫，湖水沸腾，不久戛然而止，再度平静。多少年来，周而复始，成一大奇观。由于湖水散发的蒸气中含有大量硫·黄，谷地上又到处是硫质喷气孔，使整个山谷笼罩在含硫气体中，草木难以生存，此处便成了荒谷。

万烟谷　美国阿拉斯加州卡特迈火山西北约 10 公里处，有一个山谷长年气柱林立、浓烟滚滚，构成了一处奇特壮丽的景观。原来在这片被卡特迈火山灰砾铺盖的地面上，布满了一排排成千上万的喷气孔。有一排竟长达千米以上。伴着隆隆巨响，这千万个喷气孔同时向空中喷出混杂着火山灰砾的炽热气体。在高压气流的推动下，热气以飓风般的速度向山谷下方席卷而去。整个山谷笼罩在浓密的烟雾中，地质学家们因此给它起了个形象的名字"万烟谷"。

49. 土下秘密——冻土创造的奇迹

2 万年的冻虾，居然能够复活，这样的奇事就发生在冻土带。

冻土指温度在 0℃ 以下的含冰岩土。冬季冻结，夏季全部融化的叫季节冻土；当冬季冻结的深度大于夏季融化的深度时，冻土层就会常年存在，可达数万年以上，形成多年冻土。多年冻土一般分上下两层，上层是冬季冻结、夏季融化的活动层；下层是长年结冻的永冻层。冻土广泛分布在高纬地区、极地附近以及低纬高寒山区，占世界陆地总面积 20% 以上，这里虽人烟稀少，却隐藏着许许多多鲜为人知的奇观现象。

除冻虾复活外，人们还从冻土中挖掘出冷冻已久的水藻和蘑菇，也能繁殖后代。在俄罗斯雅库特的冻土层下，竟然有大片不冻的淡水。地质学家推测，冻土带下可能还蕴藏着固体天然气。

冻土下有秘密，冻土表面也有一些奇特的自然景观出现。在我国祁连山冰川外围的冻土地上，人们发现一些神秘的石制图案：大小不等的石块在地面上排列成一些非常规则的几何图形，有的呈多边形空心环状，有的巨大石块旁簇拥着如花瓣样的小碎石，犹如一朵盛开的玫瑰花。曾有人认为这是原始人铺砌的神秘符咒，或是尚未完工的古代建筑遗址。其实，这是大自然在冻土带玩的把戏。这个冻土带在多年的季节气候冷暖变迁中，反复地结冻和解冻，使石块有规律地移动位置，形成了美丽奇妙的图案。

冻土能创造奇迹，也会带来灾难。由于温度的周期性冷热变化，冻土活动层中的地下冰及地下水不断交替冻结和解冻，致使土质结构、土层体积发生变化，给人类带来一系列麻烦，如道路翻浆、建筑变形、边坡滑塌等。所以，人类还须小心提防它才是。

50. 天籁之音——奇妙的自然"乐器"

在自然中，有一些很奇特的自然"乐器"。原本普普通通的自然之物会发出各种声音，如同人间的乐器在演奏美妙的乐章，构成了一曲曲动听的"自然音乐"。

音乐柳　在科特迪瓦生长着一种奇特的柳树，每当微风吹拂，柳枝便发出幽雅的琴声，酷似优美的轻音乐。原来，这种柳树与一般柳树不同，它的叶子结构的纤维组织甚密，微风轻轻拂动，叶片便相互撞击，造成了优美的音响效果。

音乐花　扎伊尔的蒙湖上有一种巨型荷花。花的基部有四处气孔，气孔内壁覆盖有一层薄膜。微风从气孔中进入，冲击干燥的膜，花便像风笛一样发出一阵阵动听的乐曲，有趣极了。

音乐河　委内瑞拉东部有一条河，河水被许多奇岩阻隔，分成数百股细流。细流穿过近300米的奇岩层，由于各种岩层缝隙宽窄不一，水速快慢不匀，当细流穿越时，就发出长短不一、高低交错、粗细有别的各种音响，好像一组壮丽的交响曲。

音乐泉 突尼斯的一口泉会唱歌。泉的出口处是一座空心岩，水流经过岩中这些孔穴时，被分割成无数条细流。细流相互撞击，发出千变万化的声音，如同音乐一般。

音乐潭 我国广西融水县有自然景观"古鼎龙潭"。1988年1月10日清晨6时，"古鼎龙潭"突然古乐齐鸣，"古道场"的锣鼓声、唢呐声、木鱼声，此起彼伏，交相映衬，奇乐阵阵，越来越响，并富有节奏感，直到夜晚10时，龙潭的鼓乐声才停止。此奇异现象1953年曾出现过一次，没想到35年后又重演，真叫人不可思议。

音乐沙 美国夏威夷州西北部的考爱岛中部，有一片海滨沙滩，在长800米、高18米的沙滩上所有的沙子都是由珊瑚、贝类等风化后形成的颗粒组成，微风吹过，便有各种音响自沙滩而起，悦耳动听，颇似雄壮的交响乐。

音乐石 美国加利福尼亚州的沙漠地带，有一块直指蓝天、雄伟壮观的巨大岩石。每当浓雾笼罩巨石时，此石便会发出引人入胜的声响，仿佛遥远的号角自天穹传来。

音乐柱 中东埃及有一个叫特本的小镇，镇里有座古老的寺院，寺院内耸立着许多巨大的石柱。其中有一根石柱，每逢晴天，上午9时便会奏起怪异的乐声。原来石柱中有一个巨大空洞，晴天得到太阳照晒，空气在石柱内受热膨胀，由小缝隙向外挤动，产生奏鸣。

51. 沙漠之歌——"响沙湾"的传说

在内蒙古自治区的鄂尔多斯高原北部，有一个叫库布其的沙漠。沙漠边缘有一处呈半月形状的神奇的沙湾。当你从沙丘之巅向下滑动时，你身下的沙子会发出"嗡嗡"的响声，这片铺盖着金色黄沙的沙湾也因此得名"响沙湾"。

滑沙者在领略了响沙带来的乐趣后，都不禁要问："沙子怎么会发声呢?"当地流传着许多离奇的故事来解释这不可思议的响沙。

相传远古时期，有一仙人云游四海，来到此地，坐沙小憩，奏乐解乏，美妙的神曲渗入了沙中。以后的游人每经此地，拨动沙子，就能听到神曲。

有人说是佛祖释迦牟尼四海传经布道，一日来到鄂尔多斯高原，给信徒们诵经。那朗朗的诵经声便留在响沙湾。从此后人才得以聆听佛祖的教诲，免入歧途。

也有人说，在很久很久以前，这里有一座建筑宏伟、香火旺盛的喇嘛庙。一天正当千余喇嘛席地念经、佛音不绝、钟鼓齐鸣之时，忽然天色大变，狂风席卷着沙石，倾刻间将寺庙埋入沙漠之中。现在人们听到的沙响声，就是喇嘛们在沙下诵经、击鼓、吹号呢。

响沙湾的传奇故事还有很多很多。但要真正揭开"响沙湾"这一自然现象的奥秘，还要靠科学研究。科学家们从不同角度提出了种种解释：

有人认为，沙丘表层的沙子中含有大量石英，外力推动沙层时，石英沙相互摩擦生电，沙响声就是放电声。

还有人认为，响沙湾是月牙状，这一地形造成沙子滑动时的回音。

也有人认为沙丘下的水分蒸发形成一道肉眼看不见的蒸气墙，而在沙丘的脊线上，强烈的光照又形成一道热气层，蒸气墙与热气层正好组成一个"共鸣箱"，沙层被搅动，或风吹时就会发出声响。

有的解释是，响沙湾的山坡基岩是白垩纪砂岩，裂隙很多，下层水气被湿沙层封闭，当人下滑时，饱含空气的沙层下部受挤压，被封闭的气体迅猛释放，发出响声。发声之后，空气再度饱和，待后边的人下滑时，又会发出同样的声响，周而复始，响声不断。

还有人提出与"气体释放"恰恰相反的说法，认为人从沙丘之巅下滑时，人体重力推动了湿沙层，湿沙层下滑时形成裂隙，干沙和气体往裂隙中填充时发出嗡嗡声。

究竟哪种说法对？还有待进一步探讨。不过，响沙湾并不是世界独一无二的发声处。目前为止，世界上已发现100多处。我国境内与响沙湾齐名的响沙还有6处：新疆哈巴河县鸣沙山；巴里坤县鸣沙山，策动力不同，声响有异，或清脆悠扬，或沉闷单调，或澎湃激昂，十分有趣；木垒县鸣沙山，风吹沙鸣，经久不息；准噶尔鸣沙山群，5座赭红色鸣沙山依次相连，山大声大，山小声小，或似飞机轰鸣，震耳欲聋，或似昆虫鸣叫，琴弦拨动；甘肃敦煌鸣沙山伴着涟漪萦绕的月牙泉，花草丛生、细沙鸣乐，是最美妙景和谐的响沙景观；宁夏中卫沙坡头，沙响声如轻雷滚滚，又似清脆钟鸣，素有"沙坡鸣钟"之称。

52. 叹为观止——奇岛

浩瀚无际的大海，拥抱着20多万个星罗棋布的岛屿，其中有不少岛屿充满着奇情异趣，还有一些岛屿神秘莫测，令人惊叹。

旅行岛 在加拿大东南的大西洋中，有个叫塞布尔的岛，能像人一样"旅行"，不断移动位置，而且速度很快，每当洋面大风发作，它就会像帆船一样乘风前进。该岛呈月牙形，东西长40公里，南北宽1.6公里，面积约80平方公里。近年来，小岛已经背离大陆方向向东"旅行"了20公里，平均每年移动达100米。塞布尔岛还是世界上最危险的"沉船之岛"。历史上在这里沉没的海船共达500多艘。因此，这里的海域被人们称为"大西洋的墓地"、"毁船的屠刀"、"魔影的鬼岛"等，令人望而生畏。

在南半球的南极海域，也有一个"旅行岛"，叫布维岛。这个面积58平方公里的小岛，不受风浪影响，能自动行走。1793年，法国探险家布维第一个发现此岛，并测定了它的准确位置，谁知，经过100多年，当挪威考察队再登上此岛时，它的位置竟西移了2.5公里。究竟是什么力量促使它"离家出走"的呢？目前尚不得而知。

分合岛   在太平洋中，有一个神奇小岛，能分能合。到一定时候，它就会自行分离成两个小岛，再过一定时间，它又会自动连接起来，合成原来模样。其分合时间没有规律，少则一两天，多则三四天。分开时，两部分相距4米左右，合拢时两部分又严密无缝，成为一个整体。科学家们认为，这个小岛早已断裂，地理位置又很不固定，经常迁移，因此产生了这种时分时合的怪异现象。

沉浮岛   北冰洋中的斯匹次卑尔根群岛是一群沉浮岛，它们有时候沉入水中，不见一点踪影，有时候又高高露出水面。波兰的科学家们在考察中发现群岛上有几千年前海岸线的遗迹，它们于海拔100米的高处；同时发现了群岛沉没的痕迹。波兰科学家经过研究认为，斯匹次卑根群岛的垂直运动可能不是始终如一的，很可能是大冰川期，沉重的冰帽将群岛"压"到了海洋深处，水暖冰化时，群岛便开始浮升到洋面上来了。

啼哭岛   在太平洋中，有一个方圆不过几公里的小荒岛，无论白天黑夜，都会发出哭哭啼啼的声音，有时像众人哀嗨，有时像鸟兽悲鸣，令人听了不寒而栗，或者为之伤心落泪。有人猜疑，那是遇难者阴魂不散，聚集在一起，向过往行人哭诉呢！

死神岛   在加拿大东岸，有一个荒凉孤岛叫世百尔岛。岛上草不生，鸟不歇，没有任何动物和植物，只有坚硬无比的青石。每当海轮驶近小岛时，船上的指南针便会失灵，甚至整只船会不由自主地向小岛撞去，最后葬身海底。航海家们对该岛望而生畏，称之为"死神岛"。据地质学家考察发现，这个小岛含有大量磁铁矿，岛周围产生强大的磁场，造成仪表失灵、海轮沉没。

火　岛   芬兰附近海面有一个名叫晋朗格尼的小岛，岛上的岩石孔隙间经常燃起熊熊烈火，因此人们称其为"火岛"。经科学家们考察后，揭开了小岛燃火的秘密。原来，小岛周围的海水中，生长着茂盛的海草，巨大的海浪将海草抛上小岛，时间一久，这些草便在阴湿的泥土中腐化而产生燃点很低的甲烷气体。气体从岩石孔隙中冒出来，一旦接触火种，便会燃烧起来。

幽灵岛   1831年7月10日，位于南太洋的汤加王国西部海域中，由于海底火山爆发而突然出现了一个奇异的小岛。随着火山的不断喷发，逐渐形成一座高60多米、方圆近5公里的岛屿。然而，仅仅过了几个月，人们正在谈论它，并有所打算时，该岛却像幽灵一样消失了。但是过了几年，人们对它已经忘得一干二净时，它却又神秘地出现了。据史料记载，1890年，它高出海面49米，1898年，它沉入水下7米；1967年12月，它又冒出海面，1968年再次沉入水中。就这样，它多次出现，多次消失。1979 年 6 月，该岛又从海上长了出来。据科学家们预测，如果今后火山不再喷发，该岛仍然可能沉没、消失。由于该岛时隐时现，神秘莫测，人们称之为"幽灵岛"。

在日本宫古岛西北 20 公里的海面上，也有一个类似的小岛，一年当中只有潮水变化最大的一天，它才肯露出海面，但仅仅 3 个小时左右，它又潜入水中，无影无踪。

尘土岛　人们看见过或听到过飞沙堆积成的山丘，但恐怕很少有人知道世界上还有尘土堆积成的海岛。马里大学威廉斯·佐勒博士等科学家，通过对夏威夷岛的土壤分析和气象研究，发表了一个令人吃惊的论点：夏威夷岛的大部分是由中国吹来的尘埃所形成。这位博士解释说，在中国，每年的春天是风暴频繁的季节，大量的尘埃被驱扫出中国的大沙漠，它们在空中形成宽达数百英里的浓云。这个巨大的沙云，被劲风吹越过北太平洋到达阿拉斯加海湾，而后向南移动，最后朝东落到夏威夷附近，年复一年地积累，便形成了这个岛屿。

肥皂岛　在希腊爱琴海上，有一个名叫阿罗丝安塔利亚的小岛，岛上泥土含有强烈的碱性，可以当做肥皂使用。因此，人们称它为"肥皂岛"。每当暴雨倾盆而下时，整个岛屿都淹没在奇妙的肥皂泡沫里。据说，岛上居民从来不花钱买肥皂，洗衣洗物或洗澡时，随手抓一块泥土来擦擦，便会产生许多肥皂泡沫，洗涤掉各种污垢，其作用不亚于肥皂。

盐　岛　苏联波斯湾附近，有一个奥尔穆兹岛，周长为 30 公里，整个小岛由食盐堆积而成，高出海面 90 米，洁白的食盐在阳光下闪闪发光，人们称它为"美丽的盐岛"。

贝鲁西亚湾的欧鲁姆斯岛，是一座高 90 米、周长 26 公里的盐块岛。它是在史前时代由海底隆起的。但在这个又硬又贫瘠的土地上，什么东西也长不出来，连泉水也因含有大量的盐分而无法饮用。

浮　岛　在中南半岛上的缅甸莱湖中，大量的腐草和泥土经历漫长的岁月而逐渐垒结，形成一些面积较大的浮岛。人们在这些浮岛上面盖房居住，种植庄稼，和陆地一模一样。

多璃河从罗马尼亚东部流入黑海，三角洲地区盛产芦苇。这些芦苇和泥土经多年垒结形成一些浮岛。每当大雨滂沱、水面上涨时，这些岛屿就会缓缓浮动，蔚为奇观。

美容岛　意大利南部有一个巴尔卡洛岛，很早以前，由于岛上经常火山爆发，熔岩流到山下形成泥浆，存积在几十个池子里，这些泥浆能洁白和滋润肌肤，治疗妇女的腰痛病，甚至还能减肥。因此，该岛获得"天然美容岛"之称。

由于巴尔卡洛岛具有美容的功能，因此，吸引了国内外成千上万的爱美者。每年夏天，这个岛上的十几个泥浆池里，挤满了各地来的人们，男男女女，老老少少，身穿泳装，在泥浆里滚来爬去，或者尽情涂抹，或者嬉戏作乐，然后用清水冲洗干净。

53. 天堂乐园——动物岛

猴　岛　在我国海南岛陵水县南部的南湾半岛，面积有 1 400 多亩，树木四季常青，野果终年不断。1965 年起在这里设立了南湾猕猴自然保护区。原来只有 60 多只猕猴，到目前已繁殖到 1 000 多只了，故有"猴岛"之称。

在加勒比海的海岸附近，也有一个面积只有 15.5 公顷的小岛，名叫卡圣约提阿高岛。1938 年英国人卡盘特从亚洲南部买来几只恒河猴放养在这个岛上。40 多年来，已繁殖了大量恒河猴，成了世界著名的猴岛。

鸟　岛　在西印度洋的塞舌尔群岛中，有一个面积为 40 公顷的小岛，那里居民很少，却是海燕栖息的场所，最多时大约有 175 万对。早晨，一对对"情侣"在附近的洋面上捕食鱼虾，夜晚便成群结队回归于此，嬉嬉闹闹。雌海燕下蛋后，岛上满地都是海燕蛋，当地居民俯首可拾。蛋商将收购的海燕蛋加工后运销国外，一年可生产海燕蛋 420 万～500 万只。因此这里便成了海燕的王国，蛋的天下。

在我国青海省海湖中，有一个面积为 400 多亩的海西皮小岛，岛上也有成千上万只各种各样的鸟，多得几乎铺天盖地，竟使人无插足之地。因为这里有丰富的鱼虾和水草，又无猛兽骚扰、侵袭，生活非常宁静，因此成为鸟"丰衣足食"的安乐王国。

蛇　岛　在我国辽东半岛的大连港附近，有个无人居住的荒岛，长 1 000 多米，宽 700 多米的岛上，有 5 万～6 万条蝮蛇在那里生息繁衍。1957 年，我国科学考察队曾上岛考察，并捕回 1 万多条蛇作为研究之用。现在，这个蛇岛已成为自然保护区。

企鹅岛　离南极洲不远的马尔维纳斯群岛，由于英阿之争而闻名寰宇。许多人也许不知道，这个岛是企鹅的天堂，曾聚居过 1000 万只企鹅。在世界上 17 个不同品种的企鹅中，在该岛栖息的就有 5 种。

龟　岛　南美洲西部大洋上的加拉帕戈斯岛，在西班牙语里是"龟岛"的意思。过去，岛上几乎到处都是海龟和陆龟，大的重 400～500 公斤，可以驮两个人行走。后来海龟遭到人们的大肆捕杀，目前已所剩无几了。

猫　岛　在印度洋一个名叫"弗利加特"的小岛上，栖居着 1 万多只猫，是世界上唯一的"猫岛"。

蜘蛛岛　南太平洋所罗门群岛中有一个小岛，岛上遍野都是大蜘蛛，大约有 1 000 万只。这种大蜘蛛结的网可以当渔网用，捕捉鱼既轻巧又结实耐用。

蝴蝶岛　我国台湾省素有"蝴蝶王国"之称，全岛有 400 多种蝴蝶，其中木生蝶、皇蛾、阴阳蝶等均是世上罕见的蝶种。目前台湾出口的蝴蝶每年达 4 000 万只左右，居世界首位。

54. 石头天地——奇石集锦

能吃的石头 在意大利有一种可以食用的石头，那就是维苏威火山附近那不勒地区的泥灰岩。当地人们常用它掺上小麦做成饼，其颜色雪白，吃起来酥软可口，老人小孩都很喜欢吃，如有远方客人或亲友来访，他们便端上一盘请你尝尝。

在日本有一种称为饲料石的沸石。在温度200℃时，这种沸石便会沸腾，当地农家常用它拌人其他饲料喂养家禽、牲畜，以使饲料营养充分地被家禽、牲畜吸收。据日本使用这种饲料石喂猪和鸡的实践证明，在饲料里加人10%的沸石比不加沸石喂养的猪体重增加16%，鸡的体重增加8%以上。

变色石 在澳大利亚中部阿利斯西南的茫茫沙漠中，有一块世界称奇的怪石，它周长约8公里，高达438米，俨然如一座大山屹立，巍巍壮观。曾经有人计算此石，仅露出地面的部分就有几亿吨。这块奇石每天都很有规律地改变自己的颜色。早晨旭日东升时呈棕色，中午时呈灰蓝色，夕阳西下时暮然变成鲜艳的红色熠熠闪亮，蔚为神奇。古代当地居民把它当做天然"时钟"，根据它颜色的变换来准确地掌握每天的时间，安排生活和农事，从未发生误差。

自古至今，怪石吸引着千千万万的国内外游客，也招来世界各地的许多考古学者和地质学家，他们对怪石每天变换颜色兴趣强烈，对其作过种种探究和猜想。有些学者认为，这是由于沙漠地势平坦，天空终日无云，而怪石表面颇为光滑，好像一面镜子，对光线反射力较强。由于从清晨到傍晚的日照变化，因而使怪石在不同的时间里呈现出不同的颜色。但有一部分人认为，这种解释不够全面，难以令人信服，因此怪石的奥秘至今仍是个谜。

音乐石 在美国加利福尼亚州有一片宽广无边的沙漠，沙漠中有一块十分雄伟壮观的巨大岩石，人们称其为"音乐石"。

每当夜晚来临，皓月当空，居住在附近的印第安人，不论男女老少，都喜欢聚集在音乐石旁，燃起熊熊篝火，唱歌跳舞，享受人间欢乐。那些年轻的小伙子和姑娘们，则成双搭对地依偎在岩石上。一面谈情说爱，一面欣赏巨石发出的引人入胜的奇妙音乐，煞是有趣。

巨石何以能发出美妙的音乐呢？据专家考察，原来这块巨石有许多相联相通的孔洞，当人们燃起篝火时，那滚滚烟火一会儿被这些孔洞吸进，一会儿又被排出，一进一出，便发出了节奏不同的乐曲。

出汗石 在浙江省云和县安溪畲族自治乡一片黄土地里，有一个奇怪的岩石，当地人称为"出水石"或叫"出汗石"。这块岩石有4米多高，围径近10米，估计重60吨。岩石侧顶有一洞孔，直径20多厘米，深度有30多厘米，可装水3公斤左右。奇怪的是无论炎热酷暑，还是严寒冬日，石洞里的水总是满满的，永远不会干涸。如果有人把水舀干，过一会儿水又从石洞四周石壁中慢慢渗透出来，一天后石洞又蓄满清水，但不会溢出洞外。奇怪的是这块岩石上的其他孔洞却干得没有一滴水，实在令人捉摸不透。

气象石　浙江省天台县苍南乡下的一所小学内，有一块与众不同，能预报天气的石头。这块石头平日里是干燥中带白色，每当天气转阴前，石头的四边逐渐转湿，等湿到中间部位，近日必有小雨；如果石头浑身冒"汗"，则定会下大雨；若石头的湿度慢慢地从中间向四周消退、变干，成了干燥带白的石头，那么天气必将转晴。多年来一直都这样，因此被人们称为"气象石"。

香味石　广西省天峨县向阳镇平腊村板凤屯，有一块遐迩称奇的石头。这块石头上尖下大，高1.3米，直径达1米多，形状如圆锥，埋在地下的部分也有1米多。游人近前，只要在这块石头上连拍三巴掌，手掌上便会有一股奇特的香味，但令人不解的是，如果用掌只拍一两下，或超过三拍时，手掌上就闻不到香味。只准拍三下才能有香味的原因，至今无人能解释清楚。

臭　石　四川省射洪县金华山"陈子昂读书台"内有一块臭石头。它形如人脑，颜色呈青灰，重过150公斤，看上去同普通石头并无两样，奇特的是用硬物击之，石头顿时会发出臭气。

据民间传说，唐初著名诗人陈子昂辞官归隐射洪后，被县令段简所害，死于狱中。州官为平民愤，将段简斩首弃市。一夜风雨之后，尸首变成了一块臭石头。现在，臭石头已被作为文物收藏、保护。

膨胀石　据报道世上有一种经加热后体积会迅速膨胀15~40倍的特殊石头。这种会膨胀的石头加热定型后，可用做建造冷藏库、录音室、影剧院的隔热、隔音材料。同时还可以用在轻型建筑工程上，其使用性能和质量都远远超过塑料泡沫。

造船石　在非洲马里，有一种石头其内部有80%左右是空洞，空洞间有极薄的石层相隔，互不透气，这种石头质地坚硬，重量又轻，经久不蚀，在水里有很大的浮力。当地渔民都用它制作小型渔船，故称此石为"造船石"。

木头石　地中海岛国马耳他的嫩软石具有诱人的魅力，当地人们称其为国宝。马耳他整个国家可以说是一块巨大的岩石构成的。它质地既软又韧，吸水性强，可由普通木工锯刨削凿，随心所欲地加工成五花八门的家具。许多艺匠，还将它精心雕刻成许许多多式样新颖、光彩夺目的工艺品。待到石内水分蒸发完毕，质地坚如顽石，既不变形，又富有耐酸碱，抗暴震能力。所以，这种由乳黄色"软泥型石灰岩"构成的岩石，是价廉物美的理想建筑材料，深受国内外广大用户的欢迎。因此，人们也叫它"木头石"。

香体石　在瑞士、瑞典、日本出产一种能除体臭的石头。这种石头外观呈白色半透明水晶状，与明矾石极相似，内含较多的镁、铝、溴化钾、硫黄等，而不含有钠、铁元素，因而具有显著的杀菌、收敛的药用效果。这些国家制药厂将这种天然的石头，加工成 120~150 克重的圆形状，用一个精致的小盒装着，在市场上出售，称为"香体天然水晶石"，而人们习惯叫它"香体石"。

现在许多欧洲人都喜欢使用它：入浴前，先将这石头浸在水里，浴后用它在身体易出汗部位涂擦即可收到抑制汗液分泌达 24 小时的效果。不少消费者用后反映，香体石不但对狐臭、脚臭有独特的功效，对治疗皮肤表面的疮、癣、疥疾亦有明显的效果，而且不会引起皮肤过敏等副作用。

解毒"宝石"　在世上，还有一种少见的具有解毒作用的珍贵宝石，它是由动物羚羊、无峰骆驼消化道里产生的大粪结石。这种粪石含有较多的磷酸盐，能治解砷毒，吸收毒液。英国女王伊丽莎白一世就拥有这种宝石，并镶嵌在她的戒指上，必要时用于试酒防毒。

响　石　陕西省白水县攸水乡雁门山的半山腰中，有一种奇怪的石头，只要将它摇动，石头便会发出像敲木鱼似的响声，如果把石头敲开，里面却是空空的，什么东西也没有。当地人称为"响石"。传说这种石头是宋朝杨六郎镇守雁门关时失落在这里的马串响铃。

风动石　在福建省泉州东郊，有一块奇异的光溜溜的大石头，它虽重达 50 吨，却像个弱不禁风的小姐，一阵风吹来，巍然而动。人们只要用力推它，也会微微摇动。所以当地人称之为"风动石"。然而，您想将它推出原地，却是千难万难。据史料记载，泉州历史上曾有过两次 7 级以上的大地震，风动石却没有移动半根毫毛。此石现被列为泉州八景之一，并被人们冠以"风动玉球"之雅号。

听声石　浙江省龙游县松家山脚下有块椭圆形赭色石头，这块石头只有两脚拼拢那样大小，但十分奇特。它的左边是小溪，右边靠山，奇怪的是一旦人们踏上这块石头，便能听到右侧松家山仿佛山峰倒塌的声音，而没有踏上这块石头的人，虽近在咫尺，却如掩耳望山，什么声音也听不到。当地人都称这块石头为"听声石"。

会走路的石头　美国内华达山脉的东边，有一条南北走向的山谷。人们发现这里有许多石头竟会自己"走路"。据美国科学家夏普从 1969 年开始对这一奇特现象进行了观察和研究，他把 25 块石头按顺序排列，逐个作了记号，并准确地标出它们的位置。然后定期测量，果然发现这些石头几乎全都改变了原来的位置，有些石头还改变了方向。最奇怪的是，有一块石头竟然自己"走"过了几个山坡，行程大约 64 米。没有生命的石头怎么会行走呢？这真是个谜。

会飞的石头　1880 年 7 月，有两个美国人在美国安大略州伊斯东肯特原野上行走，看到眼前的一块石头突然从地面上腾空而起。两人惊恐未定，接着又见到第二块、第三块石头飞向天空。这时，既没有发生地震，也没有刮大风，更没有天然气喷发现象发生。这种超自然的奇异现象，没有人能解释清楚。

听到喊声会自动升空的岩石 距离印度马哈拉施特拉邦的浦那约 24 公里处有座名叫希沃布里的小村庄。村里有一座苏菲派教徒圣人卡玛·阿利·达尔凡的祠庙。这位圣人的遗体就安葬在这祠庙里。然而，使人感到神秘不解的是，祠庙门口的两块巨石会随着人们叫喊卡玛·阿利·达尔凡的名字而飘然升起。这两块彼此贴得很近的大型巨石，只允许男人接近，不允许女人靠近它们。最大的一块岩石约 70 公斤重，另一块略轻点。岩石升空的过程是这样的：用右手的食指指着岩石，同时异口同声不间断地喊着"卡玛·阿利·达尔凡"，这时，巨大的岩石顿时弹跳起来，上升到约 2 米的高度，悬在那里，直到叫喊者停止叫喊时才会落到地上。如果不是这样做，岩石是不会腾空而起的。那块大岩石需要 11 个人用右手食指指着它，而那块小一点的只需 9 人即可。

马克·鲍尔弗是前去希沃布里村目睹这一事实的见证人。为了证实这一奇迹，他特地加入了他们的行列进行试验，果然岩石从原地跳起，升入空中，随后噼啪一声落地。他已将此事拍成电影。

尽管科学还不能准确解释岩石升空的奥秘，但是前去希沃布里村观看这一奇事的人却越来越多。

巨大的石球 1930 年，在哥斯达黎加的迪卡维斯河畔，人们发现了几十个巨大的石球，最大的直径 24 米，重达 16 吨，最小的也有几磅重。石球面上雕刻着一些奇怪的图案。有人认为，这是当地古人崇拜的星神雕像；也有人说，这是古人的坟墓标志。奇怪的是，此地没有石料可采，制作者靠什么工具从遥远的地方运来这么多、这么大的石料？制作的目的又是什么？这些石球的制作工艺极高，只是用现代加工设备才能制作。但在 16 世纪，当地的黑人还过着原始的生活，谁会相信他们是巨球的主人？然而不是他们又会是谁呢？多少年来，没有人提出一个令人信服的答案。

长"白发"的怪石 在我国的台湾省，一位卡车司机在鹅銮鼻海滩游玩时，发现了一块体积不到 20 立方厘米的石头，上面长满了 2 寸长的白色绒毛，就好像是满头的"白发"，他如获至宝，把石头带回家去，摆设在客厅里。这块石头的"白发"还在生长！半年过后，竟然长到了七八寸了。这块石头坚硬细密，一般植物是无法附生在上面的，可它身上竟长满了茂密的"白发"。这"白发"究竟是什么东西呢？这块怪石现陈列在台北市北安宫里供人观赏，科学家正在对它进行研究。

惨叫的石像 1795 年，英国驻土耳其大使托马斯·布尔斯侯爵在指挥工人拆毁位于希腊首都雅典城堡有名的埃列克舒姆神殿的一座石像时，突然听到尖锐的惨叫声。工人们以为神灵发怒了，吓得逃之夭夭，拆毁计划也不得不放弃。这座石像建筑在石头柱上。石像一经拆除，露出的石柱上方，经风一吹，就会发出撕心裂肺的惨叫声。

碰香石 安徽省宣城县有一个碧龙泉洞，洞内有一块奇妙的大青石，只要人们用手抚摸几下，闻一闻，便有一股清香扑鼻而来。

怕痒石 重庆涪陵有一个叫拗石湾的地方，此处耸立呈燕尾形的两块龙骨石，上面一块大约 4 立方米，下面一块露出地面约 5 立方米，衔接处有 1 米。下面的石头上有一小眼，若把手指按在这个小眼中，上面的石头就会左右摇动，发出"咯咯"的笑声，人称"怕痒石"。

八音石 又叫"磬石"，是安徽灵壁大理石的一种，敲之有八音，故名八音石。苏州留园中有一块石，高约 2 米，形如苍鹰展翅，用手轻敲不同部位，其音各异，甚为有趣。

12 月诞生石 在西方，人们以 12 种宝石与 12 个月相对应，称为 12 月诞生石。12 月诞生石还分别赋予各种美好的象征。

12 月诞生石依次为：

1 月石榴红宝石，象征善良与热情；

2 月紫晶石，象征慈爱与忠诚；

3 月玛瑙石，象征高贵与富有；

4 月翡翠石，象征幸运与幸福；

5 月刚玉石，象征正直与认真；

6 月珍珠石，象征富裕与健康长寿；

7 月红宝石，象征爱情深笃、品德高尚；

8 月橄榄石，象征夫妻幸福与和谐；

9 月蓝宝石，象征慈爱和德高望重；

10 月猫眼石，象征美好的希望将代替忧伤；

11 月黄宝石，象征真诚的爱；

12 月松石，象征成功和必胜。

一敲就亮的岩洞 新西兰有些岩洞很奇特，当游人在洞里大声说话或者敲击洞壁的时候，黑暗的岩洞顿时会放出光明，沿内亮得像壁上安装了电灯。这是什么原因呢？原来，这些岩洞的洞壁上爬满了一种会发光的虫子，它们受到震动等刺激以后，就会大放光明。

毒 石 日本栃木县那须镇的山上有一种毒石。昆虫爬上这种石头，飞鸟落到这种石头上，很快就会死亡。这种能杀死生物的毒石，当地叫做"杀生石"。凡有杀生石的地方，人们都立一块碑，上刻"杀生石"三字，提醒人们注意，切莫乱走。日本不只栃木县有这种毒石，凡有火山和温泉的地方，大半都有毒石。有些寺库还把它搬去，当神物安放。

那须镇地处火山地带，那些杀生石多在火山喷火口附近，从火山口喷出的亚硫酸气体和硫化氢以及其他有毒气体，浸熏了附近的石头，使普通的石块变成了毒石。

怪石球 在贵州省惠水县雅羊乡布依族聚居的简瓢村民罗大荣家，发现一块珍藏了多年的椭圆形的怪石球，在其体积大小不变的情况下，重量竟能上下增减2公斤。这块怪石球，长轴长29.1厘米，短轴长25.9厘米，厚18.2厘米，外围长88.6厘米。人们于1988年9月6日在罗大荣家当场测量，其结果是：11点13分重24.85公斤，11点43分和12点零3分两次都是22.825公斤，12点28分时重量又变为23.825公斤。

第三章 物产丰富——地理资源

第一节 奇珍异宝——自然矿藏

1. 工业"食粮"——煤

人类发现煤的历史相当长，我国是世界上最早用煤做燃料的国家。远在3000多年前，我们的祖先就已开始采煤，并用这种"黑石"来取暖、烧水煮饭了。在汉唐时代，就已经建立了手工煤炭业，煤在冶铸金属（利用热能）方面得到了广泛的应用。可这时，世界上的大多数国家还不知道煤是什么东西呢！煤在古代除了叫"黑石"之外，还有其他许多名称。如"石涅"啦，"黑金"啦，"石墨"啦，"石炭"啦，等等都是。

那么，煤又是怎样形成的呢？

人类发现和使用煤炭，虽然已有3000多年的历史了，但煤是怎样生成的，却是近几百年来才逐步弄清的。

煤是由植物变来的，这已是我们谁也不会怀疑的事实。但煤里面的热能是从哪里来的呢？这就需要从植物说起了。

原来，绿色植物中的叶绿素，能够从空气中吸收二氧化碳，同时吸收太阳光；依靠太阳光的能量，把根部送来的水分解，放出氧气，而把氢气同二氧化碳发生一系列的复杂的化学反应，变成植物生存所必需的物质——各种各样的糖类。这个奇妙的过程就是我们通常所说的"光合作用"，正因为有了光合作用，植物才会越长越高。那么，绿油油的树枝、粗大的树干，是怎么变成黑色的像石头一样的煤呢？

早在远古时代，地球上还没有人类。气候比现在也要温暖湿润得多，因而地面上到处生长着茂密高大的造煤植物。特别是在海边和内陆湖沼地带，由于这里终年积水，营养丰富，植物尤其茂盛。一开始，这些地方生长着的植物并不高大，但随着植物不断地生长和死亡，这些植物的遗体越堆越多，使得水越来越浅，养料也越来越丰富。最后，这些地方发育了高大茂密的森林。

森林一批批地生长，又一批批地死亡。经过许多次的不断反复之后，植物遗体在这些地方越堆越多。在细菌的作用下，植物的遗体最终变成一种黑褐色或褐色的淤泥状物质——泥炭。由植物遗体变成泥炭，我们把这一变化过程叫"泥炭

— 111 —

化阶段"，它是煤即将形成的前奏。

如果地球的表面和地壳真是永远不变的话，即使有了很多的植物遗体，煤仍是无法形成的。但我们知道，地球的表面从来没有安静过，常常发生频繁的地壳运动。

如果地壳上升了，低洼的地方变成平地甚至高山，由于水分减少，植物将生长得少而慢，一般是无法形成煤的。

如果地壳下降了，而且下降得很快的话，特别是当地壳下降的速度超过植物遗体堆积的速度时，植物由于水太深而无法继续生长下去，那么，煤同样也是难以形成的。

只有当地壳缓慢地下降时，植物才能不断地生长和死亡，泥炭层也才能不断地形成和加厚。而且有可能形成很厚的煤层。

如果这里的地壳反复地上升和下降，则有可能形成许多煤层。

在浅海和内陆湖沼，由于地壳下降，泥炭层会被陆地上的河流带来的泥沙掩埋，而且随着地壳的不断下降，覆盖在泥炭层上的泥沙会越来越厚，泥炭层会被掩埋得越来越深。这些被掩埋的植物遗体，经过长期的高温高压和细菌的作用，形成了褐煤。由泥炭变成褐煤的作用，我们把它叫做"岩化作用"。

褐煤在高温高压下，将继续失去水分和挥发水分，碳会进一步增加，慢慢地变成了烟煤；烟煤进一步变化，最后变成了无烟煤。

由褐煤、烟煤到无烟煤的过程，最主要的变化就是煤里面碳的含量在不断地增多，所以这种作用又叫做"碳化作用"或者"变质作用"。

所以说，只有大量的植物是不够的；适当的、有节奏的地壳运动也是造煤的一个必要前提，二者缺一不可。说到这里，你对为什么把煤叫做"太阳石"这个问题应该弄清楚了吧！

在地球形成和演化的整个地质历史上，曾多次出现过有利于成煤的地质条件。例如我国在石炭纪、二叠纪（距今2.5亿~3.3亿年）和侏罗纪（距今1.4亿~1.95亿年）等时期，对煤的形成就很有利，我国的煤大都是这些时期形成的。

把煤作为燃料烧掉，多少年来我们都认为这是天经地义的事情。近几十年来，随着社会的发展和科技的进步，人们才发现煤浑身都是宝。不仅是一种重要的能源，而且是一种十分重要的有机化工原料。

那么，煤究竟有哪些用处呢？

从前面的叙述中我们已经知道，"煤氏三兄弟"中变质程度最深的是无烟煤，它的发热量也最高。烧起来火力很强，烟尘很少，燃烧后灰渣也不多，是一种很好的燃料；烟煤虽说变质程度比无烟煤差，发热量中等，但它却是三兄弟中最有出息的一个，因为它不仅可以用来炼焦冶炼钢铁，而且还可以被气化、液化用于生产和生活的许多方面；褐煤变质程度最差，发热量也最低，但它却是很好的化工原料！

那么，把煤作为化工原料又能干什么呢？要想知道这些，我们就首先必须知道煤焦油的来历。

我们把煤放到炼焦炉里，隔绝空气，加热到 1 000℃ 左右时，就可得到焦炭、煤焦油和焦炉气这些产品。1 吨优质炼焦煤，经焦化，可得到 700～800 公斤焦炭，30～40 公斤的煤焦油和 100 多公斤的焦炉气。其中，焦炭是冶金工业的"粮食"，而且还可以用来生产煤气、电极、合成氨、电石等。电石除用于照明、切割和焊接金属外，还是生产塑料、合成纤维、合成橡胶等重要化工产品的原料。至于焦炉气么，首先它是很好的气体燃料，使用煤气这在许多城市里已是很普遍的了。其次它也是重要的化工原料。

说来说去，最有用处的还是要数煤焦油了。它的用途真是丰富，极为广泛。说来话长，100 多年前，由于人们对它知之甚少，当时是把它当做废物倒掉的。光阴似箭，日月如梭，到了 19 世纪中叶，随着化学工业的发展，人们才发现煤焦油原来成分极为复杂，多达 500 种以上。用它可以制造出千百种用途各异、色彩缤纷的化工产品。于是，煤焦油一下子成了有机化学工业珍贵的"原料仓库"。比如染料、香料、合成橡胶、塑料、合成纤维、农药、化肥、炸药、洗涤剂、除草剂、溶剂、沥青、油漆、糖精、卫生球等等。制造这些产品的原料都可以从煤焦油中获得。

除煤焦油、煤气、焦炭外，就是一向被我们看做是废物的许多东西，今天也都是"宝贝"了。如燃烧煤过程中产生的硫氧化物，现在用它可以生产出优质硫酸；煤灰和煤渣，现在可以用来制造水泥等建筑材料。

在煤灰里甚至还可以提取出大量的被誉为"电子工具的粮食"的半导体材料——锗和镓。

可以说，从 18 世纪末到 20 世纪初的 100 多年时间里，以煤为主要能源的世界，发生了科学技术、经济和社会的巨变，今天这个高度现代化的世界经济，就是在以煤为主要能源的基础上建立起来的。

新中国成立 40 年来，我国的煤炭工业发展十分迅速。1990 年我国原煤产量达 10.8 亿吨，比 1949 年增长了 32 倍，是世界上产煤最多的国家。

我国的煤炭资源分布十分广泛而又不均匀。

主要分布在山西、内蒙古、陕西、河南、山东、河北一带，以及安徽、江苏两省北部、新疆、贵州、云南、黑龙江等省、区也不少。其中，尤以山西、内蒙古、新疆、陕西最为集中，北方仅山西、内蒙古两省区的煤炭储量就占全国煤炭总储量的 60% 以上。

由于我国的煤炭资源主要分布在北方，因而我国的煤炭基地也主要在北方。全国年产量超过 1 000 万吨的 12 个大煤矿，有 10 个在北方。

目前，我国最大的煤矿是山西的大同，年产量达 3 500 万吨以上，被誉为"煤都"。在大同的西南，有我国也是世界最大的露天煤矿——山西朔州的安太堡露天煤矿，年产量达 1533 万吨。它是我国现代化水平最高的煤矿，从剥离到采煤，从运输到选煤，全部是现代化设备。在这里，你可以看到世界上最大的斗容 25 立方米的特大电铲，不停地把土和岩石剥掉，把煤挖出来。然后，通过我国第一条现代化铁路——大秦铁路线，将煤运到我国最大的煤炭转运港——秦皇岛港。由此再转运到我国的东北、华东和华南等地区，支持着那里的社会主义建设。

总之，我国不仅煤炭资源极为丰富，而且质地优良，品种齐全。通过广大煤矿工人的辛勤劳动，为我国的经济发展提供了充足的"粮食"。

然而，随着工业的发展，煤炭的消耗越来越大。因烧煤产生的大量烟灰、飘尘和有害气体，污染了环境，人们逐渐转向比它更优越的新能源——石油。

2. 化工"血液"——石油

由于石油具有燃烧值高、灰分少、便于运输和使用的特点，19 世纪中叶，石油资源的发现开创了能源利用的新时代。尤其是 20 世纪 50 年代初，西方国家，首先是工业发达国家，加快了由煤炭向石油、天然气的转变速度，开始动摇煤炭在能源消费构成中的主宰地位。20 世纪 50 年代中期，世界石油和天然气的消费量超过了煤炭，成为世界能源供应的主力，使人类利用能源的历史进入第三阶段——石油能源时期。

目前，大多数科学工作者都认为，石油是地质历史时期的低等生物大量沉积在浅海和湖泊中，在缺氧条件下变成有机质，再经过复杂的地质作用，汇集起来成为石油和天然气。

那时，在一些深浅比较适当，水流较平静的浅海、河口和湖泊中，生长着大量的低等生物。这些生物死亡后，遗体堆积在较平静的水底上，和泥沙一起沉积到水下淤泥中，并不断地被新的泥沙掩埋。在这种隔绝了空气，缺氧的环境里，经过一些特殊的细菌作用，如在厌氧细菌的分解作用下，破坏了生物遗体中的碳水化合物的含蛋白质的化合物，在分解过程中，一些气体和能溶于水的产物散失掉了，剩下的生物遗体部分，主要是一些碳氢化合物，便形成了有机淤泥。这些有机淤泥，在高温、高压和放射性元素、细菌的进一步作用下，逐渐转化成为分散的液态的石油和气态的天然气。

刚刚形成的石油，它们都是一些很小的分散的油滴。通常这些小油滴是随着水的流动而到处流动的，它们从这个岩层"旅行"到另一个岩层，运动过程中，由于受重力作用和地壳运动产生的挤压力的作用，这些小油滴就被驱赶到上下都是较严密的岩层中，中间是多孔的砂岩或者中间多裂缝的岩石，前面又是严密而不易渗漏的页岩或泥灰岩的贮藏地。在多孔的砂岩或者有裂缝的岩石中，小油滴越聚越多，油田就逐渐形成了。

石油和天然气的成分很相似，它们通常都住在一起，所以凡是有石油的地方，一般都有天然气。

由此可见，石油和天然气是古代生物遗体由于地壳运动被埋在地下，经过长期高压和细菌的作用而逐渐形成的。但近年来，有些科学家提出，石油和天然气是来自地球深处的原始甲烷。他们认为，地球形成之初，有大量的甲烷，这些原始甲烷气体从地球深处渗透到地球表层，这就是天然气；还有大量的甲烷在巨大的压力下转化为石油。科学家们称前者为"生物论"，后者为"甲烷论"，目前，大多数科学家倾向于"生物论"。

埋藏在地下的石油，通过用钻机打井便可以开采出来。从地下开采出来的石油，叫原油。原油一般不能直接使用。人们认识石油和掌握石油的加工方法曾经历了很长的时间。

我国是世界上最早发现和使用天然气的国家。早在公元前200年，我国四川临邛县（今邛崃县）的劳动人民就已利用天然气来煮盐了。古代把天然气叫"火气"，把天然气井叫"火井"。

我国是世界上最早发现和使用石油的国家之一。1800多年前，我国汉朝历史学家班固，在他写的《汉书·地理志》中便说："高奴有洧（wěi）水肥可燃。"这段记载是说：高奴（现在的延安一带）有一条叫洧水的河，河水上有像油一样的东西可以燃烧。

后来，关于石油的记载越来越多，名称也不尽相同，像石漆、石脂水、石脑油、火油、猛火油等等都是当时对石油的称呼。

第一次明确提到"石油"这个词，是北宋的沈括。总之，我国是世界上发现和利用石油、天然气最早的国家。不过，由于当时生产力水平的限制，对石油和天然气的使用是很有限的，通常只用它们来点灯、制烛、润滑、补缸、治病、制墨、煮盐等。石油真正得到广泛的应用，只是近200来年的事。

在200多年前，人们开始用蒸馏的方法来提炼石油。如果我们来到炼油厂，看到的设备主要有两部分，一个是加热炉，一个是精馏塔。石油被不断地送到加热炉中加热，从加热炉中出来的石油蒸汽，又不断地被送入精馏塔的底部。精馏塔有几十米高，里面有一层一层的塔盘。石油蒸汽从塔底上升到塔顶，必须经过一层一层的塔盘，塔底温度高，塔顶温度低。石油蒸汽经过一层一层的塔盘时，各种化合物就按沸点的高低，分别在不同的塔盘里凝结成液体。于是，石油家族的各个成员就被一一分开了。石油在炼油厂经过分馏之后，我们便得到了一系列的石油产品：汽油、煤油、柴油、润滑油、石蜡、沥青……

我们知道，汽油是汽车、飞机的燃料，有的也用来擦洗机器和零件，或者作为油漆、皮革、橡胶等工业的溶剂；煤油是喷气式飞机的燃料，在没电的地方人们还用这来点灯照明；柴油和汽油、煤油一样，也是非常重要的燃料，像在铁路上风驰电掣般奔忙的内燃机车，在辽阔的海洋上乘风破浪的轮船，在田野里耕作和收获的拖拉机和收割机，以及驰骋疆场，所向无敌，被人们誉为"铁马"的坦克等，它们使用的燃料都是柴油；说到润滑油，那更是飞机、汽车、轮船、机器等离不开的东西；石蜡则成为制造蜡烛、蜡笔、蜡纸、洗衣粉、鞋油、凡士林等的原料；至于黑乎乎的沥青吗，这恐怕是大家很熟悉的东西了，因为柏油马路就是用沥青作为主要材料铺成的。此外，把沥青涂在铁路的枕木和电线杆上可以防腐，用沥青做的油毡可以防水等。这样，随着生产的发展，石油的需要量大量增加。同时，在美国、中东、北非等地区相继发现了巨大的油田和气田，国际石油公司随即投入了大量资金，急剧地扩大了石油的采掘业和炼制业，逐步形成了世界性的石油销售系统，大量石油涌入国际市场，进入生产和生活的各个领域。20世纪50年代中期，西方世界石油和天然气的消费量超过煤炭；60年代石油就占据了世界能源消费的首位；1973年达到53%。这是继柴草和煤炭转变后，能源结构演变的又一个重要的里程碑，是一场具有时代意义的能源革命，对促进世界经济的繁荣和发展起了非常重要的作用。

听到这里，你一定会惊奇地说：啊，石油原来有这么多的用途啊！其实，我们上面介绍的只是石油用途的一部分。也就是说石油、天然气目前是世界上主要的能源，约占世界能源消费总量的70%。但是，你可知道，石油和煤一样，把它作为燃料烧掉，实在是太可惜了，因为石油也是宝贵的化工原料。

石油化学工业是现代化学工业的骄子，而石油化学工业的基本原料就是石油和天然气。经过长期研究我们已经知道，组成石油和天然气的主要化学元素是碳和氢。其中，碳占84%~87%，氢占12%~14%，其他元素约占1%。碳和氢互相结合在一起，由于碳原子和氢原子的多少不同，可以组成许许多多形状性质各不相同的碳氢化合物。

我们通过对石油和天然气进行加工，得到的主要是诸如"四烷"、"三烯"和"一炔"这些基本化工原料。

"四烷"，就是甲烷、乙烷、丙烷和丁烷；"三烯"，就是乙烯、丙烯和丁烯；"一炔"，就是乙炔。

有了"四烷"、"三烯"、"一炔"这些基本化工原料，我们对它们再进行加工，就可以制造出我们需要的成千上万种有机化工产品。下面我就简单说一说它们的一些主要用途：

首先是大家非常熟悉的塑料。在我们的周围，用塑料做的东西真是到处可见，像凉鞋、茶杯、水壶、铅笔、雨衣、自来水笔、窗纱、桌布、电缆包皮、塑料薄膜、有机玻璃、救生圈、"万能胶"……你一口气可以说出几十种甚至几百种。

石油和天然气不仅能制造塑料，而且还可以制造出色彩缤纷的新衣料，即合成纤维。你常见到的"尼纶"、"绦纶"、"腈纶"、"维纶"、"丙纶"，便都是合成纤维。合成纤维除了可以做衣料外，还可以编织渔网，做缆绳、化肥袋子、传送带等。

石油、天然气还是制造合成橡胶的原料。你一定在电视中看到过这样的情景：橡胶园的工人在橡胶树上割出一个口子，树上就会流出牛奶似的汁液来。橡胶在几十年以前就是用这种汁液做成的。但这样生产橡胶不仅费时费力，而且要占很多土地，产量也很有限。一般来说，种两三千棵橡胶树，一年才能产一吨橡胶。随着生产的发展，天然橡胶根本满足不了需要，由于合成橡胶的出现，才解决了我们的一个难题。合成橡胶无论从耐腐蚀，还是从适应温度变化来看，都比天然橡胶要优良的多。

石油、天然气不仅能够制造塑料、合成纤维、橡胶，还能生产化肥、农药呢！

此外，像合成洗涤剂等，也来自石油、天然气。人们还用石油和天然气，制造出不怕虫蛀水浸的纸张、结实耐用的"合成木材"、推动火箭前进的高能燃料、作物催熟剂……随着科学技术的发展，石油的应用将会日益广泛和深入，也就是说，石油不仅是重要的能源，还是非常宝贵的化工原料。因而，被人们誉为工业的"血液"。

新中国成立前，外国的地质学家们都认为"中国陆地没有贮藏有工业价值的石油的可能性"，也就是说，中国是一个贫油国。这是因为当时世界上发现的大部分油田，都是在海边或海底，这便使海相生油的理论有了重要的依据。而我国大部分是陆相沉积，所以他们片面地认为"中国贫油"。实际上，有没有石油，主要决定于地质历史时期有没有大量的有机物沉积和使这些有机物变成石油的环境。只要具备了这样的条件，都可能有石油。

我国著名地质学家李四光正是在这一思想指导下，提出了独特的石油生成理论。我国广大科技人员和石油工人在这一理论指导下，破除迷信，解放思想，在我国辽阔的土地上，找到了丰富的石油。先后开发和建成了著名的大庆、辽河、华北、胜利、中原等大油田。特别是大庆油田的开发与建设，不仅宣告了"中国贫油"历史的结束，而且使我国从1963年起，实现了石油自给。

经过多年的开发与建设，我国的石油产量目前已达1.3亿吨以上，成为世界上主要的产油国之一。而旧中国，从1904—1949年的45年间，总共才生产了295万吨原油，大约只相当于我国目前8天的产量。

近年，在广大地质勘探工作者的艰苦努力下，我国又在西部的塔里木、准噶尔、吐鲁番—哈密、柴达木等内陆大盆地发现了储量丰富的大油田，在陕甘宁盆地发现了世界级的特大天然气田。经勘探还证明，我国不仅陆地上石油、天然气很丰富，在我国沿海大陆架上也有丰富的石油天然气，我国除了在渤海已建成我国目前最大的海上油田外，在黄海南部、东海以及南海的珠江口、北部湾、莺歌海等海域也发现了丰富的石油。

也就是说，无论从目前还是长远来看，都证明我国是一个石油资源相当丰富的国家，这便为我国基本上依靠自己的能源实现现代化，加速发展我国的石油化学工业打下了坚实的基础，增强了我们独立自主、自力更生实现社会主义现代化的信心和力量。我们未来是辉煌的！

由于石油储量有限，据估计，目前地球上可开采的石油储量，包括海底石油在内，3 000 亿吨左右。1984 年世界石油开采量为 27 亿吨，而且以后每年石油消费以 8% 以上速度增长，可以想见，不要多久，石油就会枯竭。1973 年第四次中东战争后，石油输出国组织把石油标价在一年内提高了 3 倍多，并实行减产，禁运等措施，使西方国家发生了"石油危机"，震撼了世界；1979 年伊朗政局变动，使伊朗原油大幅度减产，世界石油市场又一次呈现混乱，各进口国纷纷抢购，石油再次涨价约 1 倍，沉重地打击了各工业国家的经济。

石油虽好，但我们必须面对"后石油时期"。为此，许多国家开始寻找新能源，能源开发的脚步开始踏入过渡时期。这个能源过渡期的主要特点是：由以石油、天然气为中心的能源结构、逐步向以煤炭、核能、太阳能等多能源方向转变。

3. 黑色天石——铁

古代的埃及人把铁叫做"天石"。这是因为在那时，铁和黄金一样难以找到，埃及人所用的铁，有一部分就是从天上掉下来的陨铁里提炼出来的。我国劳动人民远在 3 000 多年前，也已开始使用铁了，但当时也是从陨铁里提炼的。

由于天上掉下来的陨铁，实在是太少了。因而在古代，人们发现并使用铁以后的相当长一段时间里，铁并没有得到普遍的应用。

人们学会从铁矿石里炼出铁来，只是 2 000 多年前的事。

我国是世界上发明铁冶炼最早的国家。远在春秋中期，就建造了和现代高炉相似的炼铁炉，比欧洲人要早 1 900 年。但那时的产量毕竟还是有限的。又过了好多年，直到 19 世纪以后，也就是 1856 年，世界上出现了第一批贝氏转炉，开始用焦炭炼钢，铁才从小规模的炼铁炉中走到现在规模的高炉中，于是我们才有了现代化的钢铁工业。

铁是地球上应用最广，也是最重要的金属。

铁和铁制品在我们的生活中用途极为广泛，从小螺丝钉到大型机器，从日常用的刀剪到枪炮坦克，从拖拉机、汽车到几十万吨的巨型船舶，无一不是用钢铁制造的。此外，从动植物到人，离开铁也是无法生存下去的。

现在，人们可以毫不夸张地讲，没有钢铁，当今社会的科学和技术的进步是不可能的。整个世界的生产力进步也是不可能的。

那条条河上架起的铁桥，连接城市与城市，国家与国家的数千公里的铁路，输油、输气管道，用于支撑厂房、体育馆、高大建筑物和几百米高的电视发射塔的钢架，那些以钢铁为主要材料制造的轮船、汽车、火车和各种机床、工具等。总之，那些数不清的与人类生活、生产休戚相关的钢铁制品，对于其原料、材料的数量、品种和质量提出的要求将是何等的多又何等的高啊！

物产丰富——地理资源

　　铁这种金属，不同于任何一种其他金属，它在形成合金以后，经过一定技术处理就非常容易改变自己的性能。这就使得人们采用不同的合金元素及用不同的配比，创造出数以万计的具有不同特性的合金。迄今为止，各国科学家和工程师已经研制出 1 万多个铁合金的品种。换句话说，目前具有各种各样特性的钢种超过了 1 万个。

　　人们习惯将铁及其合金以及铬、锰等通称为黑色金属。可想而知，这个黑色金属是多么庞大的家族。从 19 世纪中叶开始到现在的一个半世纪里，这个骄傲的黑色家族几乎可以说托起了一个新的世界。

　　铁是地球上应用最广，也是最重要的金属。

　　铁在国民经济中的作用，是无法估量的。铁在现代工业建设中占全部原材料的 70%，因而，人们常把一个国家铁工业的年产量作为该国工业发展水平的主要标志。并形象地把铁矿石比做钢铁工业的"粮食"。

　　铁是从铁矿石里提炼出来的，这是大多数人都知道的常识。但铁矿石是怎样形成的？铁矿石中的铁又是从哪里来的？恐怕就不是人人都知道的了。科学研究告诉我们，在地壳中铁的含量约 4.2%，是地壳中含量仅次于铝，居第二位的金属元素。而铁在整个地球的含量则比这还要大得多，约占地球质量的 35% 左右，也就是说，在地球的内部，铁是很多的。

　　但是，由于受开采技术的限制，目前我们还只能开采地壳表层的铁矿。此外，一方面受目前冶炼水平的限制，铁矿中铁的含量至少要在 20%～30% 以上，我们才能利用。另一方面地壳中铁的平均含量又不高，这就使得铁必须在某些特定的地方集中起来，才能形成供我们利用的铁矿。那么，分散的铁元素又是怎样集中起来形成铁矿的呢？

　　世界上重要的铁矿，多数是离现在十分遥远的，地球历史上最古老的时期形成的。如距今 25 亿～45 亿年前的太古代、6 亿～25 亿年前的元古代和 3.3 亿～4 亿年前的古生代泥盆纪等，都是铁矿形成的重要时期。这不仅是因为形成铁矿需要很长的时间，还因为那时地球上是一片深浅多变的海洋，没有宽广的陆地，地壳又比较薄，有许多断裂很深的裂缝。因而岩浆活动剧烈，火山喷发频繁，经常出现烟雾满天的景象。随着岩浆从地壳裂缝中的不断喷在地球深处的含铁量很高的岩浆大量喷发出来，岩浆在上升过程中，随着温度逐渐降低，压力逐渐减少，岩浆中的铁元素便逐渐结晶并在一定的地方集中起来，从而形成具有开采价值的铁矿床。这样形成的铁矿床叫岩浆型铁矿床，也叫原生铁矿。世界上绝大部分的铁矿均与此有关。像我国四川的攀枝花铁矿和内蒙古白云鄂博的铁矿就是这样形成的。

　　岩浆活动过程中，岩浆与周围的岩石接触时，在条件较合适的时候，特别是岩浆与石灰岩、白云岩这些碳酸钙类岩石接触时，常常相互作用，发生化学反应，也常常形成铁矿。这样的铁矿叫接触交代铁矿。如我国湖北的大冶铁矿就属于这个类型。

　　岩浆型铁矿形成后，如果山露在地表的话，在风吹、雨打、日晒以及生物的作用下，含铁的岩石会破碎成砾石、沙子和泥土，其中较轻的岩石碎屑和易溶于水的元素随水流失，较重的难溶于水的铁矿沉积下来形成铁矿床，这样形成的铁矿叫风化壳型铁矿。风化壳型铁矿多为大型的富铁矿，这类铁矿在我国比较少。

　　分散在各处含铁的岩石，经过长期的日晒雨淋，风化崩解，里面的铁同时也被氧化，这些氧化铁溶解或悬浮在水中，随着水的流动，被带到较平静的水中沉淀聚集在水下，成为铁较集中的矿层；在沉淀聚集过程中，许多生物，特别是铁菌的活动起了很大的作用。这样形成的铁矿叫沉积铁矿。世界上大多数的大铁矿都经过这样的聚集过程。如河北的宣龙式铁矿就是这样形成的。

　　沉积型铁矿床形成后，往往还会受到地壳运动和岩浆活动的影响，发生多次变化。比如地壳中的高温高压作用，有时还会将含矿物质多的热液参加进来，使这些沉积铁矿变质，形成规模很大的铁矿。这样形成的铁矿属于沉积变质铁矿。举世闻名的鞍山大铁矿，就是这样形成的。因而这类铁矿在我国便称做"鞍山式铁矿"。

　　实际上由于大部分铁矿形成的年代久远，这期间影响的因素极为复杂，因而很少有受单一因素影响形成的铁矿床，它们大都是经历了复杂的地质作用的产物。

　　据估计，全世界具有开采价值的铁矿只有1 000余个，其中储藏量5亿吨以上只有100多个。全世界铁矿石储量超过100亿吨的国家只有7个，我国就是其中之一。我国的铁矿储量相当可观，总储量达440亿吨，比英、美两国的总和还要多，居世界第三位。不过，我国铁矿储量虽然可观，但由于多为含铁率在30%左右的贫矿，这给我国铁矿的利用带来诸多不便。

　　我国储量可观的铁矿资源，在地区分布上具有分布广泛的特点。全国近2/3的省区，都拥有大型铁矿床。但在普遍分布之中，又有相对集中的特点，有52.4%的铁矿储量集中于辽宁、河北和四川三省。辽宁的鞍山、本溪、辽阳一带，是我国铁矿储量最为集中的地方，探明储量在100多亿吨。该地最厚矿层达300米以上，是世界性大矿。其中，辽阳的弓长岭铁矿，又是我国为数不多的著名富集矿。矿石品位达60%以上。由于这一地区的铁矿分布集中又接近地表，易于开采，因而成为我国最大钢铁基地——鞍山、本溪钢铁基地的铁矿石供应地。

　　河北铁矿储量仅次于辽宁，主要分布在河北东部的迁安、滦县和北部的宣化、赤城、龙关一带，它主要是首都钢铁公司和唐山钢铁公司的铁矿基地。

　　内蒙古的白云鄂博铁矿是一个由铁和稀土等多种元种组成的综合矿床，具有可能综合利用的元素多达20余种，综合利用前景引人瞩目。它的铁矿主要供包钢使用。

　　西南地区铁矿储量以四川最为丰富。主要有攀枝花、西昌、宜宾以及重庆的綦江等铁矿区，它们是攀枝花钢铁公司和重庆钢铁公司的铁矿基地。其中，攀枝花是大型钒钛磁铁矿。据勘测，攀枝花—西昌一带蕴藏着全国20%的铁、87%的钒和93%的钛。目前，攀枝花钢铁公司，已成为我国十大钢铁基地之一，也是世界最大的钒、钛加工基地之一。

其他，像安徽的马鞍山铁矿、湖北的大冶铁矿、江苏的梅山铁矿、甘肃的镜铁山铁矿和山西的岚县、五台山铁矿等，也是全国著名的铁矿产区。

另外，在海南岛西部的昌江和崖县地区，著名的石碌铁矿，是我国最大的富铁矿。

我国钢铁工业的分布与我国铁矿的分布密切相关，大型的钢铁基地一般都分布在大的铁矿区附近。

新中国成立60多年来，我国的钢铁工业得到了飞速的发展。目前，我国的年钢产量已居世界第一位，也就是说，我国现在一天的钢产量比1949年一年的都多。

4. "化工之母"——盐

在人类的生活中，是须臾也离不开盐的。人的血清中含盐0.9%，所以浓度为0.9%的食盐溶液就叫做生理盐水。人必须每天吃盐，以维持体液的这一盐浓度，这样才能正常地进行新陈代谢。成年人每天需要10～12克食盐，正在成长发育的儿童需用量更多。盐在人体内的新陈代谢中起着重要的作用，胃液中的盐酸就是盐产生的，盐酸不仅有消化作用，而且有杀菌作用，它能杀死随食物进入胃里的细菌。所以食盐不仅是重要的调味品，也是人体正常生理活动所必不可少的物质。现在人们往往把食盐当做价钱便宜的极平常的物质，殊不知在人类历史上，很多地方曾经把盐当做非常珍贵的财产，有的用盐做重要的奖品，有的用盐来支付工资，在古代阿比西尼亚还曾以盐砖当做通用货币，用3～5块盐砖买回一个奴隶。

虽然自然界里有的是各种各样的盐类，但是，却没有一种能够在食物营养上代替食盐。正是由于这一点，有人说，盐业是地球上"永恒"的行业。食盐不仅是人类不可替代的食用品，而且在化学工业生产上还有着极为广泛的用途，被人们称之为"化学工业之母"。

食盐在化学工业上之所以如此重要，这是因为我们常见的5种基本化工原料——硫酸、硝酸、盐酸和烧碱、纯碱中，有3种是用食盐生产出来的，这就是盐酸、烧碱和纯碱。

盐酸、烧碱、纯碱的用途是十分广泛的。像冶金工业、造纸工业、纺织工业、玻璃陶瓷工业、制药工业……都是它们的用武之地。此外，生产合成洗涤剂、塑料、肥皂、染料、橡胶、尼龙、味精、酱油……也都离不开它们。

通常情况下，我们只要把食盐电解，就可得到烧碱、氯气和氢气等物质。

氯是浅黄绿色的有毒气体，有一股强烈的刺鼻的气味，是生产漂白粉和有机农药必需的原料之一。生产聚氯乙烯、多晶硅等也离不开氯气。在生产中，通常是把氯气在氢气中燃烧，就得到氯化氢，然后再把氯化氢溶于水就是盐酸。盐酸的用处很多，像合成橡胶的生产，染料、皮革、药品、化肥等的制造和生产，都需要它。通常每生产1吨尼龙就需要半吨多盐酸。如果我们把氨气和二氧化碳放在一起，食盐还可生产出纯碱，如果再与合成氨厂携手合作，还可以生产出氯化铵等。氯化铵不仅是肥料，而且还可以做药物、干电池等。

纯碱的用途很大，像生产1吨钢，一般就需要10~15公斤纯碱；如果生产1吨铝，则需要半吨左右的纯碱。此外，化肥、造纸、纺织等工业部门同样也需要大量的纯碱。

说到烧碱，它与我们的关系也是很密切的。把烧碱加入动植物油中，再在锅里煮一下，就可制造出肥皂和甘油。如果把植物纤维溶于烧碱后便可生产出人造丝。此外，像颜料的生产啦，玻璃的生产啦，都离不开烧碱，甚至精炼石油时，也需要烧碱。

由此可见，食盐是化学工业的基本原料。它在化学工业的发展上十分重要。

电解食盐除了可以得到氯气、氢气、烧碱外，还可以得到金属钠。金属钠是一种银白色的金属，它非常软，我们用普通的小刀，就能把它切成薄片。它"生性"极为活泼，很容易与其他物质化合在一起。所以在自然界中，你很难找到金属钠。如果把金属钠扔入水中，它就会浮在水面上飞速旋转，剧烈地放出气泡，并发出强烈的爆鸣声。原来，钠与水作用可以生成烧碱和氢气，同时产生大量的热，致使氢气燃烧而发出爆鸣声。所以，如果把大量的钠放入水中，我想你一定会想到，那将发生强烈的爆炸。因而我们在储存金属钠时，只好把它浸在煤油里，不让它与水接触。

也正因为金属钠有如此活泼的性格，所以在冶炼某些稀有金属的时候，常请它来帮忙。原来，许多稀有金属都与氧结合在一起形成氧化物，在提炼过程中，如果加入金属钠，钠便可以把这些氧化物中的氧原子"夺"过来，使那些稀有金属"解放"出来。

用钠我们还可制造出钠光灯。由于钠光灯发出的黄光射程远，发光效率高，因而铁路上用的信号灯，许多就是使用钠光灯。

大量的金属钠还被用于合成橡胶的生产和飞机、舰艇的制造。此外，金属钠的过氧化物对解决高山和水下缺氧，有其独特的作用，它能把人们呼出的二氧化碳吸收，同时又能放出人们所需要的氧气。这便使得潜水员在水下作业时，就不必带有"长气管的面具"，大大延长了潜水员在水下工作的时间，提高了工作效率。

可见，盐，这个极为普通的矿物，用途非常广泛。

我国的盐资源极为丰富，品种齐全，分布广泛。无论是海盐，还是井盐、岩盐和湖盐，在我国都有着丰富的蕴藏。

海盐业是世界上最主要的制盐业，其产量占世界盐总产量的60%以上。我国是世界上海盐生产最发达的国家，产量目前居世界首位。我国海盐生产已有几千年的历史了。在我国漫长的海岸线上，北起辽东半岛，南到海南岛，许多地方都适合于建滩晒盐，尤其是北方盐区的渤海、黄海沿岸，产盐最多，其中长芦盐场是我国最大的盐场。我国南方盐区最大的盐场是海南省的莺歌海盐场。1962年，郭沫若曾写下这样的诗句对莺歌海进行了描绘："盐田万顷莺歌海，四季长青极乐园。驱遣阳光充炭火，烧干海水变银山。"这真是一幅海盐生产绚丽多彩的画卷。你不难想象出，在那平展展的海滩上，有一排排像稻畦般的池子，这就是蒸发池。趁涨潮的时候，让海水流进蒸发池中，经过风吹日晒，水分不断蒸发，盐的浓度逐渐升高。接着把这些浓海水用水泵抽进结晶池中，经继续蒸发后，池底就结晶出一层白花花的盐。然后便可以把它们运往祖国各地。

我国除了有规模很大的海盐生产外，井盐和岩盐也很丰富，已探明储量达500多亿吨，远景储量可达万亿吨之巨。我国的井盐和岩盐主要分布在四川、云南、湖北、湖南、江西、安徽、江苏、河南、山东、广东等10个省。其中四川省是我国井盐、岩盐储量最多、产量最大的重要基地。自贡市素有"盐都"之称。

近年来，在我国找到储量达千亿吨之巨的大盐矿的报道层出不穷。据报道，1987年在江苏淮阴发现储量4 000亿吨的大盐矿；1988年在河南平顶山市发现储量2 000亿吨的大盐矿，在四川省万县、渠县发现储量1 500亿吨和1 000亿吨的大盐矿这些报道有力地证明了我国盐矿资源是十分丰富的。

我国的湖盐和海盐、井盐、岩盐一样，也是很丰富的。目前探明储量已达500多亿吨，其中西北地区占90%以上，青海省最多。而青海省又以柴达木盆地最为丰富。柴达木盆地被称为"盐的世界"。这里仅察尔汗一个盐湖的盐，就够全世界的人食用千年以上。据估计，察尔汗盐湖蕴藏了11万亿元的财富。在这里，你可以见到盐场工人用盐块盖成的一排排银白色的盐屋，这些房子内外皆白，冰清玉润，闪闪发光。屋子里在电灯的照耀下，四壁像水晶般眩目，各种器物都闪烁着淡蓝色光芒，人的脸好似蒙了面纱，朦朦胧胧，若幻若梦，这些只有神话传说中才能见到的景象，却实实在在地存在于柴达木。这种盐屋不仅经久耐用，而且冬暖夏凉，被这里的人称为"水晶宫"；在这里，你还可以见到用盐修建的飞机场和修建在察尔汗盐湖的青藏铁路以及用盐修的篮球场等。

总之，从我国东海之滨，到西部高原盆地；从中州大地，到南国海疆，都蕴藏着丰富的盐。它们的开发利用为我国化学工业的发展提供了充足的"食粮"，为我国化学工业的腾飞插上了有力的翅膀。

5. 工业"味精"——稀土

稀土金属在科技迅速发展的生活的各个领域，并以其神奇的魅力受到人们的宠爱。

稀土并不是什么稀少的土，它和金、银、铜、铁一样，也是金属，只不过它不是一种金属元素，而是镧、铈、镨、钕、钷、钐、铕、钆、铽、镝、钬、铒、铽、镝、鲁、钪和钇共 17 种元素的统称。"稀土"这个名字是因 200 年前的一个误会叫出来的。

1789 年,一个名叫卡尔·阿连纽斯的军官,在斯德哥尔摩附近于特比镇发现了一块乌黑发亮的矿石,他不知道是什么矿石,便命名它为于特比矿。1794 年,一位 34 岁的芬兰化学家加多林对这块矿石作了分析鉴定,他发现这块矿石中有 2/5 的元素叫不出名字。他还发现这些固体氧化物均不溶于水,又有金属光泽。而人们常常习惯把这些不溶于水的固体氧化物统叫做"土",再加上当时看来这些元素又极为稀少,所以把它们都叫做"稀土"。从此稀土金属的名字一直沿用到今天。

现已查明,稀土金属在地壳中的含量并不算太少,平均为万分之一点五,比锌、镍、铜、锡、铅等许多金属元素的含量都多。

含有稀土金属的矿物种类很多,目前已知有 250 多种,主要有氟碳铈镧矿、独居石和鄂博矿等。

稀土金属从外表上看,也没有什么特别之处,它们大都有副朴素的银灰色外表,具有金属光泽,硬度都比较低;它们不仅外表长得相像,而且化学性质也都比较活泼,性格十分近似,17 种金属元素常常共生在一起,要想把它们一一分开,分离出纯的单一稀土的化合物一般是很困难的。因而工业上往往直接利用混合稀土金属。

稀土由于提炼比较困难,应用一般较晚。从发现到应用经历了一个很长的时期。钇、铈、镧等少数几种稀土金属到 20 世纪 50 年代,其余多数稀土金属到 20 世纪 60 年代,才开始工业性生产。也就是说,稀土从被人类发现到应用的经历,真有点"玉在璞中人不识,剖出方知世上珍"的味道。稀土一旦被人们认识以后,便立即以其神奇的妙用,赢得人们深深的喜爱。

由于稀土金属化学性质活泼,能与不少元素发生作用,形成理想的合成材料,所以在铸铁、炼钢和有色金属冶炼中,只要加入万分之几或千分之几的稀土,就既可清除金属中的有害杂质,又能使金属的内部结构更加致密,从而大大改善金属材料的性能,使它们耐腐蚀、耐氧化、耐高温,经久耐用。因而被称做冶金工业的"维生素"。

稀土金属被应用到石油工业部门里,它又成了一种"神通广大"的催化剂。它用于石油的催化裂化,可以使汽油的产量、质量双倍提高。作为催化剂,它可以加速化学反应过程,使石油的处理能力提高 30%。

当玻璃和陶瓷中加入了稀土金属之后,便以其特有的魅力,绝妙的性能征服了人们。例如当它作为脱色剂给玻璃脱色后,能叫玻璃变得更加透光明亮、晶莹洁白,而且还可以提高玻璃的强度和耐热性能,使玻璃即使在烈日下长期暴晒,也"面不改色"。

它作为着色剂,可以生产出色彩缤纷的彩色玻璃。加入铈的玻璃可以用来防护原子能反应堆发出的放射线，钐、钇的氧化物加到玻璃里，可以用于防护中子辐射。用稀土还可以制造出多种多样的光学玻璃、特种玻璃，用于生活、国防和科研。

用稀土抛光粉抛光的精密光学玻璃，不仅光洁度好，而且寿命长。

加入稀土或经稀土处理过的瓷器，色彩异常精美华贵，而且具有经受高温而不裂，消音、电学性能更佳的特性。

稀土荧光粉具有光度高，显色性能好，发射光谱可根据需要进行调节等优点，是其他类型的荧光粉无法与之相比的。彩色电视机的荧光屏上，正是由于涂上一层薄薄的稀土荧光粉，才能色彩逼真地把大千世界展现在我们面前。

把稀土荧光粉涂在灯管内壁上，不仅比普通卤灯亮度大，色彩柔和，而且还可以节电80%。

稀土作为一种新型优质的永磁材料，被誉为"永磁之王"。它的性能比目前任何一种常见磁体都优越，用于电机、电声器件和电子仪表等，可以大大缩小体积，减轻重量。在航空、宇航、无摩擦轴承等方面都得到广泛应用。

稀土在医疗卫生方面，也显示出它神奇的效用，如用稀土材料制作的新型X增感屏，使清晰度大为提高，不少原来很难诊断的病变，现在可准确地诊断出来。形形色色的稀土磁疗器，更可以消炎、止痛、舒筋活血等，从而增强人的免疫能力、增进健康。

特别是用稀土超导材料制做的元件，用于电子计算机，可以使计算速度提高100倍，耗电减少90%，1987年，稀土在超导材料应用技术上取得历史性突破，立即使全世界掀起一股"超导热"。

用稀土材料制做的激光器，具有体积小、效率高、工作性能稳定，可在室温下连续操作等优点。

在原子能工业里，稀土金属钇和钐、铕、钆、镝都是优良制做原子能反应堆的材料。

稀土来到了农业这个大舞台，作为营养素施在了作物上，可使粮、菜、果增产；用于饲养家禽，可使鸡、鸭、鹅产蛋率提高；用于饲养家畜，可使羊毛质量高，可使生猪长得快，瘦肉率提高。

稀土性能优异，用途极广。稀土的应用目前还仅仅是刚刚开始，更加光辉灿烂的成就还在将来。

稀土虽然在地球上并不稀有，但稀土资源在全世界的分布却是极不均衡的。就目前来看，我国是世界上稀土资源最丰富的国家。已探明的工业储量以氧化物计为3600万吨左右，占世界探明储量的76.6%，已知的17种稀土元素，我国应有尽有。

稀土在我国的分布也是极不均衡的。位于内蒙古乌兰察布盟西部的白云鄂博，是我国稀土资源最为富集的地区，这里的稀土资源不仅储量大，而且品种全、质量好。现已探明的稀土储量，约占全国总储量的98%，相当于世界各国稀土总储量的 4 倍，有"世界稀土宝库"的美誉。

在我国，除了白云鄂博以外，江西的重稀土储量占全国首位，轻稀土仅次于内蒙古和贵州，此外，湖南的稀土也比较多。

总之，我国是世界上已知稀土储量最多的国家。特别是用于高技术材料中的中、重稀土元素尤为丰富。因而，充分发挥资源优势，建立我国的稀土工业体系，是时代的召唤，是加速实现我国社会主义现代化的战略需要。

我国稀土金属工业诞生于 20 世纪 50 年代末期，那时只能生产两三种稀土金属产品。一直到 1978 年，我国的稀土产量仅有 1 000 多吨，1978 年后，我国的稀土工业发展极为迅速，1987 年稀土产量已达 15 100 吨，跃居世界第一位；产品质量也显著提高，目前已能生产 100 多种品种，200 多个规格，国外能生产的各种稀土产品，我国都能自己制造。

从 1978 年开始，我国稀土产品开始进入国际市场，这标志我国稀土工业已进入一个崭新的发展时期。美国每年向我国购买稀土几千吨；日本 1986 年进口的 5 547 吨稀土中有 41.3% 来自我国。

为了充分发挥我国稀土的优势，我国先后在包头、上海、兰州、江西、广东建立了五大稀土生产基地，其中，包头是我国最大的稀土工业基地。我国目前已经形成具有我国特色的稀土科研、生产和供应的工业体系。这为我国稀土工业的腾飞打下了坚实的基础。正如有关专家所说的那样："稀土与新产业革命结合十分紧密，中国拥有世界最丰富的稀土资源。稀土对中国经济发展的战略意义，犹如石油对阿拉伯国家。"

6. 古老金属——锡

人类发现最早的金属是金，但没有得到广泛的应用。而最早发现并得到广泛应用的金属却是铜和锡。锡和铜的合金就是青铜，它的熔点比纯铜低，铸造性能比纯铜好，硬度也比纯铜大。所以它们被人类一发现，便很快得到了广泛的应用，并在人类文明史上写下了极为辉煌的一页，这便是"青铜器时代"。后来，由于铁的发现和使用，青铜在我们祖先的生产和生活中才逐渐退居次要地位，但这并没有使锡在人类发展史上，变得无足轻重，相反，随着现代科技的飞速发展，它在工农业生产中，以及尖端科技部门中，有了愈来愈广泛的应用，古老的金属日益发挥着重要作用。

在地壳中，锡的含量是较少的，所以锡是一种比较稀贵的金属。经过多年的研究证明，锡矿床的形成和地壳深处的岩浆活动密切相关。

距今 7 000 万年到 1 亿年前，地球上岩浆活动剧烈。岩浆由地下深处上升时，由于温度、压力等的改变，岩浆中一些易凝固的矿物首先结晶出来，剩下的残余岩浆的一部分侵入岩石空隙中，其中的锡的化合物发生水解生成含锡的锡石。一部分继续向上运动，特别是其中含有大量挥发性物质的岩浆，活动能力特别强，它们就像是锅炉里的高压蒸汽一样，见缝就钻，无孔不入。而锡元素却有个"怪癖"，就是最喜欢和氟氯等挥发性物质"交朋友"，它们结合生成挥发性化合物。当这些气液状态的物质沿着裂隙侵入到周围的岩石中时，在高温高压下由于物质的置换反应而使一部分锡元素结晶出来形成锡矿床；这时，剩下的最后一部分含挥发性物质的气液继续前进，一直冲到凝固着花岗岩的顶部或花岗岩体以外的地方，逐渐变为热水溶液。这时，由于环境的改变，锡的氟化物和氯化物同时发生水解，也形成了锡矿床。当然，上面所说的并不是锡矿的全部成因，有的时候，在靠近地表的地方，由于长期受地下水中的氧和二氧化碳的作用，还会使与锡共生的硫化矿物变成氧化矿物，从而变成锡石——氧化物矿床。但是，锡矿床的演变并未以此停止，特别是那些靠近地表的锡矿床，经过外力的风化、侵蚀、搬运、堆积作用会进一步演变成"次生锡矿床"。

此外，锡还会和好多种矿物结合在一起，形成锡的共生矿床。

现在，已经发现的锡矿物在 18 种左右。其中最主要的一种叫做锡石，是目前炼锡的主要原料。在自然界里，纯净的锡石是很少的，常见的锡石大多数都是深棕黑色或褐色，这是因为它们含有铁、锰等元素之故。锡石的硬度较大，用小刀也刻不动；此外，锡石的化学性质很稳定，在常温常压下，几乎不溶解于任何化学溶剂。所以锡石任凭风刀霜剑和日晒雨淋的破坏，容颜仍旧不改。

锡石还不是锡。锡石要经过矿工的辛勤劳动，从地下开采出来，并用各种方法去掉它所含的杂质，然后把锡石和焦炭、石英或石灰石放在一起燃烧，最后得到的才是金属锡。

金属锡很柔软，用小刀就能切开它；具有银白色的光泽，它的展性很好，能展成极薄的锡箔，厚度可以薄到 0.04 毫米以下。不过，它的延性比较差，一拉就断，不能拉成细丝。它的熔点很低，只有 232℃，因此，只要用酒精灯或蜡烛火焰就能使它熔化成象水银一样的流动性的液体。

此外，锡既怕冷也怕热。这是怎么回事呢？原来锡在不同的温度下，有 3 种性质大不相同的形态。在 13.2℃～161℃的温度范围内，锡的性质最稳定，叫做"白锡"。如果温度升高到 160℃以上，白锡就会变成一碰就碎的"脆锡"。锡对于寒冷的感觉十分敏锐，每当温度低到 13.2℃以下时，它就会由银白色逐渐地转变成一种煤灰状的粉，这叫做"灰锡"。另外，从白锡到灰锡的转变过程中还有一个有趣的现象，这就是灰锡有"传染性"，白锡只要一碰上灰锡，哪怕是碰上一小点，白锡马上就会向灰锡转变，直到把整块白锡毁坏掉为止。人们把这种现象叫做"锡疫"。幸好这种病是可以治疗的，把有病的锡再熔化一次，它就会复原。

历史上就曾发生过这样一件事：1912 年，有一支探险队登上冰天雪地的南极洲探险，他们带去的汽油全部奇迹般地漏光了，致使飞机坠落失事，探险队遭到了全军覆灭的灭顶之灾。原来飞机的汽油桶是用锡焊接的，一场"锡疫"使汽油漏得无影无踪,造成这样一场惨祸。

那么,既怕热又怕冷的锡究竟有什么用处呢?

金属锡可以用来制成各种各样的锡器和美术品,如锡壶、锡杯、锡餐具等,我国制作的很多锡器和锡美术品自古以来就畅销世界许多国家,深受这些国家人民的喜爱。

金属锡还可以做成锡管和锡箔,用在食品工业上,可以保证清洁无毒。如包装糖果和香烟的锡箔,既防潮又好看。

金属锡的一个重要用途是用来制造镀锡铁皮。一张铁皮一旦穿上锡的"外衣"之后,既能抗腐蚀,又能防毒。这是由于锡的化学性质十分稳定,不和水、各种酸类和碱类发生化学反应的缘故。目前,镀锡铁皮不仅广泛用于食品工业上,如罐头工业,而且在军工、仪表、电器以及轻工业的许多部门都有它的身影。

在工业上,还常把锡镀到铜线或其他金属上,以防止这些金属被酸碱等腐蚀。

锡和其他金属混合在一起,可以合成许多种性质各异用途广泛的合金。最常见的合金有锡和锑铜合成的锡基轴承合金和铅、锡、锑合成的铅基轴承合金,它们可以用来制造汽轮机、发电机、飞机等承受高速高压机械设备的轴承。

青铜,这一古老的合金,它目前主要用来制造耐磨零件和耐腐蚀的设备。

如果在黄铜中加入锡,就成了锡黄铜,它多用于制造船舶零件和船舶焊接条等。素有"海军黄铜"之称。

至于锡和铅的合金,它就是通常的焊锡,在焊接金属材料时是很有用的。

在印刷工厂里,所用的铅字,也就是锡的合金。不过由于激光印刷技术的推广,铅字已被逐渐淘汰掉。

锡不仅能和许多金属结合成各种合金,而且还能和许多非金属结合在一起,组成各种化合物,在化学工业上,在染料工业上,在橡胶工业上,在搪瓷、玻璃、塑料、油漆、农药等工业上,它们都作出了应有的贡献。

随着现代科技的发展,人们还用锡制造了许多特种锡合金,应用于原子能工业、电子工业、半导体器件、超导材料,以及宇宙飞船制造业等尖端技术部门,这里就不一一细说了。

我国锡矿资源十分丰富,锡矿的探明储量为 2 600 万吨,占世界探明储量的 1/4,是世界上锡矿探明储量最多的国家。

我国的锡矿在地区分布上极不均衡,主要集中分布在云南南部、广西东北部和西北部。其次是广东、湖南和江西等省。尤其是位于云南哀牢山区的个旧市,是世界已知最大的锡矿藏之一,锡产量居全国第一,约占全国锡产量的 70%,素有"锡都"之称。

总之,锡,这古老的金属。在现代科技飞速发展的今天,用途将越来越广泛,前景将更加广阔。

7. 地壳中最多的金属——铝

什么是地壳中最多的金属？地壳中最多的金属就是铝。现在，几乎任何一个家庭，都少不了铝制的日用器皿，像煮饭的饭锅、炒菜的炒菜锅、盛饭的勺和铲等。它们不仅又轻又不锈，银光闪亮，同时，价格还便宜。所以，深受人们的喜爱。

不过，铝除了用来做锅、勺、铲这些日常用具外，它还有其他许许多多的用途。

如由于铝的导电性能很好，被人们广泛地用来制造电缆。我们目前见到的大部分普通的电线、电缆，一般都是用铝来制造的。

铝还有一个极为突出的特点，就是轻。但由于纯铝很软，人们便常常在铝中加入少量的其他金属，制成强度很高的硬铝合金。世界上目前制造的新型铝合金，其强度已达到钢的水平；但重量却只有钢的1/3。人们根据铝合金轻而强度高的特性，便广泛使用铝合金来制作各种飞行器，像飞机啦，火箭啦，甚至宇宙飞船等等，因此铝也就有了"飞行金属"的雅称。

人们还用铝合金制造诸如打字机、汽车发动机、机器零件、家用器具和包装物等。

此外，在冶金工业上铝土矿还被用做生产耐火砖和水泥。

铝在地壳中的含量是极为丰富的。它占地壳总量的7.45%，是地壳中含量最多的金属。在日常生活中，我们弯腰随便抓一把泥土，其中就含有不少（10%至20%以上）的氧化铝。问题是，怎样才能把金属铝从中提炼出来呢？

从一般的泥土中提炼铝，成本太高。现在用来提炼铝的矿石叫做"铝土矿"，又叫铝矾土。铝土矿，我们在大自然中是常常见到的，但许多人是不认识的。这是因为我们在自然状态下见到铝土矿大都块状、鱼卵状或土状，它与普通黏土在外表上很难区别的缘故。纯的铝土矿一般为灰白色，但由于铝土矿中常含有铁、硅、镁等杂质，因而常呈褐、黄及淡黄等色，看起来光泽暗淡。因此常被误认为无用的岩石或黏土。难怪人们把它叫"土"呢！

铝土矿一般是含铝的岩石，被外力风化或者沉积之后形成的。

铝制品之所以能做到价廉物美，广泛普及，主要与大规模生产金属铝有关。

铝在大自然中是那样的普通和那样的多，但它的生产却历经艰难。

铝与铁、铜等古老的金属相比，发现和使用的时间较晚。它是在1825年才被英国化学家戴维制出的。为什么铝的生产这么晚呢？这是因为铝的化学性质非常活泼，极易与氧形成氧化铝。因而，炼铝也远不像用熔炼法炼钢铁那样容易。提炼铝通常分为两步，首先从铝土矿中提出纯净的氧化铝，然后电解氧化铝，方可得到金属铝。由此可见，生产铝不仅工序多，而且要消耗大量的电。这在人们还不大会用电的20世纪初期，要想从氧化铝中提炼出金属铝来，真是太困难了。所以，那时的铝，其价格比黄金还贵。据说在20世纪，俄国宫廷举行的一次盛大舞会上，某公爵夫人戴了一些银白色的手镯、戒指、耳环等，引起了在场所有的贵夫人的惊叹与倾羡。因为，这些首饰就是用当时比黄金、白金还要珍贵得多的金属铝制成的。

随着时光的流逝，科技的进步，人们生产铝的规模越来越大，铝也越来越多。因而，用铝制的首饰在今天来说，充其量只不过是小孩的玩具罢了。

铝还有一种不含有一点杂质或水分的纯氧化铝，也就是刚玉。刚玉的成因复杂，它是含有大量氧化铝但缺硅的岩浆结晶时，或者含氧化铝的岩石发生变质和风化时形成的。刚玉的最大特点是硬，它的硬度仅次于金刚石，因此，过去常用它来做磨料，现在已被金刚砂代替了。完全透明而颜色美丽的刚玉，是著名的贵重宝石。根据颜色的不同，分别有白宝石、黑星石、金宝石、红宝石、蓝宝石等。

天然红、蓝宝石，由于价格太昂贵，工业上是用不起的。经多年研究，人们已能人工生产红、蓝宝石了。它们主要用来制造钟表和各种仪表的轴承，还用来做小型仪表的玻璃。以及作为激光材料。

我国的铝土矿是很丰富的。探明储量已在 11 亿吨以上，仅次于澳大利亚、巴西、几内亚，居世界第四位。我国的铝土矿在分布上是极不均衡的，主要分布在山西、河南、贵州、山东等省。像山西的孝义、河南的巩县、贵州的修文、山东的淄博等地均有储量相当丰富的大型铝土矿藏。

随着我国地质勘探事业的发展，必将有更多的铝土矿藏被发现，我国的炼铝工业也必将得到高速发展。

8. 金属"轻骑兵"——镁

镁被作为金属中的"轻骑兵"。它比铝还轻，而且它在地壳中含量次于铝，它的丰度为铝的 1/4。

镁的化学性质比铝更活泼，因此，要从矿石中提取它，更为困难。工业制取镁，常利用在钾的矿床中发现镁的复盐光卤石。或将白云石分解为氧化镁再用硅铁还原。好在海洋是它的一个丰富的来源。它大量存在于海水中，人们知道，海洋中所有的各种溶解物相当于海水总量的 3.5%，在这些溶解物中，有 3.7% 的镁离子。因此，在海洋里含有 2000 亿吨镁，可以说是取之不尽，用之不竭了。事实上，凡是能够以某种划得来的成本从海水中提取出来的任何一种元素，都可以看做是取不尽、用之不竭的元素，因为它在用掉以后，最后又会回到海里。据估计，如果在 100 万年以内每年都从海水里提取 1 亿吨镁的话，海洋里的含镁量只会从目前 0.13% 下降到 0.12%。

有些国家从海水中吸取镁，选用的办法是先把海水泵进巨大的储槽里，然后加进氧化钙（氧化钙也是从海中，即从牡蛎壳中取得的）。这样，使海水中的镁离子形成氢氧化镁，由于氢氧化镁是不溶解的，它会从溶液中沉淀下来。在氢氧化镁加进盐酸后，氢氧化镁就会转变为氯化镁，进而可得到焙烧过的氯化镁。再将熔融的氯化镁进行电解，便制得金属镁。这种类似生产铝的过程，当然需要消耗大量的电能。

纯镁并不做结构材料使用，因为它的强度不高。而且镁是可燃金属，它在温度550～600℃时就会剧烈燃烧。但镁可与铝、锌、锰等金属制成合金。它们之中最主要的两组是镁、铝、锌合金和带有少量钍或锆添加物的镁、铈合金。

镁合金最主要的优点在于它能很好地进行切削加工。在同样的切削速度条件下，其切削应力，镁大约是黄铜的1/2，而只是钢的1/6。

镁合金可以制造飞机、快艇，可以制成照明弹、镁光灯，还可作为火箭的燃料。人们日常用的压力锅及某些铝制品中也含有镁。农业有一种镁肥，其主要成分就是镁。镁是组成植物叶绿素的主要元素，又能促进作物对磷的吸收作用。作物缺镁，光合作用就减少，生长停滞，叶片发黄并出现斑点，镁还是冶炼某些珍贵的稀有金属（如钛）的还原材料。

镁砖是含氧化镁80%～88%以上的碱性耐火材料，它能耐2000℃以上的高温，对碱性炉渣有高度稳定性，主要用于碱性炼钢平炉和其他碱性冶金炉以及水泥窑的炉衬。镁氧水泥是由轻质氧化镁粉末与氯化镁或硫酸镁溶液调制而成的胶凝材料，硬化快，强度高。可掺和木屑、刨花等为填料，用做建筑材料，也用于制造人造石、刨花板等。氯化镁还可以做凝乳剂。点豆腐的卤水，其主要成分就是氯化镁。在医药上常用硫酸镁做泻药。

金属镁主要是从菱镁矿、海水中以及湖盐中提炼。菱镁矿不仅可提炼金属镁，还是重要的耐火材料和水泥原料。我国的菱镁矿很丰富，储量占世界总储量的60%以上，产量也居世界首位。

当今世界上生产海水镁矿的3个主要国家分别是美、日、英。目前，美国共有7家公司的8个工厂生产海水镁矿，年生产能力为77.5万吨，占全国镁矿生产总量的74%，成为世界上海水镁矿生产最多的国家。

日本生产海水镁矿的能力达到年产70万吨，位居世界第二位。

目前世界海水镁矿的年产量已达270万吨，约占镁矿总产量的1/3。我国由于陆地天然菱镁矿资源丰富，镁及镁的化合物的来源主要靠陆地解决，只是根据需要每年利用制盐卤水生产一些氯化镁。我国海水镁矿的开发，近10年进行了一些研究和试生产，研究的内容包括产品种类、海水预处理、沉淀剂、降硼等方法，并取得了可喜的成绩。

9. "划时代金属"——钛

如果说铁是19世纪中叶轰动世界的金属，铝是20世纪初期轰动世界的金属，镁是20世纪中叶轰动世界的金属，那么，下一个轰动世界的新金属将是钛——人称"划时代金属"。

钛对于我们来说是比较陌生的。因为我们真正认识它的本来面目只是近年的事情。钛是一种不寻常的金属，它兼有质量轻、强度大、耐热耐冷、耐腐蚀和原料丰富五大优点。

如钛的比重比钢轻近一半，但强度却比不锈钢高3.5倍，比铝高近20倍，在-253℃~500℃的温度范围内，它能镇定自如，仍保持其高强度。我们在分类时往往把钛算做"稀有"金属，这的的确确有点名不副实。它在地壳里含量占地壳的1‰。这个数字告诉我们，它的储量比银的蕴藏量多几万倍，比锡高上百倍，铜的蕴藏量也只有它的几十分之一。

钛由于有上述极为独特的优点，因而在目前，尤其是未来有着极为广泛的用途，故又有"未来的金属"之称。

飞机是用什么金属制造的？铝镁合金是制造飞机的主要材料。但随着航空工业的发展，飞机的飞行速度也越来越快。特别是当飞机的飞行速度达到音速两三倍时，飞机表面与空气摩擦产生的高温可达摄氏四五百度。这时铝镁合金便难以承受，就必须由钛合金来取而代之了。因此，钛和钛合金便成为制造飞机、枪炮、船舰等现代武器不可缺少的材料。如果用钛制造坦克的履带，可使坦克重量减轻40%，这对提高坦克的机动能力来说，真是太有用了。

除了飞机之外，钛在宇宙空间还大显神通。现在，钛及钛合金主要用来制造火箭、导弹发动机的外壳，燃料和氧化剂的储箱以及宇宙飞船的船舱、骨架等等，可使导弹、火箭、宇宙飞船的体重减轻数百公斤。这不但能很好地改善它们的飞行性能，而且可以节省大量昂贵的高级燃料，降低制造和发射费用。所以，人们又把钛称做"空间金属"。

钛还有极高的抗腐蚀能力，有人曾经把一块钛片扔到海里，5年之后捞出来一看，钛片照样闪闪发光。由此，钛及钛合金便又成为制造军舰、潜艇、船舶部件的材料。用钛制造的潜水艇，不仅经得起海水常年累月的腐蚀，而且由于重量大大的减轻，可比不锈钢制造的潜水艇潜水深度增加80%。

不怕酸碱腐蚀的钛及钛合金，还被人们广泛应用于石油化工、冶金、制药、造纸、纺织、漂白、食品、电镀等工业部门，让其大显身手。

钛还有一个"怪脾气"，就是非常乐意和氧、氮结合在一起。不过，它和氧、氮的结合，对我们来说有时并没有什么好处。这是因为钛只要和氧、氮一接触，哪怕是吸收了千分之几的氧和氮，就会变成毫无价值的东西。钛的这一特性给我们提炼钛增加了相当的困难。但我们也可以把坏事变好事。比如，我们让钛粉和氧气迅速结合并燃烧，便能够产生强烈的高温和光辉。我们不止一次地看过节日夜晚绚丽多彩的焰火吧？这里就有钛的一份功劳。我们还可以根据这个原理，制造军事上常用的信号弹。我们还可以利用钛对空气的强大吸收力，除去空气，造成真空，这对电子计算机、原子能等工业来说，有着极为重大的意义。

钛还可以应用于医疗上。人的骨头坏了，用钛片、钛螺丝钉修补，几个月后，骨头就重新生长在钛片的小孔和螺丝钉的螺纹里，新的肌肉就包在钛片上。这样，骨头就和真的一个样子。据推测，用这种材料制成的人工关节可连续使用140年。

由于钛的高强度、耐高温和耐蚀性，加上它质轻的优点，在未来的工业技术中，无疑将越来越占据显著的地位。那时制取钛和它的合金的方法将更为完善。很可能用钛合金制成的汽车不久将出现在马路上。钛合金制成的车身与铸钢制成的车身相比，将减轻一半的重量。其实，现在在欧洲城市的街道上可以遇到几十种形形色色的时髦自行车，这些自行车不仅结构不凡，而且用于制造框架的传统材料——钢，已经开始让位给其他金属。用钛合金制造的自行车，每辆总共只有7公斤重。

这些年来，掀起了世界性的超导研究热潮，我们中国走在了世界超导研究的前列，特别是用钛合金研制的超导材料，是许多国家望尘莫及的。

钛的化合物也有许多重要用途。如军事上的四氯化钛可以制造人造雾来迷惑敌人。

而二氧化钛又叫钛白，许多东西只要一挨它，马上就会变得雪白。它是白油漆里最好的颜料，也是世界上最白的涂料，它还可以做人造丝的减光剂，白色橡胶和高级纸张的填料等。钛酸钡还是发射和接收超声波的极好材料，用它制造的超声波鱼群探测仪、水底探测仪、金属探伤仪等等，像一双犀利神奇的眼睛，用于探测鱼群的行踪，侦察水下情况，检查金属的伤病等等，它们已成为我们生产活动的好助手。

钛的老家在陆地上的岩浆岩中，岩浆岩被外力破坏后，被河流搬运到海边沉积下来，形成含有钛的钛铁矿和金红石，它们是钛的重要来源。此外，主要的含钛矿物还有钛磁铁矿、钙钛矿等，它们大都分布在地质历史时期岩浆活动剧烈的地方。

我国是世界上钛储量最多的国家。我国钛的探明储量占世界探明总量的72%，这是高速发展我国钛工业极为有利的条件。

钒和钛像孪生姐妹一样，形影不离地住在一起。纯净的钒是没有什么用处的，但钒合金却有广泛的用途。如钒铁合金是制造船舶、钢轨等的好材料；钒铝合金由于有轻、硬、耐腐蚀等特点，更是制造水上飞机、汽艇等的专用材料。此外钒合金还广泛用于其他机器制造方面。我国也是世界上钒最多的国家，我国钒的储量占世界总储量的68%以上。

我国最大的钒钛蕴藏地和生产基地，是位于四川和云南交界处崇山峻岭中的攀枝花。

攀枝花正好位于攀枝花—西昌大裂谷上，地质历史上多次剧烈的岩浆活动，使这里蕴藏了我国20%的铁、87%的钒、93%的钛，还有数量惊人的镓、钪、钴等稀有金属。此外，还有丰富的水力、木材和煤炭。

攀枝花之所以闻名世界，就是因为它有世界一半以上的钒和钛。神奇的土地哺育了一代又一代不断创造奇迹的人。这里不仅已成为我国十大钢铁企业之一，更重要的是已成为世界闻名的钒钛生产基地。特别是攀钢人创造的用普通大型高炉一次性炼钢提钒钛新工艺，这在世界上是独一无二的。攀钢的崛起，不仅使得我国成为世界上最主要的钒钛生产国，也为我国实现工业现代化奠定了基础。

10. "工业黄金"——铜

铜是人类普遍使用最早的金属。人类在经过漫长的石器时代之后，在劳动中最早发现并使用的金属就是铜。人类也就是从这时起，开始用金属来制造自己必需的武器和生产工具。由于这一时期人类使用的武器和工具主要是用铜制造的，故而我们把这一时期叫做"铜器时代"。据考古研究证明，埃及人早在公元前就已认识铜了。我国劳动人民也早在4000年前就已开始使用铜，是世界上最早使用铜的国家之一。由于铜器比石器好用得多，而且损坏了可以再冶炼重新制造。因而，铜器的使用标志着人类发展史上的一个重大进步。

我们的祖先一开始使用的是纯铜，即红铜。红铜之后，发展到使用铜锡合金的青铜。青铜熔点比红铜低，硬度大，而且又比较耐腐蚀，因此得到广泛的应用。距今两三千年前的商、周时代，我国当时已有世界上规模很大、发达的青铜器制造业。当时已不止能制造小型的器物，还能制造大型的食具、酒器和武器。如著名的司母戊大方鼎，高137厘米，长110厘米，宽78厘米，重875公斤，造于商代后期，是我国青铜时代杰出的代表作。

据研究，商代冶炼青铜的铜矿物主要是孔雀石。这是因为孔雀石是含铜的硫化矿物在地表氧化，然后与矿物发生化学反应而形成的，它常呈美丽的绿色和翠绿色，十分引人注目，同时孔雀石的熔点比较低，容易从中炼出铜，因此利用得最早。

铜之所以最先被我们的祖先发现并使用，不外乎有这样几点原因：一是铜经常以自然铜状态出现。而自然铜不需冶炼就能使用，这对人类来说是很省事的；同时它的美丽的红色的灿烂的金属光泽很引人注目。二是即使不是自然铜，铜的一些氧化物也是比较容易冶炼的，而且冶炼的方法很容易发明。三是铜的硬度不大，便于加工。

在自然界中，含铜的矿物约有170种，但现代工业用来冶炼的矿物仅12种。由于铜和硫是一对很好的朋友，常常形影不离地待在一起，因此，在自然界，铜主要是呈硫化物产出。含铜矿物中最主要的是黄铜矿、斑铜矿、辉铜矿三种，它们的含铜量通常在35%～80%之间。

这些形形色色的铜矿物的形成，最初均与岩浆活动有关。当岩浆侵入地壳中的时候，由于温度、压力的改变，其中的铜元素结晶形成含铜的矿床；如果岩浆侵入石灰岩或白云岩中时，灼热的岩浆往往在与石灰岩、白云岩的接触地带发生化学反应（置换反应）而生成铜矿床；有时岩浆侵入其他岩石的裂隙、孔隙或空洞中时，岩浆中的铜元素在这些裂隙、孔隙或空洞中沉淀出来也可以形成铜矿床。此外，在火山爆发时，温度极高，压力很大的岩浆也侵入地壳或喷出地表的时候，也可以形成很大的铜矿床。和其他许多矿床的形成一样，原来铜矿床如果露在地表时，在外力的作用下，也可以形成沉积铜矿床。

铜有美丽的红棕色光泽，性柔软，用小刀也能刻动它，比重较大，比同体积的水重 8～9 倍。它的展性和延性都很好，能压成很薄的铜片和抽成很细的铜丝。铜的导电性仅次于银，比其他任何金属都好。因而在电机机械、电力传输线、通信电缆等的制造业中占有重要的地位，也就成为电器工业铜的最大用户了。也就是说，它是实现电气化必需的物质基础。此外，铜还有很强的传热性和化学稳定性，在有机化学工业中有广泛的用途。如制糖工业的真空器，制酒用的蒸馏锅、酿造锅、冷藏器、加热器等都是用铜制造的。

铜还有一个重要的性质，就是它可以和许多金属熔成具有不同用途的合金。铜的合金在机械工业等方面，也有较多的用途。

铜的硫酸盐还可以做果树的杀虫剂和木材防腐剂。

铜在地壳中的含量算不上很丰富，它只占地壳总重量的 0.01%。就目前全世界铜的探明储量而言，约合金属铜 3 亿多吨，看来这项资源还是比较紧张的，不过由于每年都不断地发现许多新的铜矿，这又给我们增添了信心和希望。

我国的铜矿资源在全世界来看，还是比较丰富的。目前的探明储量已达 5000多万吨，约占全世界的 13.15%，仅次于世界著名的产铜国智利、美国，居世界第三位。

新中国成立以来，由于广大地质勘探人员的辛勤劳动，在我国辽阔的大地上，发现了多处储量巨大的铜矿。例如江西的德兴，云南的东川，安徽的铜陵，湖北的大冶，甘肃的白银、金昌，西藏的昌都地区以及横断山区等地都是我国著名的铜矿基地。尤其是江西的德兴，已探明储量达 900 万吨，远景储量还可能进一步扩大，是世界少有的特大铜矿之一。此外，横断山区金属成矿带上，探明储量也不少，达 700 多万吨。西藏的昌都地区发现的特大铜矿，其探明储量也达600 多万吨。所有这些铜矿床的发现和开发，对我国的电气化的实现将会作出重要的贡献。

11. 高熔点金属——钨和钼

在各种金属中，钨是最难熔化和挥发的金属，它的熔点高达 3 380℃，沸点达5 927℃；钼的熔点也很高，也达 2 600℃。从耐高温的本领来看，大家最熟悉的铁、铜等金属是根本无法与钨、钼相比的。特别是钨，它是真正的"烈火金刚"。

　　钨不仅耐高温，而且硬度在金属里也是数一数二的，可奇怪的是，有着钢筋铁骨的钨却有少见的可塑性。比如，我们采用特殊的方法，用金刚石做拉丝模，可以把直径只有 1 毫米的钨丝，拉成比头发丝还细几十倍的细钨丝。说来你也许不会相信，一根 1 公斤重的钨棒，竟可以拉成长达三四百公里的细钨丝。

　　这种钨丝有许许多多的用途。

　　我们常见的白炽灯，灯泡里的灯丝就是钨丝。它比最早的电灯泡里用的碳丝要结实得多。这主要是由于钨的熔点高，不怕高温。在电照明技术发展史上，钨在白炽灯里的应用是一个极为重要的里程碑，其意义非常重大。

　　钨丝和钼丝，它们不但可以做灯丝，还可以做电阻丝，用钼丝做电阻丝的高温电炉，可以烧到 1 200℃ ～ 1 700℃ 的高温。如果是钨丝电炉的话，其工作温度可高达到 3 000 多度。

　　用钨丝、钼丝配合制成的热电仪，是测高温的好助手。

　　此外，钨和钼还可以用来制造灯丝支架，电流引线以及 X 射线管、高真空放大器、高压整流器等的电极和有关元件。

　　作为一种微量元素，钼还是庄稼所需要的肥料元素之一，施用这种肥料，能够促进作物的固氮作用，从而大大提高诸如小麦、豆类等农作物的产量。

　　钨和钼不仅耐高温，它们的硬度也很大。因而它俩好像使钢铁"强身健体"的补药一样，用量少，作用大。如果我们用含有钨和钼的合金钢制做工具的话，比普通钢铁工具的强度要高出好多倍。如我们用含钨 1% ～ 6% 的锰铬钒钢来制造锯片、铣刀、钻头等，其强度、硬度、弹性、耐磨性等都比普通钢制做的要好得多。有一种含钨 3% ～ 15% 的钨铬钴合金，不仅硬度大，而且有很高的耐高温、抗腐蚀本领，把它覆盖在易磨损的机器零件上，可使其寿命延长几十倍。再如，含钼的不锈钢，可以做汽车和飞机耐高温、耐高压、抗腐蚀的零件，破碎机的磨碎设备、大口径抗高压的管道等。

　　特别是枪炮、装甲车、坦克等武器，用含钨、钼的含金钢来制造，那真是如虎添翼，势不可挡。所以钨和钼被世界各国看做是重要的战略物资。

　　常言道："工欲善其事，必先利其器。"目前，高速车床切削金属的刀具、钻井用的钻头等，通常都是用钨钢和碳化钨合金制造的。用钨钢来做车床上的车刀，那可真所谓"削铁如泥"。在没有钨钢之前，车床的转速每分钟只有几米，再快了车刀就要损坏。有了钨钢之后，车床转速即使每分钟达到几百米甚至更高，温度上升到摄氏五六百度或更高，车刀仍然平安无事。因而钨钢车刀的出现，大大地提高了机械加工的效率，是金属切削工艺上一次重大突破。

　　此外，用钨和碳化物生产的硬质合金，其性能比钨钢还优良，它的硬度比金刚石毫不逊色，有着极为广阔的应用前景。

　　耐高温、硬度大是钨、钼的特长，为了物尽其用，人们又把它们用到了火箭、导弹、超音速飞机、宇宙飞船、航天飞机等上面。比如喷气发动机的进出口导管、涡轮叶片、导流片、燃烧室以及宇宙飞船的头锥等的制造，通常都用钨、钼合金来制造。

具有特殊意义的是，我们未来的宇航工具很有可能是离子火箭。而金属钨则很有可能就是制造离子火箭发动机多孔离化器的待用材料。由于用钨制作的这种离化器能利用太阳能进行工作，重量轻、效率高、寿命长，因而受到人们极大的重视。

钼除了耐高温、硬度大之外，还有很高的抗腐蚀本领，所以，钼合金还常常被应用到化学、制药等工业上。

我国有着丰富的钨矿资源。我国的钨矿不仅储量极丰富，而且质地优良。我国钨矿的探明储量占世界总储量的50%，是世界上钨矿最多的国家。通常，能够冶炼金属钨的钨矿主要有黑钨矿和白钨矿两种，它们都是在地质历史时期岩浆活动过程中形成的。钨矿在我国的分布极不均匀，主要分布在江西、湖南、广东、广西交界处的南岭山脉。特别是江西南部的大余，是世界最大的钨产地，有"钨都"之称。但近年来发现的湖南郴县柿竹园矿，其钨矿储量大大超过了江西的大余，这里钨的储量占世界总储量的1/4，即使是美国、加拿大、俄罗斯3个国家的钨矿储量加起来，也没有柿竹园的多。在不久的将来，这里将成为世界新的"钨都"。

我国不仅钨矿丰富，钼矿的探明储量也居世界第一位。我国的钼矿主要分布在东北的辽宁、吉林、黑龙江，华北、中南、西北的河北、河南、陕西等省。其中，辽宁的杨家仗子和陕西的金堆城是世界闻名的钼矿产地。

12. 高能金属——锂

如果说，有一种金属轻得出奇，它可以浮在汽油上，你听后大概是不会相信的；如果说，有一种金属十分软，用小刀毫不费劲就可以把它切成片，你听后也许还是不会相信。但是，这种金属确实是有的，它就是金属锂。锂是自然界最轻的金属，它的密度只有0.543，也就是说，锂比水、柴油、煤油、酒精、汽油，甚至水蒸汽都要轻。如果我们用锂做一架小型飞机，只要两个人就可以把它抬走。

锂除了体重特轻和非常软之外，还富有延展性，可以打成薄片，也可以拉成丝，加工起来很方便。

锂的外表十分漂亮，它能发出极为耀眼的银白色光辉。它性情活泼而好动，有很强的化学反应能力，一接触潮湿空气，马上就会黯然失色，成为又黄又黑的"丑小鸭"。如果把锂放到水里，它会和水发生剧烈反应，夺取水中的氧而把氢放出来。因此，为了不发生意外，我们只好把它放在煤油或石蜡中贮存。

那么，像锂这样一种既轻又软，怕水又怕空气的金属，究竟有些什么用处呢？

现在许多家庭都有了电视机。电视机的荧光屏是把荧光物质涂在玻璃上做成的；不过这可不是一般的玻璃，它是一种加了锂的锂玻璃。加了锂制成的特种玻璃，由于不怕酸碱腐蚀，受热膨胀也不厉害，常常被用到化工、电子和光学仪器上。

加了锂的陶瓷，耐腐蚀、耐磨、坚固耐用，温度剧烈变化也不会变形或破碎。把含锂的陶瓷涂料涂到钢铁或者铝、镁金属的表面上，形成一层薄而轻，光亮而耐热的涂层，可以用做喷气发动机燃烧室和火箭、导弹外壳的保护层。

人们知道，机器要用润滑剂来润滑，而加了锂化合物的特种润滑材料有很大而不寻常的功能。它在滴水成冰的寒冬不会凝固，在200℃的高温下也不会变成气体。目前这种润滑剂已被广泛地用到航空、动力、冶金部门的各种机械装置和仪器仪表中。

锂还十分喜欢和多种气体在一起，由此而被称做"制造氢气的工厂"和"贮存氧气的仓库"。

锂和镁、铝、铍等合作组成的合金，既轻又强韧，被大量地用于导弹、火箭、飞机等的制造上。

威力强大的氢弹里的氢可不是普通的氢，它是用锂生产出来的重氢，即氘氚。用锂还能制造氢化锂、氘化锂和氚化锂。氚化锂即氢弹的"炸药"。1公斤氚化锂的爆炸力相当于5万吨烈性梯恩梯炸药。因此，锂还有"高能金属"的称号。

据估计，1公斤氘和氚的混合物，有使一列火车从地球开到月球上去的能量。1公斤锂通过热核反应放出的能量，可以相当于燃烧2万多吨优质煤。如此说来，假如要是能用氢来做燃料的话，那该多好啊！可是氢弹里发生的爆炸过程是一种人们无法控制的热核反应。因而，受控热核反应就成为世界性的重大科研课题。不过，经过科学工作者们多年的探索和研究，目前人类对受控热核反应这个世界性科技难题，已有所突破。我们相信，在不久的将来，我们一定能攻克这个顽垒。到那时，我们将会有取之不尽，用之不竭的能源，我们将会把海水看得跟石油、煤一样宝贵。

此外，锂还有其他许多重要用途。尤其是尖端科学技术中，用途极为广泛。像宇宙飞船、洲际导弹、火箭、喷气式飞机所用的高温固体燃料里，都含有锂。

有锂参加制做的锂高能电池，具有重量小，贮电能量大，充电速度快，适用范围广，生产成本低等许多优点，在国防上有重要的作用。如用锂电池来开动汽车，其行车费用只有普通汽车的1/3。锂电池如果用在电车上，工作时不会产生有毒有害气体，有利于减轻大气的污染。

特别是用于心脏起搏器的锂电池，可靠、轻小、寿命长。这种起搏器移入人体后可使用15年，目前，美国每年约有10万个起搏器植入人体，给患者以第二次生命。

锂的用途竟很广泛，作用也非常大。

锂虽然属于稀有金属，但它在地壳里的含量是怎么也算不上"稀有"的。因为自然界里的大多数岩石中都含有锂。已知含锂的矿物有150多种，其中主要的有锂辉石、锂云母、透锂长石等等。

除含锂的矿物外，海水里锂的含量也不少，总储量达 2 600 多亿吨。只可惜浓度太小了，每立方米海水中仅有 0.17 克锂，这要是提炼出来，实在太困难了。要使广阔无垠的海水成为有用的锂矿，还有待人类努力。

不过，大自然的发展变化有时无意中帮了人类的忙。"沧海桑田"是地质历史时期常有的事。亿万年来海陆的变迁，使有些过去的海洋和盐湖，后来上升并干涸成为陆地，海水和湖水中的食盐、氯化镁和氯化锂也浓缩为卤水，其中氯化锂的浓度要比原来海水和湖水的浓度高得多，这样这些湖泊便成为我们今天生产锂的重要基地了。

生产锂通常需要经过一系列复杂的生产工艺，最常见的就是熔盐电解法，每炼 1 吨锂一般要耗用几万度电。因而被称做"电老虎"工业。

我国的锂矿资源非常丰富，锂的探明储量目前居世界首位。主要分布在西藏、新疆、青海、江西等省区。西藏由于有丰富的湖盐资源，所以它是我国锂矿资源最为丰富的地方。总之，锂是一种极为重要的战略资源，在生产和生活中有着极广泛的用途，我国锂的生产和应用前景十分广阔。

13. "金属之王" ——黄金

黄金主要以游离态存在于自然界中，它总以自己的光泽吸引着人们，所以，黄金是人类最早发现和利用的金属之一，一向被称为"金属之王"。耀眼的金黄色，使黄金具有美丽的外表；稀少的产量，使黄金成为古今中外引人注目的金属。

黄金的一个突出特点就是比重大而硬度小，它的比重高达 19.37。1 千克黄金的体积，只相当于每边长 3.71 厘米的立方体。黄金很软，用指甲都可以在它表面划出痕迹。黄金的熔点比较高，达到 1065℃，因而有"真金不怕火炼"之说。黄金还不会腐烂，化学性质十分稳定，从低温到高温，从室内到室外，从地下到地上，一般不氧化，也不溶于一般的酸和碱，但王水却是它的"克星"。（王水是 1 份浓硝酸和 3 份浓盐酸的混合液，腐蚀性极强，能溶解金、铂和某些在一般酸类中不能溶解的金属。）

不仅如此，黄金的延展性和可锻性很高。例如，用 1 克黄金可以拉成 4 千米长的金丝，或者压成厚仅十万分之一毫米的金箔 28 平方米，也就是说，黄金压成的最薄金箔，10 万张才一毫米厚。黄金还具有良好的导热性以及比许多金属都高的导电性。

正因为黄金有这么多与众不同的个性，再加上它在自然界的出产数量很少，所以使其具有极高的身价和广泛的用途。

黄金在传统上主要是用来作为货币和制造装饰品。黄金制的装饰品除各种首饰如戒指、项链、手镯等外，还用于建筑物上的描金、贴金及镏金，由于黄金不氧化，所以能经久不变。如天安门广场上的人民英雄纪念碑，上面的题字即经过馏金，这些字虽经长期的雨淋日晒，但仍然金光闪闪。

黄金还用于器皿装饰、镶牙、笔尖、奖章等。

黄金最突出、最重要的用途之一，就是由于其出众的品性、艳丽的光泽、稀少的产量而被用做稳定货币。但黄金作为货币流通时，遇到的突出问题就是容易磨损，据此人们便想出了日常用较便宜的银币、铜币及纸币的办法。纸币刚开始使用时，为了取得使用者的信任，就规定它代表一定量的黄金，并在必要时，可以凭纸币向银行兑现黄金，这叫"金本位制"。虽然目前世界各国仍都用纸币，金本位制也由于通货膨胀而不复存在了，但黄金储备的数量，仍是衡量一个国家经济实力的标志。黄金在世界经济中仍然起着重大的作用，它是目前国际贸易的重要支付手段，是对外贸易的后盾，比任何外汇更可靠。也就是说，直至今天，黄金仍然是财富的象征。

随着现代科学技术的飞速发展，特别是20世纪50年代以来发生的，以微电子技术的发展及其普遍应用为主要标志的新的技术革命，使黄金广泛地应用于工业及新技术领域。比如作为焊接材料用于火箭、喷气发动机、超音速飞机、核反应堆等需要在高温条件具有高强度、高抗氧化能力部件的接缝和接点，用做高精密仪器电子部件和导线以确保指令传送不产生1毫秒的中断。在机械工业中，黄金与其他金属的合金因具有较高的强度和稳定性而被广泛使用；黄金还被用于作各种仪表关键性零件的抗腐镀料。在石油化工中，黄金的放射性同位素被用来代替铂作为催化剂，它能提高燃料的燃烧率50%。

黄金还被用于生产人造纤维的抽丝模。

黄金在目前最引人注目的用途之一，是在宇宙飞行员的衣服上和救生索上镀上一层不到万分之二毫米厚的黄金，就能使宇航员免遭辐射和太阳热量的危害。它用于消防队员的面罩上，可防止面部受到高温的烤伤而又不妨碍视线。

黄金还可以用做盛装腐蚀性气体的高压容器的里衬。它能测量最高和最低温度，能润滑机器的灵敏的活动部件。

建筑业上，黄金用于摩天大楼的窗户上，能使照射进来的阳光不刺眼，它还既能阻挡室外的热辐射，又能反射室内的暖气，这样就可节约用于空调和热力的开支。此外，黄金还可以治疗某些种类的风湿性关节炎。

随着现代科学技术的发展，黄金的实用性将会得到更充分的发挥。

目前，世界上已知的金矿物共40余种。黄金的矿床一般分为岩金和砂金两大类。岩金的形成与火山活动及岩浆活动有关，它是黄金的原生矿床。是由地壳内部含金元素的岩浆，在地质历史时期因地壳运动上升，充填于地表岩石的裂隙中冷却凝结聚集而成。砂金则是含有岩金的岩石受到外力的风化破坏后，在被流水搬运过程中，黄金由于比重大而在特定的区域沉积下来后，在微生物活动的影响下而形成的次生矿床。

黄金之所以贵重的原因之一是产量比较稀少。其实，地壳中黄金的绝对数量并不算太少，例如从地表到地壳 1 千米的深处，黄金的总量估计不低于 50 亿吨。也就是说，黄金之所以产量少，是因为黄金分布太分散了而无法提炼的缘故。

人类发现黄金已有约 6 000 年的历史，从那时到现在，估计已开采了 9 万吨左右。我国在 4 000 多年前的夏朝就已开采和使用黄金，到汉朝时已有相当可观的产量。

我国是黄金资源相当丰富的国家。我国绝大部分地区都具备黄金的生成条件，目前初步查明，全国有 27 个省区均有黄金矿点分布。已发现有黄金资源的县约有 1 000 个，采金的县达 400 多个。省区中以山东、黑龙江、湖北、河北、河南、广西、西藏、四川、陕西、云南和新疆等省区最为集中。我国已探明金矿储量居世界第四位，近年来我国的黄金产量居世界第四位，已成为亚洲地区重要的黄金生产国。经过多年的勘探开发和建设，目前，胶东、豫西、黑龙江、陕甘川交界处，已成为我国主要的黄金生产基地。其中，胶东已成为我国探明储量最多，生产规模最大，开发远景最好的黄金生产基地，该地区已探明的黄金储量占全国的 1/4，黄金年产量占全国的 1/3，被誉为我国的"黄金之乡"。特别是具有"金城天府"之称的胶东招远县，是我国目前年产黄金最多的县，该县的玲珑金矿是我国目前最大的金矿。此外，像黑龙江的嘉荫县和呼玛县、新疆的阿勒泰等地也是全国闻名的黄金生产地。

由此可见，自古以来黄金就是财富与权势的象征。在科技迅速发展的今天，它的应用范围越来越广。我国经过多年的勘探与开发，已成为世界上主要的产金国之一。

14. "贵族金属"——铂

铂俗称白金。白金比黄金更为稀少。它的价值也远比黄金贵重。

铂的密度为 21.45 克/厘米^3（20℃），在金属中排第三位。由于铂的密度大，曾引起一个趣闻。

18 世纪末，在西班牙的首都马德里，法国化学家、冶金学家皮埃尔·弗朗索瓦·沙巴诺正在对金属铂进行研究，用某种方法把这种金属制成可以压延的锭，是他的一项重要研究内容。有一次，一位名叫阿兰达的侯爵夫人参观他的实验室，放在桌子上的一块长约 10 公分的铂，引起了她的兴趣。她刚要把它拿在手里，没料到这块重达 22 公斤的金属岂能随便被她拿起。随从的官员忙赶上去说："您应当让我来拿。"忽然听那官员叫了起来："不知什么东西把金属粘在桌子上了！"

其实，早在 16～17 世纪，西班牙人就从南美洲发现了这种像白银一样的重金属颗粒，并把它们运回西班牙。当时不知道这就是比金子还贵重的东西，再加上来得容易，所以这些金属的价钱比白银还便宜得多。于是有人就用它们掺在黄金中制造硬币。西班牙政府发现以后，就将这些制造假硬币的人定罪，还把大量没收来的白金抛进大海，以防有人继续干这种"扰乱"金融的事。到了 18 世纪初，才有人重视起这种很重的金属，并作了仔细的研究。英国冶金学家 C. 伍德在新格拉纳达的卡塔赫纳曾采集到一些嵌有铂粒的沙石。1735 年西班牙数学家乌略亚在秘鲁平托附近的金矿中发现一块难以加工的金属，因为它很像银，又不溶于硝酸，便给字取名为"Platinum"。它来自西班牙文"Platina"，原意是"平托地方的银"。1748 年由英国化学家 W. 沃森确认为一种新元素。1750 年英国 W. 布朗里格对铂的性质作了系统的研究。

到了 19 世纪以后，随着化学各学科的发展，经过科学家们的大量研究工作才发现，铂有非常多又非常重要的用途。

铂在氢化、脱氢、异构化、环化、脱水、脱卤、氧化、裂解等化学反应中均可作催化剂。在生产硫酸、硝酸、氢氰酸制备环己烷和某些维生素中也是重要的催化剂。炼油工业中著名的铂重整（催化）反应，也能提高汽油产品的辛烷值。由于铂及其合金在高温下耐腐蚀和耐氧化，所以可用它来制作各种器皿、零件和设备，如坩埚、蒸发皿、电极、喷嘴、反应器等。铂与铑、铱、钌等形成合金，可制作电触头、电阻、继电器、印刷电路、高温热电仪等。铂和铂铑合金适于在冶金、玻璃、陶瓷工业中做高温电炉的炉丝和热电仪。由于铂合金对熔融玻璃有强耐腐蚀性，可以在玻璃纤维工业中制作高温容器、搅拌器、管道和纺丝喷嘴。铂铱合金可制金笔笔尖、外科手术工具、电极以及珠宝首饰。举世瞩目的国际标准米尺，就是用 10% 的铱和 90% 铂的合金制成的。这根标准米尺是 1874 年 5 月 13 日铸成的，现仍保存在巴黎。

15. 坚硬无比——金刚石

晶莹美丽的金刚石是自然界中最硬的矿物，它也是一种宝石，但天然含量稀少，因此被人们尊为"宝石之王"。经加工以后俗称"钻石"。在国际市场上，经过加工后大于 1 克拉的普通钻石，每克拉售价达数千至上万美元；如果是优质钻石，每克拉售价可达数万美元。假如是珍贵的红色钻石，其成交价则高达每克拉几十万，甚至上百万美元。说到这里请你注意，1 克拉仅有 1/5 克，可见，金刚石，尤其是优质金刚石，是极其珍贵的。

金刚石虽然如此贵重，但其中的大部分并不是被作为宝石用于人们的装饰，目前天然金刚石的 85%，人造金刚石的 100%，都消耗在工业生产上。这是为什么呢？这主要是因为，金刚石有一副任何材料都无法与之匹敌的钢筋铁骨。

纯净的金刚石是无色透明的。不过，由于金刚石一般都含有一些杂质，所以就有了蓝、粉红、蓝白、绿、黄棕褐、灰、黑等颜色。根据金刚石的用途不同，一般把金刚石分为宝石金刚石和工业金刚石两种。出乎意料之外的是，工业上对金刚石的要求，和宝石金刚石正好相反。宝石金刚石中晶体颗粒越大，杂质越少的越贵重，而那些颗粒小，不透明黑色的金刚石，通常被认为是最不值钱的。可是，就是这些在宝石金刚石中被看不上眼的"黑小个子"，在工业上却被认为是最好的金刚石。这是怎么回事呢？这是因为金刚石虽然硬但却很脆，很易破裂，晶体越大的金刚石越不结实的缘故。

金刚石最突出、最重要的特性，就在于它的坚硬。经测定，它的硬度比红宝石高 150 倍，比水晶高 1 000 倍，它是世界上最硬的材料。也正由于此，它在工业上有着十分重要的用途。

金刚石最常见的用途，就是制作用于划玻璃的玻璃刀。不过，用金刚石做玻璃刀，用量毕竟十分有限。在生产中，消耗金刚石最多的部门，是机械工业和地质钻探。

在机器制造工厂，用车床切削金属时，要用各种车刀。用金刚石做成的车刀，在高速切削时，具有万夫不当之勇。一把金刚石车刀安装在车床上切削工件，能行进 1 968 000 米而不卷刃；可是一把硬质合金车刀，却只能行进 34 000 米。据研究，金刚石刀具比碳氏钨耐用 68 倍，比高速工具钢耐用 246 倍，能切削任何特硬材料。特别是切削诸如红、蓝宝石，单晶硅、光学石英等很硬的材料时，就非金刚石车刀莫属了。金刚石真不愧为攻无不克、战无不胜的"常胜将军"！

有意思的是，金刚石还善于切削特软而有弹性的材料，如橡胶、塑料等制品。用金刚石车刀切削塑料，比用硬质合金车刀可提高工作效率 900 倍以上。

我们的眼睛，是无法看到地底下的情况的。地质人员根据地表的实际观察，理论的研究，从而推断地下某一地方可能有矿。可是为了验证推断是否正确，就需要将地底下的岩石或矿石取出来看一看。怎么取呢，这就需要钻探。钻探就要用钻探机，在钻探机的钻头上，常常镶着许多金刚石。钻探机上安了金刚石钻头，那真是如虎添翼，它能毫不费劲地攻破顽石，凿穿地层，带着人们的希望向地下宝藏进军。用金刚石钻头钻探，远比用硬质合金钢钻头钻进速度快，而成本低。

细粒金刚石是极好的磨料。用金刚石粉琢磨宝石金刚石几乎是唯一的方法。用金刚石碎屑制成的砂轮，可用于各种仪器的精密加工。

坚硬无比的金刚石还有一个用途，就是做拉丝模。金刚石拉丝模用来抽拉高质量的细金属丝，可以细到 0.01 毫米。用它抽出的金属丝不仅粗细均匀，而且表面光洁。

在一些精密仪器中，用金刚石做耐磨的轴承、竖轴和枢轴等，也是利用金刚石的一个方面。

金刚石还是一种半导体和很好的热传导体，在电子工业和空间技术领域，都非常有用。正因为金刚石有着上述重要的用途，因而，金刚石极受人们的青睐，被列为特殊的战略物质。

迄今为止，人们开采金刚石，只能从埋藏有金刚石的原生矿床和次生砂矿矿床中获得。次生砂矿床，是含有金刚石的岩石被风化后，流水把岩石碎屑向别处搬运过程中，把金刚石携带到水流平稳的地方沉积下来形成的。也就是说，发现次生砂矿床，从逻辑上就可以推断在其附近或周围地区一定埋藏有金刚石的原生矿床。那么，原生矿埋藏在什么地方呢？经过多年的探索与研究，我们已经知道，原生的金刚石只存在于一种稀少而又特殊的"金伯利岩"体中。也就是说，要问金刚石哪里找，只能到金伯利岩体中找。

金伯利岩体的形成与火山活动密切相关。我们知道，地球在漫长的形成过程中，地壳中产生了无数大大小小的断裂带，这些地球身上留下的创伤，是地壳的薄弱地带。地下深处灼热的岩浆在强大的内压力作用下，常常会沿着这些断裂带侵入地壳或喷出地表。岩浆在向上运动过程中，由于出路（火山口）常常被堵死，上升的岩浆在极其巨大的压力下逐渐冷却凝结。其中含有少量纯碳，在高温高压下便结晶为金刚石。由于这种含金刚石的岩石，首先是在南非金伯利城附近的火山岩管中发现的，所以就被称做金伯利岩。这种岩石大多是在距今 0.7 亿 ~ 1.4 亿年前形成的，因而这一时期是金刚石形成的最重要时期。

岩管中的金伯利岩在漫长的地质年代中，受到风化破坏，变成一种蓝色的泥土，金刚石由于又硬又稳定，便毫无变化地藏在了这些泥土中，随后随着流水运动到低处沉积下来，便形成我们前面所讲的含金刚石的次生砂矿床。

大约在 2 500 年前，金刚石首先在印度被发现。但在我国发现得较晚，相传在明朝时，在我国湖北长江流域曾发现了金刚石，清朝时，在山东沂蒙山区也曾发现有金刚石；而有计划地开展金刚石的地质找矿工作，却是新中国成立之后的事情了。20 世纪 50 年代，在沅江流域首次找到具有经济价值的金刚石砂矿床；20 世纪 60 年代在沂蒙山区发现原生矿床；70 年代，在该地又发现了规模较大、品位较高，具有重大经济价值的原生矿床；进入 80 年代，我国又在辽宁南部发现了 3 个金伯利岩带，上百个岩体。此外，在贵州和内蒙古也发现了极富远景的金伯利岩体和金刚石矿床。从而使我国的金刚石探明储量，跃居世界第六位。并于 1977 年 12 月和 1981 年 8 月在山东的沂蒙山区，相继发现了常林钻石（重 158.786 克拉）、陈埠 1 号（重 124.27 克拉）等多颗宝石级大钻石。

目前，我国的金刚石主要产自山东、湖南、辽宁等省。其中，山东沂蒙山区天然金刚石的探明储量占全国一半多，山东省金刚石产量占全国产量的 4/5 以上，是我国最重要的天然金刚石产区。

随着生产的发展，工业上金刚石的需要量急剧增加，天然金刚石越来越供不应求。于是，人们根据金刚石是碳在高温高压下形成的原理，纷纷研究人造金刚石。1953 年，瑞典的 ASEA 公司第一次合成人造金刚石成功，不久之后，各国相继研究了不同的生产方法，并投入了工业生产。我国在 20 世纪 60 年代之后也逐渐大规模生产人造金刚石。

人工合成金刚石，主要是将石墨放在触媒中，加高温和高压，石墨即转变为金刚石。但这样生产的金刚石颗粒小、成本高、技术难度大，而且生产的多为工业金刚石。1989年，郑州磨具磨削研究所青年工程师郑周经过刻苦研究，认真探索，在常压大气开放条件下，用火焰法合成了金刚石和有特殊用途的金刚石薄膜，把我国人工合成金刚石的研究和生产推上了一个新高度，使我国成为继日、美之后掌握这项先进技术的国家。

总之，我国不仅是世界上金刚石储量比较丰富的国家，也是世界上人造金刚石合成技术水平最高的国家之一。

16. 液态金属——汞

一说到金属，大家就会联想到固体。这是因为我们平常见到的金属几乎都是固体的缘故。但是，是不是还有液态的金属呢？有，在常温下，汞就是唯一呈液态的金属。

其实，汞对大家来说并不神秘，它就是我们常说的水银。为什么把汞叫水银呢？这主要与汞的一些特性有关。

汞并不是在任何情况下都呈液态，它只是在常温下呈液态。如果温度在零下38.7℃时，它会变成美丽的银蓝色固体；如果温度在357.25℃时，它又会沸腾气化。汞在常温下是稳定的，但如果加热至近于沸点时，它便会氧化成红色的氧化汞。汞虽能溶于水，但与水不起化学反应，与盐碱和稀硫酸以及碱也不起作用。汞在低温时不导电，但当它在高温条件下时，则既导电又能发射绿色光和紫外线光谱。

此外，汞易流动，又能挥发，它的蒸气有毒，但硫黄却能制服它，所以当少量汞洒落时，我们必须尽可能地收集起来或用硫黄粉覆盖处理。

汞是一种银白色、有极强金属光泽的液体，它很重，密度为13.6，也就是说，它比银和铝都重。正由于此，人们才给它取一个形象的名字——水银，它在现代生活中有着广泛用途。

由于汞在0℃~200℃之间时，体积膨胀系数变化均匀且不会沾湿玻璃，因此我们便把它用于制作温度计；由于它化学活动性小，易流动、密度大，我们又常常把它用在真空泵、气压计和水银蒸气灯等的制造上。

除上述特性外，汞最有趣的性质之一，是具有溶解除铁和铂以外几乎所有的金属，它与这些金属所组成的合金，统称为汞齐。汞齐可以呈液态，也可以是糊状或固体，汞齐中的金属仍保留它原有的性质。人们在很久以前便利用汞的这个性质来提取金、银。汞的合金由于有可塑性和易硬性，因而我们在医院里常见到医生用有锡、银或金的汞剂来补牙。

在医药上，有许多汞的化合物：像日常外伤用的红药水，做泻药用的甘汞，消毒用的升汞，中药用的朱砂等都是汞的化合物。

此外，爆破上用的雷汞也是用汞制造的。

据不完全统计，目前汞在冶金、电气、仪表、化工、农业、美术、医学等方面的用途达 1000 多种，而且在现代国防及宇航科学领域中也有许多用途。

汞在地球上是很分散的，成因也较复杂。我国的汞矿多是原生沉积的。含汞的矿物在自然界有 20 多种，但主要以辰砂（硫化汞）为主。辰砂是因为在我国湖南辰州所产的硫化汞质优量多，故如此称之。

我国汞矿的开发历史非常悠久，约在 4 000 前就已能大量生产水银。据文献记载，我国在 3000 年前就已利用汞治癞病了。秦汉时开采的汞矿除用做药材外，还用做颜料。朱砂的名字就是因为它呈鲜艳的朱红而来的。

辰砂在我国古代是一种贵重的药物。历代的"金丹家"和药物学家都非常重视它，他们期望用它来炼制成黄金或仙丹，以求发财或长寿，并给了它"灵液"、"姹女"、"青龙"等美称。这实在是无知和梦想。因为许多金丹家，甚至皇帝，都是由于过量服用用汞炼制的"仙丹"而一命呜呼的。

我国的汞矿，古今中外早已有名。汞虽然在地球上是很分散的，但我国的汞矿床却以规模大、品位高而著称。我国汞矿的探明储量目前居世界第三位，汞矿几乎遍及全国。其中，贵州、湖南、四川、广西和云南等省产汞最多，尤以贵州最著名。贵州的探明储量和年产汞量均占全国总量的 80% 以上，有"汞矿省"之称。贵州汞矿（万山）是目前我国最大的汞和朱砂生产基地。1980 年，我国就曾在万山发现一颗世界罕见的辰砂晶体，长 65.4 毫米，宽 35 毫米，高 37 毫米，净重 237克，是世界最大的辰砂晶体，故取名为"辰砂王"，现藏于北京地质博物馆。

17. 深海珍宝——锰结核

锰结核这个名称的来历，是和它的构造紧紧联系在一起的。这种矿产含锰、铁较多，加之每块矿石往往都有一个由生物骨骼或岩石碎片构成的核，所以被称做锰结核或铁锰结核。它最早是在 100 多年前，即 1873 年 2 月由深海考察船"挑战者"号在进行海洋环球考察过程中发现的。

1872 年，英国海洋调查船"挑战者"号，在海洋学家汤姆森教授的率领下从英国希尔内斯港出发，驶向浩瀚的大西洋。1873 年 2 月 18 日，"挑战者"号航行到加纳利群岛的费罗岛西南大约 300 公里的海域作业，他们用拖网采集洋底沉积物样品时，偶然发现了一种类似鹅卵石的东西，他们当时还没想到，沉睡在海底亿万年的深海珍宝让他们发现了。1873 年 3 月 7 日，他们再次从拖网中发现了这种奇怪的鹅卵石。之所以奇怪，是因为鹅卵石大都分布在海滨和浅滩，四五千米深的大洋底哪来的鹅卵石呢？这一次，引起了汤姆森教授的极大兴趣，他当即作了记录。后来，他们又在大西洋、印度洋和太平洋采得了这种鹅卵石，这些样品被大英博物馆当做海底珍品收藏了起来。1882 年，约·雷默爵士和地质学家雷纳教授才系统地对这些样品进行了研究，9 年以后，他们俩发表了详细的研究报告，把这种鹅卵石正式命名为"锰结核"。

为了更多地得到海洋矿产资源，从 20 世纪 70 年代起，许多国家把深海底锰结核的开发研究，列为海洋科学研究的重要课题，并首要进行矿区的锰结核分布、储藏量、金属含量和开采环境条件方面的调查。通过调查证实，锰结核的储藏量极为巨大，分布面积甚广。根据分析，结核中除了铁和锰外，还含有铜、镍、钴等 30 多种金属元素、稀土元素和放射性元素，其中锰、镍、钴在目前技术条件下都具有工业意义。从结核中回收金属的试验也取得了成功。美国已设计出特制的冶金炉，用电解法提取铜、钴、镍、锰，纯度达到 90% 以上。

1978 年 3 月，由日本、加拿大等国参加的国际企业集团，用气吸法采矿系统，在太平洋夏威夷东南水深 5 000 米的深海底，采出了 300 多吨锰结核，从而转入了即将开发阶段。据统计。目前在大洋底发现具有经济远景的锰结核矿区有 500 多处。

1979 年，我国海洋科学工作者在太平洋赤道海域考察中，从 4 000~5 000 米水深的深海底取得了锰结核矿样，其中最大的一枚锰结核直径为 5 厘米，标志着我国研究、利用和开发海底矿产资源进入了新的阶段。

锰结核的形状是多种多样的。有的呈块状；有的呈薄薄一层附在海底岩石上；而大多数都呈结核状，有的浑圆，有的有棱有角，有的许多结核聚集在一起，成为葡萄状或其他更为复杂的形状，这就是通常所说的锰结核。结核的颜色从黑色到黄褐色，一般以土黑色为常见。多数结核的表面模糊不清，但也有的透明度很好，如美国东海岸外采到的结核，就有似玻璃的光泽。

锰结核的个体有大有小，相差悬殊。小的如同沙粒一样，直径还不到 1 毫米，甚至更小，要放在显微镜下才能观察；大的直径可达几十厘米；最常见的是在 0.5 厘米到 25 厘米之间；有的巨型结核，直径在 1 米以上，重达几十至几百公斤。1967 年，深海研究潜艇"阿鲁明诺号"采到了一颗 90 公斤重的锰结核，苏联调查船"勇士号"第 43 次航行在夏威夷岛西部水下山脉的斜坡处，于 3 800 米深的海底发现了一颗至今世界上最大的锰结核块，重达 2000 公斤。

结核的硬度不大，一般只有摩氏硬度级的 1~4 度，平均为 3 度。

锰结核的内部中心有一核，该核可能是一粒海底火山碎屑，或碳酸盐质或磷酸盐质岩屑，也可能是鲨类齿、鲸类耳骨、有孔贝壳或宇宙尘等。核外是清晰的环带状构造。

锰结核的化学成分包括锰、铁、镍、钴、铜等 28 种，它们高出地壳中平均值的 27~46 倍，高出海水中含量的 100 万倍。同一地点的锰结核，其总体成分彼此都很一致。单个结构来说，最外层接触海水的一面，其中铁、钴和铅含量相对少。就锰来说，被海底沉积物埋没的半核中含量最高，泥水界面趋向减少，到接触海水的半核含量最低。铁的分布则与锰相反。这种外层分布的特征，内层并不存在。内层的成分趋向均一。

锰结核勘探和开采的一个突出的优点是，在海洋底部沉积的表层上，矿物清晰可见，所以可用装有照相机和录像机的水下电视作为了解矿藏分布和厚度的有效手段。苏联的技术人员已经制造出了一种远距离的可操纵系统，用它来调查和精确估计已了解的矿藏，经实验已取得了显著效果，这个系统是由一部电视机、一个自动装置和两台水动的电子计算机组成，工作起来很方便。这是一种直接勘探手段。

直接手段虽能获得样品，可准确地测定锰结核的富集度、品位等，但使用这种方法需要大量的时间，工作效率低，因而人们正研究一种勘探途径，即间接勘探。

锰结核的开采正逐步走向成熟。目前一般认为有三种方法比较经济、实用。

第一种是空气提升采矿系统，由高压气泵、采矿管、集矿装置等部分构成。高压气泵安装在船上，采矿时，首先在船上开动高压气泵，气泵产生的高压空气通过输气管道向下从采矿管的深、中、浅三个部分输入，在采矿中产生高速上升的固、气、液三相混全流，将经过集矿装置的筛滤系统选择过的锰结核提升到采矿船内，其提升效率为30%～50%。这种采矿系统已于1970年试验成功，它能在5000米水深处达到日产300吨锰结核的采矿能力。

第二种是水力提升式采矿系统，主要由采矿管、浮筒、高压水泵和集矿装置四部分组成。采矿管悬挂在采矿船和浮筒下，起输送锰结核的作用；浮筒安装在采矿管道上部15%的地方，中间充以高压空气，以支撑水泵的重量；高压水泵装置在浮筒内，它的功率为8 000马力，通过高压使采矿管道内产生每秒5米的高速上升水流，使锰结核和水一起由海底提升到采矿船内。集矿装置起挑选、采集锰结核的作用。1975年采矿试验已获成功，现能达到日产500吨的采矿能力。

第三种是连续链斗采矿系统，是在高强度的聚丙二醇脂材料编成的绳上，每隔25～50米安装一个采矿戽斗。采矿时，船上的牵引机带动绳索，使戽斗不断在海底拖过挖取锰结核，并将其提升到采矿船上，卸入船内储仓。这种采矿法是由日本人发明的，1970年8～9月在希塔提岛以北400公里、水深4000米处进行了试验，并获得了成功。这种装置结构简单、适应性强、采矿成本低。

各国对锰结核的勘探和开发日益活跃。美国在深海锰结核勘探、试采和加工处理等技术方面，处于领先地位。美国开发的重点是夏威夷群岛至美国本土之间的海域，其中有的海区的普查工作已经完成，现已进行到详查和开发阶段。日本是从20世纪60年代开始锰结核的调查工作的，真正大规模的调查是在70年代以后。苏联对锰结核的调查则是从20世纪50年代开始的，苏联科学家并在1964年编制了《太平洋底锰结核分布图》，70年代以后，对太平洋锰富矿区进行了勘探。法国人在1974年成立了法国锰结核研究公司，主要进行矿区勘探；法国并与日本合作，在法属社会群岛的塔布堤岛以北进行了多次调查和开采方法的试验。

中国对大洋锰结核的调查工作开展较晚，正式调查是在 1983 年 5～7 月进行的。1983 年以后，中国又多次派遣"向阳红 16"号和"海洋 4"号船进行了锰结核的调查，1985 年和 1986 年航次的调查区域从中太平洋扩大到东太平洋，采用了国际上先进的声波探测技术和海底照相，调查研究的程度有了更大的提高，并圈出了数万平方公里的富矿区。现在，中国已正式向国际申请，在太平洋中北部圈定了两块先行投资区，并在国内成立了相应组织。

不过，尽管各国对大洋锰结核的可采储量和极大的开采价值注目已久，但由于锰结核的开发是一项高投资多风险的新兴产业，受技术因素和经济因素的限制，其开发进程不可能像海洋石油和天然气那样快。从目前的情况看，最先进行商业性开发锰结核的，可能是美国和日本，其中以美国为主的海洋产业协会在 1995 年以后投资 15 亿美元，每年生产 100～200 万吨干锰结核，同时，在加利福尼亚建一座日处理 5000 吨锰结核的加工提炼厂。日本国土资源贫乏，对大洋锰结核抱有极大的希望，已制订出开发计划，现正在作各项准备工作，以期进行大洋锰结核的商业开发，据估计，在 1990—1995 年期间，全世界商业开发大洋锰结核每年可为 100～400 万吨，1995 年以后可达 1000 万吨，到 2000 年，将会有大的飞跃，到 2025 年后，大洋锰结核将有可能成为世界稳定的矿物来源。

18. 超能燃料——铀

"燧人氏"是我国古代传说中发明钻木取火的人，燧人就是"取火的人"的意思。

关于"燧人氏"发明钻木取火的方法，在我国古代流传着这样一段有趣的传说。据说，在上古时候有一个太阳和月亮都照不到的地方，在那儿真是昼夜不分，天日不见。但奇怪的是，在那儿的森林里，却到处都有灿烂的火光，照耀得四下里如同白昼。有一个人为了弄清产生火光的缘由，便来到森林里进行调查，他经过仔细的观察后发现，在森林里有许多鸟用嘴凿洞吃虫，它们一啄，树上就会有火光发出。这个人由此而发明了钻木取火的方法，从此人类结束了吃生食，喝生水的历史。人们为了纪念他，便把他称做"燧人氏"。

传说毕竟是传说，但有一点却是实实在在的，那就是在今天，我们仍然不可能离开"火"。

从化学上说，火是含有碳的物质和氧化剂发生化学变化，生成二氧化碳，同时放出光和热的一种燃烧现象。几千年来，我们就是靠含碳物质和氧气之间的化学变化，取得温暖、光明和力量，来建立起现代化生活的。

但是，由碳和氧气发生化学变化所产生的火，并不是世界上最强有力的，"原子能"比火要强大千万倍。它是最近几十年，通过科学家的辛勤劳动，不断探索，才被发现和利用的新的"火种"。

1896 年，法国物理学家贝克勒尔正在日以继夜地从事磷光现象的研究。所谓磷光现象，就是一种物质受到太阳光照射后，在黑暗中能够继续发光的现象。有一天，贝克勒尔正想用铀盐作试验，天气忽然转阴，他便只好把铀盐放进暗橱里；暗橱里还有用纸包好的照相底片。过了几天，天晴了，他准备把铀盐拿出去放在阳光下照射，同时检查一下照相底片是否已经曝光，于是取出一张底片来冲洗。结果使他大吃一惊，照相底片上竟出现了一把钥匙的影像，这把钥匙正是他无意中放在底片上的。意外的发现使他惊奇万分，他立刻集中全力研究这块奇怪的矿物，研究结果告诉他，正是这块矿物里的铀，放射出某种看不见的射线，使照相的底片感光了。这种现象就是我们通常所说的物质的放射性。

又过了 40 多年，1939 年，人类完成了科学史上的一项重大发现，用人工的方法轰击铀原子核，铀原子核会连续发生分裂，同时放出惊人的能量，这种由于原子核发生裂变反应而放出的能量，我们称之为原子能或核能。

此后，又经过许多人的研究，终于在 1945 年，人类用铀或钍制成了原子弹，并于 1954 年，在苏联的奥布宁斯克建成了世界上第一座原子能发电站，它的发电功率虽然仅有 14 万千瓦，但却宣告了一个新的时代的到来——"原子能时代"。

19. 名不经传——锑、石墨及其他矿物

我国的锑是很丰富的，探明储量占全世界总储量的 44%，是世界上锑矿最多的国家。

锑在我国的分布不均衡。主要分布在湖南、广西、贵州等地，我国最大的锑矿生产基地是湖南新化的锡矿山，其储量之大、质量之优，举世罕见。锑有一个奇异的特性，就是热缩冷胀。我们根据锑的这一特性，在制造印刷铅字时便加入一定比例的锑，可使字笔画清楚，经久耐用。

铅锑合金除用于制造印刷铅字外，还适合做子弹和蓄电池。

如果在汽油里加入少量的氧化锑，锑对汽油可产生催化作用，把汽油燃烧时产生的一氧化碳转化为二氧化碳，从而大大减轻大气污染。

锑的一些化合物，如锑化铝，还是很好的半导体材料，用它做的红外线探测器，即使是夜间也可探测到敌人的动向。

下面我们就来说一说另一种重要的非金属矿产——石墨。

石墨给你的第一印象恐怕就是黑而软。你用手摸它一下，马上就会一手都弄黑；你用手轻轻捏它一下，就可把它捏碎。不过，你可别看其貌不扬，它的本领还真不小呢！

石墨虽然和金刚石成分相同，但二者性格却截然不同。金刚石是世界上最硬的矿物，而石墨却是最软的矿物之一；金刚石在 800℃时就灰飞烟灭了，而石墨却能耐 3 000℃以上的高温。正因为石墨能耐高温，人们常常把石墨和黏土掺合

在一起，做成大坩埚，用于熔炼有色金属、合金刚和特殊钢。

石墨还有一个高超的本领，就是它虽然是非金属矿物，但却有金属一般的导电性能。这使得它成了制造电极、电刷的极好材料。电池里的那根黑棒棒，就是用石墨做的电极。石墨还是抗腐蚀的能手，在用电解法炼铝、制烧碱、制氯气时，要是没有石墨电极，那恐怕真是有点无可奈何了。

石墨还可做防锈涂料、熔铸模型以及原子能工业的减速剂。

如果在石墨中掺点黏土，就可以制成各种不同硬度的铅笔。400多年前，它就是因为能干这一行才被人们起用的。

至于人工制成的"石墨纤维"，在宇航、电子、医疗等方面有着极为广泛的用途。

石墨多数是在高温低压条件下变质形成的，故它多见于变质岩中；也有一部分是由煤炭变质而成的。

我国是世界上石墨比较丰富的国家，探明储量居世界前列。主要产自吉林、内蒙古、湖南、江西、浙江、北京等地。

在目前已发现的162种矿产中，除了我们在前面介绍过的矿产外，还有铋、锌、萤石、石膏、滑石、硫铁矿、重晶石、膨润土等矿产的探明储量我国也居世界前列。总之，我国是世界上少有矿种齐全、储量丰富的国家。

第二节 地球隐患——环境问题

1. 息息相关——人类对地球的影响

地球和人类的关系是密切而又复杂的。地球不仅孕育了人类，构成了人类赖以生存的自然环境，而且向人类提供了发展文明的各种物质基础。但反过来，人类的生存和活动，又影响和改变着地球的面貌。

纵观人类的发展史，人类经常陶醉于自己在同大自然作斗争中所取得的一个又一个胜利之中，字里行间无不流露出人定胜天的自豪感。但是，对于人类的各种行为人们都应该高瞻远瞩，辩证地去看待。无论人的主观愿望如何，如果人类活动违反了自然界的规律，便会给养育我们的"家园"带来灾难。面对当前自然环境的日益恶化，人们越来越认识到恩格斯在一百多年前的告诫是何等深刻："我们不要过分陶醉于我们对自然界的胜利，对于每一次这样的胜利，自然界都报复了我们。每一次胜利，在第一步都确实取得了我们预期的结果，但是在第二步和第三步却有了完全不同的、出乎预料的影响，常常把第一个结果又取消了。"

人类对地球的影响是多方面的，涉及全球环境的各个要素，即地壳表层、水体、大气和生物界。

痛苦的大地

迄今为止，整个地球几乎每一处都有人类的足迹。并且，除了极寒冷的地区和高山地带人类尚无法长期定居或开发外，其余陆地几乎全部被人类占据和利用。

农业生产，是人类最基本也是最早的生产活动之一。从原始的刀耕火种，到后来的垦荒造田，再到现代的农田水利化、机械化、电气化和化肥化，使地球固体表面受到广泛深刻的改造。人类通过这种活动，将 1 000 多万平方公里的陆地变成农田。每年所改造的土壤达几千立方公里，如果把每年改造的土壤堆成 1 米宽、1 米高的堤墙，可绕地球 10 万圈。大规模的农业生产活动为人类提供了大量的基本生活资料，养活了地球的数十亿人口。

但是，在任何地区大量而无节制地毁林、毁草垦荒都会破坏那里原有的生态平衡，使气候干旱，水土流失，土地沙漠化。这样的教训古今中外都有。北非的撒哈拉大沙漠，曾是古罗马人的粮仓，只是由于长期耕作和干旱，才摧毁了文明的哈拉巴人的农业。美索不达米亚曾是古代巴比伦文明的摇篮，只是由于大量的毁林垦荒，才使那里的田园荒芜，文化衰落。我国盛及数世纪的丝绸之路，也由于沙漠化而阻断。令人担心的是，沙漠吞噬土地、掩没人类文明的进程，至今仍在进行着。专家们估计，近十几年来，世界上每年都有 5 万 ~7 万平方公里土地沦为沙漠。这其中，有许多是由于人们耕作不当而引起的。

由于设计不周，兴修水利会引起土地盐渍化，使"粮仓"变成"碱仓"。目前世界每年因盐渍化要失去 20 万 ~30 万公顷农田。大量使用化肥，不仅排挤传统的有机肥，导致土壤板结，而且会严重污染水质，造成环境问题。

到了现代，工业的突飞猛进发展，给地球固体层的影响是十分明显的。城镇和矿山的建立，为人类创造了大量的财富和便利的环境，但也给人类带来重重忧虑。

自从工业革命以来，城市迅速发展。目前，全世界有 40% 的人口生活在城市里。城市是人口高度集中和文明高度发展之地，高楼林立，车水马龙，设施齐全，物质生活和文化生活都十分丰富，故而吸引着越来越多的人。但是，久居城市与大自然隔绝，人们难得欣赏到湖光山色、蓝天碧野、鸟叫虫鸣的愉悦世界，难得呼吸到沁人心脾的清新空气。而城市里噪声喧嚣，空气污浊，交通堵塞，给人带来的烦恼倒的确不少。至于它的不利于人们生活的特殊环境所造成的城市小气候，更令人感觉到不适。很多久居城市的人都有"久在樊笼里，复得返自然"的感慨。

矿产资源是地壳形成后或形成中，经历了漫长时期的地质作用而生成的，由于在目前条件下，这些过程不可能再大规模地重现，因而它们属于"不可更新资源"。尽管地球上很多矿产资源都很丰富，但毕竟有限，并非取之不尽，用之不竭。譬如，就世界上所探明的煤、石油、天然气几种常见能源的蓄量来看，如果照目前的开采速度，煤可开采 350 年，而石油只可开采 60 年，天然气只可开采 70 年。

由于大量的采掘，不仅会毁坏山林和土地，而且会因把地下挖空，造成人工地震。在大城市，由于过量开采地下水，还会造成地面下沉。

尤其值得注意的是，随着现代人类活动范围的空前扩大，人们对土地的需求日益增加。扩建城市，开发矿山，修筑道路，建设工厂和住宅，每年都要占去大片土地。例如，美国 1965 年至 1970 年间，仅采煤就破坏了 12 万~16 万公顷土地。

目前，美国每年损失土地多达 42 万公顷。照此下去，一些州的农田将丧失殆尽。我国自 1957 年至 1977 年的 20 年间，被占用的耕地有 2666 万公顷，占全国耕地总面积的 1/4。若按人口平均而论，前景更为不妙。我国一方面人口增长，另一方面耕地减少，这样，我国人均耕地有可能由目前的 1.5 亩，降到 0.8 亩。如果人们再不采取措施，总有一天会连自己最基本的生活要求——吃饭——也满足不了了。

水的呼唤

在地球上，几乎到处都有水的行踪，浩瀚的海洋，占去地球总面积的 71%。因此，地球实际上是个水球。

然而，在水量如此丰富的地球上，人类却常常深感用水不足，不少地方甚至闹水荒，这到底是怎么回事呢？原来，可供人类利用的淡水只占地球总水量的 3%，而占地球总水量的 97% 的海水，则因含有大量盐分，既不能饮用，也不能灌溉。同时，在地球上本来为数不很多的淡水中，又有 69% 的淡水以冰的形式贮存在南极，因而真正留给人类可使用的淡水就少得可怜了。此外，由于陆地上的水分布极不均匀，降水也不稳定，往往造成人口集中的城市和地区严重缺水。在地球上，约有 1/3 的陆地是缺水的；我国干旱和半干旱地区超过全国总面积的 1/2；世界上有 1/4 的人饮水不卫生。

人们为了发展农业和工业生产，充分利用水资源，对水进行了各种干预，给地球上的水体带来重大影响。

灌溉是人类干预地表水的一项重大生产实践活动。人类为了增加农业收成，早在几千年前就对土地实行灌溉。后来，随着对粮食需求的增多，灌溉在农业中的地位越加重要，水利设施成为农业的命脉。据统计，目前全世界的灌溉面积约为 200 万平方公里，占耕地总面积的 12% 左右。每年灌溉用水量约为 2 600 立方公里，比全世界所有河流在同一时刻的总容水量（2 120 立方公里）还要多。

地表水和地下水都是从雨水那里得到补给的，它们处于不断地相互转化之中，因而一荣俱荣，一衰亦俱衰。它们共同担负着支撑地表生态系统的重任。农业和工业需大量用水，由于地表水不能满足需求，人们便普遍转向开发地下水。但地下水并非取之不尽，过度开采会导致水位下降，形成大面积的"漏斗区"，使水质变坏，甚至引起地面下沉，沿海地区还会招致海水倒灌和入侵。如美国旧金山附近就因地面下沉，已到了需要修堤防海水入侵的程度。

在水多的地区，为了扩大耕地则要排水。世界上有不少地区，就是通过排干水来获得耕地的。人类通过围海、围湖和排干沼泽所造出的田地已达5 330万公顷。今日的荷兰，有50%以上的国土就是靠排干海水和湖沼而造出的。

工业的发展对地表水的影响也越来越大。一方面由于工业的大量用水，使许多城市和工业区发生水荒，另一方面工厂排出大量废水造成环境污染。目前，世界工业用水每年达2 000亿吨。河湖的水，包括部分地下水，通过工厂之后又排入河湖，这就增加了一个自然界原来没有的水循环，即"河湖—工厂—河湖"。这会使河湖的水和地下水的含氧量降低，有毒物质增加，水质变差，造成恶性循环。

"淡水贵如油，污水遍地流。"随着人类文明的发展，人们的活动又给一些河流增添了新的可悲的特征。昔日的清流，变成了祸水。现在，河流的污染已是相当普遍的现象。号称"皇家之河"的英国泰晤士河，曾一度成为鱼虾绝迹的死河；欧洲著名的大河——莱茵河，曾一度变成名副其实的排污"下水道"。我国的第一大河——长江，是世界上最富饶美丽的大河，由于每天都有数以千万吨计的污水排入江中，在下游已经出现了一条条"污染带"。位于长江畔的南京，因江水受污染，竟然找不到合适的清洁水取水点，出现守着水河没水喝的令人不可思议的事情。

让人略感欣慰的是，面对种种水污染的现状，人们已经认识到天然淡水的珍贵，认识到合理用水和防止水污染的重要性，许多国家都制定了有关法规，以控制水污染的蔓延。但是，从全世界范围看，水污染仍然极为严重，并且，许多地方还有加剧的趋势。所以，想要洁净的水重返自然，人们要做的事情还很多很多。

变质的大气

空气与人类生活息息相关。但人们对它的利用，不是像对水、对矿物的利用那样是有计划的开采，而是随时随地利用。同时，由于空气是人们看不见、摸不着的东西，因此，由人类活动引起的大气层的变化，以及由此而造成的危害往往是在不知不觉中形成的。

人类燃烧矿物燃料，会不断增加大气温度。这个过程引起的大气增温起初是很微弱的，后来，随着生产的发展，向大气输送的人为热日益增多。以1970年为例，将全年燃烧的燃料全部折算为煤，大约有75亿吨，即相当于释放出61019卡热量。若每年燃烧（包括核燃料）释放的热量，按照目前速度的5.5%增加，到21世纪中期，人为热可使世界平均气温增高几度。这将导致地球气候发生重大变化。由此可见，人为热对大气层的影响是不可忽视的。

人类活动也改变着大气的组成。煤、石油和天然气等矿物燃料的燃烧，可放出大量二氧化碳。观察表明，由于燃烧而排入大气的二氧化碳数量逐年增加，近百年来，大气层中的二氧化碳增加了10%以上。它不仅影响空气的清新度，而且会产生温室效应，引起地球大气增温。增温的结果，可能导致许多地区干旱，同时会使地球两极地区的冰雪融化，导致海水上涨。如果地球上的永久性冰雪全部融化，海平面将升高60余米，会使地球上人口最稠密的平原地区大部分被淹没。像我国北京、石家庄、郑州、沙市以东的大片平原将变成汪海大海。那里众多的居民就要真的去寻找逃避洪水的"诺亚方舟"了。

尤为严重的是，人类大规模的工农业生产活动带来了大量的废水、废气、废渣，有许多有害物质会直接或间接地进入空气，使空气受到污染。据统计，目前世界每年要向大气排放六七亿吨各种有害物质。从大气污染物的组成来看，粉尘与二氧化硫共占40%，一氧化碳占30%，二氧化氮、碳氢化合物及其他废气共占30%。这些污染物逸散在大气环境中，无疑会逐渐地改变地球大气层的成分。而这些改变对于地球基本上是有害的，有时甚至会给一些地区带来灾难。

世界每年排入大气的有害气体总量表

污染物	排放量（亿吨）	来源
煤粉尘	1.00	燃烧煤
二氧化硫	1.46	燃烧矿物燃料
一氧化碳	2.20	汽车、工厂燃烧不充分的废气
二氧化氮	0.53	汽车、工厂在高温燃烧时的废气
碳氢化物	0.88	汽车、烧煤、烧油和化工的废气
硫化氢	0.03	化工厂的废气
氨	0.04	化工厂的废气

据报道，近100来，全世界因空气污染发生的重大人身伤亡事件近20起。其中较严重的有：1930年比利时的马斯河谷空气污染事件，一周内死亡60多人；1948年美国宾夕法尼亚州的多诺拉事件，一个仅有14 000人的居民小镇竟有43%的人因污染危害而患病，18人死亡。特别值得一提的是1952年英国伦敦烟雾事件，在那次事件中，一周内便死亡4 703人，是危害最严重的一次。

那是1952年12月5日的一个清晨，伦敦上空风尘不动，人们跟平时一样，照常做着他们各自每天已经习惯了的事情，却不知道一场灾难已经降临。不知从什么时候开始，人们发现空气中迷漫着一种黑色的烟雾，继而，逐渐感觉胸闷难受，咽喉疼痛，咳嗽不止，呼吸急促，年老体弱者感受尤其明显。黑色烟雾笼罩着伦敦城，一连数日不散，很多人因此而死去，更多的人则病倒不起。这场烟雾给伦敦人造成极大的恐慌。后来经研究，这种杀人的烟雾，原来就是工厂里和居民取暖、做饭排出的煤烟。它在一定的大气候和小气候条件下积蓄起来，最后达到致命的程度。其中为害人体的主要成分是烟尘和二氧化硫。

呻吟着的生物们

在自然界的所有要素中，人与生物界的关系最为直接和密切。生物界是人的食物和衣着的来源，也是人类生活其他原材料的供给者，人的衣食住行都离不开它。因此，人类的生活和生产依赖着生物界，同时也深刻地改变着生物界的面貌。

在人类早期，还是依靠采集和渔猎为生的时代，地球上的动植物很少受到人的影响。后来，人们发现某些植物及其果实可以人为地进行再生产，他们便垦荒生产，种植和改造野生植物，并培育新的植物品种（农作物）；人们还将某些一时吃不完的动物圈起来，进行畜牧、放养，并培育新的动物品种（家畜）。当今世界的农作物都是经过人类千百年来改造和培育而来，如稻、麦、菽、粟、棉花、甘蔗、亚麻等都与它们的野生种大不相同；现在的家畜家禽也是经过人类千百年来改造和培育而来，如牛、马、狗、羊、鸡、鸭等，也都改变了它们原来野生的习性。因此，这些农作物、家畜家禽，实际上是在人类的改造手段下，为地球生物圈增添的新的内容。

根据现代的考证和研究，不同的农作物和家畜家禽，是在世界不同地区由各个文明民族分别创造出来的。后来，随着世界性交往日益频繁，它们被带到其他地区播种和饲养，才逐渐传播开来。例如，水稻、大豆、蚕、驯鹿等起源于我国，后来才传到其他国家；而我们所熟悉的小麦、大麦、山羊、绵羊等，最先则是由西亚、北非地区的人民驯化的；玉米、马铃薯、花生、向日葵、西红柿等，到了明代才从美洲传入中国；北美洲驯养动物很少，绝大多数家畜家禽是哥伦布发现新大陆之后才被带到那里定居的；原来澳洲大陆没有牛羊，而现在的澳大利亚和新西兰则是畜牧业最发达的国家，被誉为"骑在羊背上的国家"。

人类在长期的生产活动中，创造了许多新的植物品种和新的动物品种，但由于急功近利，也消灭了许多不应该消灭的物种。特别是在现代社会里，许多物种由于人类的破坏行为正在迅速消失，这样做的结果。不仅使人类失去了对生物种类选择利用的机会，而且也破坏了生态平衡，给地球带来了灾难。

在历史上，森林的面积是很大的，世界陆地曾有 2/3 为郁郁葱葱的森林所覆盖，面积约为 76 亿公顷。由于人们恣意砍伐，面积不断缩小。1950 年全球森林面积约为 50 亿公顷，到了 1975 年，只剩下了 25 亿公顷，25 年间减少了一半。热带雨林是地球上物种资源最丰富，生物生产量最高的森林，对维持地球上的生态平衡至关重要，现在也遭破坏，目前正以每年 1 000 万 ~ 1 500 万公顷的速度被砍伐掉。热带雨林一旦被砍伐殆尽，赤道地区将变成荒野，整个地球的气候便会因此而恶化，其后果不堪设想。森林遭破坏给人类造成无可挽回的灾难的事例是很多的。如美索不达米亚、小亚细亚和希腊等人类文明发源地的衰落，我国黄土高原的水土流失，沙漠化的逼进等，都和砍伐掉那里原有的森林有关。

尤其令人忧虑的是，人类经济活动不仅使不少生物种灭绝，其灭绝种类也越来越多，灭绝范围也越来越大，灭绝速度也越来越快。当然在自然界不断演化的历史长河中，物种的生生灭灭是经常发生的和正常的现象。但是，物种的生与灭在大自然的支配下基本保持着平衡。然而自从有了人类之后，物种生成的过程减慢了，而其灭绝的过程则加速了。据统计，近两千年来，已经有110种兽类和139种鸟类从地球上消失了，而其中1/3是近50年内消失的。在这些被灭绝的动物中，至少有3/4是由于人类直接捕杀造成的，另1/4则是由于人类破坏其生存环境引起的。许多鱼类、昆虫、软体动物和植物，就是由于其生存环境遭受人类破坏而灭绝了。大型兽类和鸟类亦不例外，在我国历史上有过记录，而今已经在自然界绝迹的著名动物有犀牛、新疆虎、野马、麋鹿、白臀叶猴等。近30年来，我国野生动物数量急剧减少，正面临灭门之灾的有野象（约100只）、大熊猫（约1 000只）、野骆驼（约1 000只）、黑颈鹤（500~1 000只）、扬子鳄（约500只）、白鳍豚（约200只）、东北虎（不过30只）、坡鹿（约100只）等数十种之多。

现在全世界的物种有500万~1 000万种，其中已被人们认识并有记录的约为180万种。由于人类直接或间接的影响，就全部生物种估计，目前平均每天就有几个物种灭绝，并且，灭绝的种数与日俱增。

要知道，一个新的生物种的形成，在自然演化史中往往要经历千百万年的时间，一旦绝灭，就再也无法创造。人类利用生物品种的历史表明，我们无法预言哪些生物对我们有用，常常是有些似乎最无用的物种，因某种"巧遇"而突然变成医药、工业、农业和科学研究方面很有价值的，甚至是不可替代的原材料。这方面的例子国内外都有。例如，在哥伦布登上美洲大陆之前，欧亚大陆的人还不认识橡胶树，当20世纪初橡胶制品成为人类生活中不可或缺的东西时，橡胶植物便成了种植园中的绿宝。因此，地球上每失去一个物种，我们的后代就会失去一次选择利用的机会。而且，生物种对于维持自然界的生态平衡，起着至关重要的作用，每消灭一个物种，就有可能增加一分破坏生态平衡的危险性。因此，从目前状况看人类活动对生物界的影响，是不利因素大于有利因素，人类非下大气力改变这种状况不可。否则，后患无穷，受害的必然是人类自己。

2. 远忧近虑——地理环境与环境问题

环境，是人类生存和活动的场所，也是向人类提供生产和消费所需要的自然资源的供应基地。在《环境保护法》中，明确指出："本法所称环境，是指影响人类生存和发展的各种天然和经过人工改造的自然因素的总体，包括大气、水、海洋、土地、矿藏、森林、草原、野生动物、自然遗迹、人文遗迹、自然保护区、风景名胜区、城市和乡村等。"其中，"影响人类生存和发展的各种天然和经过人工改造的自然因素的总体"，就是环境的科学而又概括的定义。它有两层含义：

第一，环境保护法所说的环境，是指以人为中心的人类生存环境，关系到人类的毁灭与生存。同时，环境又不是泛指人类周围的一切自然的和社会的客观事物整体。比如，银河系，我们并不把它包括在环境这个概念中。所以，环境保护所指的环境，是人类生存的环境，是作用于人类并影响人类生存和发展的外界事物。

第二，随着人类社会的发展，环境概念也在发展。如现阶段没有把月球视为人类的生存环境，但是随着宇宙航行和空间科学的发展，月球将有可能会成为人类生存环境的组成部分。

环境问题可分为两大类：一类是由于自然因素的破坏和污染所引起的。如：火山活动、地震、风暴、海啸等产生的自然灾害，因环境中元素自然分布不均引起的地方病，以及自然界中放射物质产生的放射病等。另一类是人为因素造成的环境污染和自然资源与生态环境的破坏。在人类生产、生活活动中产生的各种污染物（或污染因素）进入环境，超过了环境容量的容许极限，使环境受到污染和破坏；人类在开发利用自然资源时，超越了环境自身的承载能力，使生态环境质量恶化，或出现自然资源枯竭的现象，这些都属于人为造成的环境问题。我们通常所说的环境问题，多指人为因素造成的。

环境问题的产生，从根本上讲是经济、社会发展的伴生产物。具体说可概括为以下几个方面：

（1）由于人口增加对环境造成的巨大压力；

（2）伴随人类的生产、生活活动产生的环境污染；

（3）人类在开发建设活动中造成的生态破坏的不良变化；

（4）由于人类的社会活动，如军事活动、旅游活动等，造成的人文遗迹，风景名胜区、自然保护区的破坏，珍稀物种的灭绝以及海洋等自然和社会环境的破坏与污染。

当前人类面临着日益严重的环境问题，这里，"虽然没有枪炮，没有硝烟，却在残杀着生灵"，但没有哪一个国家和地区能够逃避不断发生的环境污染和自然资源的破坏，它直接威胁着生态环境，威胁着人类的健康和子孙后代的生存。于是人们呼吁"只有一个地球"，"文明人一旦毁坏了他们的生存环境，他们将被迫迁移或衰亡"，强烈要求保护人类生存的环境。

第四章　千奇百怪——地球奇观

第一节　地球基因——自然现象

1. 生机勃勃——地球生物

地球的诞生，已有 45 亿~46 亿年，但我们今天仅对它近 6 亿年来的这段历史了解得比较清楚。

地球历史上发生的事情，主要是靠当时形成的岩层和所含的古生物化石记录下来的；地球上的生物虽然早在 30 几亿年前就已出现，但长期停滞在很低级的阶段，主要是些低等的菌藻植物，它们留下的化石，说明的情况不多，而且保存这些化石的岩层，又大多经过程度不同的变质，这就使地球这段早期历史更加不易了解。只是到了距今约 6 亿年前，较高级的生物大量出现了，并有大量未经变质的沉积岩层和动物化石保留下来，从而提供了许多比较可靠的材料。所以，现在关于地球的 6 亿年以来的这一段历史，阐述得比较详细和可信。这和人类历史的阐述有相似之处，无文字记载以前，人类历史是比较模糊和简略的，而有文字记载以后，人类历史才变得清楚和翔实。总之，无论地球历史还是人类历史，距今越远越模糊、越简略，距今越近越清楚、越翔实。

从地球诞生到 6 亿年前，这段时间在地球历史上被称为隐生宙，虽然延续的时间约有 40 亿年，但由于材料不足，未能划分出详细的历史发展阶段，一般只再分为太古代和元古代，而它们之间还无确定的界限，因此常统称为前古生代。

当地球上的生物从以低等植物为主演变为有壳的无脊椎动物占优势时，地球的历史从隐生宙（即前古生代）进入显生宙。

生物继续从低级向高级演化，无脊椎动物让位给脊椎动物；脊椎动物中又不断有新的"强者"出现，从鱼类、两栖类、爬行类、哺乳类到我们人类，此衰彼兴，依次扮演着地球上的主角。

在古生代的早期，我国的北方和南方，都有很广阔的地区为海水所淹没。在海里，藻类仍在大量繁殖，但比它高级得多的生物已大量出现了，一种被称为三叶虫的动物统治了全世界的海洋，这时陆地上仍没有任何生物。

三叶虫是节肢动物的一种，全身分为头、胸、尾三节，又有一条凸起的中轴贯穿在头尾之间，横看竖看都可分出三个部分，在它的身上长有甲壳，起保护作用。三叶虫一般长约数厘米，这在当时是个儿大的动物，它们大多栖息在海底，也有少数钻到泥沙中居住或在水里漂游。

寒武纪后期，是三叶虫鼎盛的时期，到奥陶纪时，三叶虫的数量仍不少，但海中已出现了比它更厉害的动物。这种动物是一种软体动物，它有锥状的硬壳，在锥体开阔的一端，即它的头部，长有环状的触手，用它捕捉食物和爬行、游泳。它们的个儿大，一般长达几十厘米，行动迅速，口腔坚硬，因此三叶虫不是它们的对手，这些软体动物是章鱼、乌贼的远亲，但大部已绝灭了，只是在岩层中留下了它们的一些锥形硬壳变成的化石，这种化石被称做"角石"，而其中被称为"鹦鹉螺"的这一种，居然还见之于今天的海洋里。

在三叶虫之后，在地球上占统治地位的是属于脊椎动物的鱼类。早在奥陶纪的海洋中，一种外形似鱼，头部无上下颌骨，身上披有骨质甲片的"甲胄鱼"已经出现；到了志留纪晚期，真正的鱼类登场了。到了泥盆纪，鱼类进入繁殖盛期，一时地球上成了鱼类的世界。

从志留纪中期开始，全世界许多被海水淹没的地区，都发生了地壳升高为陆的变化；一些地区地壳比较平稳，地大，面积升高，海水慢慢地退却；还有一些地带，地壳剧烈地褶皱，逐渐形成绵亘的山脉，这就是所谓的造山运动。在志留纪晚期，我国南部和北欧等地，都有造山运动发生。到了泥盆纪，陆地的范围扩大，其间也有海水漫上大陆的时候。

从海到陆的变化，促使原来在海里生活的生物向陆地上转移。志留纪晚期，在滨海地区的沼泽中，出现了一种极为原始的蕨类植物，这类植物的根、茎、叶都还没分化出现，光秃秃的，故被称为裸蕨，它们是首先登上陆地的植物。到了泥盆纪，陆地上的植物增多，而且大多有根有茎，枝叶茂盛。这些植物，仍以蕨类为主，不过它们可不像今天我们还可看到的那种矮小的草本植物的蕨类，而是多为高大的木本植物，特别是在进入石炭纪以后，这些植物更为茂盛。它们在许多地方组成了茂密的森林，树木的高度有达到40米的，茎的基部最粗的有3米。

这些树木由于各种原因被埋藏到地下，天长日久就变成了煤层。地球上的煤，在石炭纪时形成的最多，以后地球上的森林，再也没有达到那时的规模。紧接着石炭纪的二叠纪，陆上的植物仍很茂盛，并开始有松柏一类更高级的植物出现，这时形成的煤层也不少。

动物登上陆地比植物要晚，但在泥盆纪时也开始有了原始的两栖类。到了石炭、二叠纪时，地球上变成了两栖类的天下。

昆虫出现在陆地上，可能比两栖类还要早些，在石炭、二叠纪时已很发达，那时的昆虫有1 300种以上，其中有形体特别大的，翅膀就有70厘米长。这样大的昆虫，后来再没出现过。

在二叠纪末期，地球上的生物界来了一个大变革，三叶虫等多种生物都灭绝了，古生代宣告结束。

在石炭、二叠纪，地壳继续不断升降，一些地区时而为海、时而为陆。造山运动也多次发生。今天的各大陆，在那时已粗具规模，不过是联成一整块，后来逐渐分裂成几块，并各自移动了位置，经过了两亿多年，才演变成今天这个样子。

古生代结束，地球的历史进入中生代。

爬行动物统治地球，是中生代一大特征。那时的爬行动物，大都躯体庞大，形象恐怖，人们使用了传说中的"龙"来称呼它们。一时在陆地上爬的有恐龙，在海里游的有鱼龙、蛇颈龙，在天上飞的有飞龙、翼龙，地球上成了"龙的世界"。

恐龙之所以是给人们印象特别突出的一类爬行动物，这是因为大多数恐龙的躯体巨大，有的体长 20~30 米，体重 40~50 吨。其实恐龙也并非都那样大，也有小的。不过，那些小的被人们忽略了。一提到恐龙，人们就想到那些巨大的可怕的形象。

在中生代末期，恐龙和其他许多种"龙"都绝灭了，有人认为可能还有极个别的孑遗，但至今尚未找到。总之，在中生代末期，生物又来了一次大变革，而这也就成了划分中生代和新生代的一个重要依据。

出现在中生代晚期的强烈的地壳运动，可能是恐龙等绝灭的一个重要原因。这场规模很大的地壳运动，使地球上出现许多高山，气候变冷，植物随之也发生了很大的变化，原来有利于恐龙生存的环境改变了，而它们又没有应变能力，只好走上了绝灭的道路。近年来又有人提出，巨大的陨石撞击地球所产生的影响，可能才是恐龙绝灭的主要原因，讲得也颇有道理。

不过中生代晚期发生的强烈的地壳运动，是确定无疑的，这轮运动对我国当时的大片土地影响很大，今天我国的地形大势，就是在那时打下的基础。

进入新生代，强烈的地壳运动继续发生，特别是在 3 000 多万年前，长期为水淹没、堆积有巨厚沉积物的现今喜马拉雅山一带，逐渐升起成为"世界屋脊"，这新一轮造山运动，被称为喜马拉雅运动，它在我国其他地区也有表现，一些地区升高成为高原山岳，一些地区又沉降成为平原洼地，造成地形起伏的巨大变化。

在爬行动物退位后，代之而起的是哺乳类动物，还有鸟类。一些四足有蹄、以吃植物为生的兽类繁殖起来，食肉类动物因有了食料也随之发展起来了；地球上的生物，渐渐演变成为今天的状况，人类登上地球这个舞台的条件成熟了，地球的历史也随之进入了一个崭新的时代。

地球在不停地转动，随着它的转动，时间在前进，几十亿年过去了，这才具备了适于人类发生和发展的条件。人类成为地球的主人，地球的历史开始了一个新纪元。

究竟人类是多少年前在地球上出现的，至今还说不出一个肯定的数字，但进入第四纪后，人类才开始发展起来，这是毫无疑问的。

早在3000多万年前，地球上就已出现了一种高级的哺乳动物——古猿。这些古猿本来在森林中生活，成天在树上攀缘，但是由于环境变化，有一部分古猿下了地，而且学会直立行走，手脚分化，视野变得开阔，头脑也发达了，终于能够制造工具和说话，进化成了人，这种转变现在一般都认为是在第四纪完成的。

第四纪时，几次出现了世界范围的气温降低，造成一些地区终年为冰雪所封冻，冰川掩盖的陆地面积，最大时曾达5 200万平方千米，比现在要大3倍多。

由于大量的水被冻结在冰川里，海洋里的水量减少，海面降低，今天不少被海水淹没的地方，当时都露出在海面上，亚洲美洲之间的白令海峡，曾是连接两大洲的"陆桥"。

气候变冷，生物的生存和发展受到影响，一些地区的森林减少直至消失；原来温暖潮湿的丛林变成了干冷的草原。在这个变化过程中，有些生物因不能适应环境的改变，所以绝灭了；也有些生物为了适应环境则改变了自己的形体和习性。一部分古猿下地生活，看来也是受到环境变化的影响。

人类的祖先为了得到赖以生存和发展的条件，经过难以想象的艰苦历程，终于克服了环境改变带来的困难，走出了一条从只能适应环境到自发改造环境的新路。

在云南省元谋，找到了150万～180万年前的猿人化石，同时发现了少量石器和用火的痕迹。约在50万年前，生活在今天的周口店一带的猿人，已能造出大批石器和骨器，留下了许多用火的遗迹。到几万年前，那时人的形象便和今天的人接近了。

除了人以外，任何其他生物对自然界的影响都是无目的的，只有人才使自己的行为成为有意识的活动。人的有目的的改造环境的作用将愈来愈显现出巨大的威力。

人类的时代同地球历史上的"朝代"相比，只能说是刚刚开始。人类在地球上出现的时间很短，人类具有现在这样强大的力量，为时更晚。

没有得到科学技术武装的人，在大自然面前是软弱无力的。而近代科学技术和大工业的兴起，不过200多年。如果把地球比做千岁老人，那么人仅仅是在不到半小时以前才获得了从知识转化来的巨大力量。

科学技术的发展，使从前需要许多人花费很长时间才能做到的事情，现在只需要少许人花费较短时间就能完成。最初出现的蒸汽机，顶得上几匹马干活，而现代的火箭发动机，则顶得上1000亿匹马干活。

如果仅把人力作为一种自然力和其他自然力相比，那么人力是微小的。但是，只要人掌握科学技术便能驾驭自然力，并使之为人类造福。移山填海，上天入地，现在都已不是神话而是现实了。

三叶虫在地球上持续生存了3亿多年，人类在地球上生存的时间，还不及它的百分之一，实在是年轻得很；我们的地球，还有太阳，都仍处在活动力很强的时期，像现在这样运转、发光、发热，还可以保持好多亿年。因此，人类有充足的时间在这个舞台上大显身手，给地球的历史写下新的光辉的篇章，并进而到地球以外的空间或星球去开拓新世界。

2. 天外来客——陨石

陨石是天外来客。在宇航员从月球带回月岩和月尘以前，陨石是地球上唯一来自太空的物质的标本。陨石分铁陨石、石陨石、铁石三类。据统计，每年降落到地球表面的陨石，重在10千克以上的大约有500次，而且大部分落在海洋中。

1976年3月8日，数千块大小不等的陨石及其碎块，犹如下雨一般降落在我国吉林地区，其中最大的一块重达1770千克，是世界上最大的石陨石。

那么，吉林陨石雨是怎样形成的呢？

原来，这群天外来客，它的母体早在46亿年前就已经形成了。它和太阳系九大行星是"同龄人"，一起遨游在水星与木星之间的小行星带中。

跻身于小行星带中的这些吉林陨石石雨的母体，在众多的小行星中穿行，经常发生碰撞。它在800万年前的一次碰撞中瓦解了，这便孕育了吉林陨石雨。在茫茫宇宙中漫游了800万年以后，它终于厌倦了天上的流浪生活，于是便以15千米/秒的速度飞向地球。

这是一次极为艰苦的飞行，它要忍受与大气层磨擦而产生的高温（它的表面温度达到3 000℃以上），还要经受着前端大气对它施加的上百个大气压的压力，高温使它变成一团耀眼的火球。当飞行到离地面只有19千米时，它在烈火与高压下"粉身碎骨"了。一声巨响，世界上最大的一场陨石雨降落在吉林地区。降落的范围：东西长达72公里，南北约8公里。其中，最大的一块陨石陷入地下6.5米，形成一个直径2米多的大坑。

陨石降落后，科学家们对它的化学成分、微量元素、同位素组成及其年龄进行了分析，从它们身上发现了40多种矿物，有的还是同类陨石中首次发现的。后来科学家又把这些陨石中微量元素的有机成分提取出来，通过质谱、色谱分析，发现它们身上还有多种氨基酸和各种烃类有机化合物，这对考察生命的起源提供了新的依据。它告诉人们，构成生命的某些物质，在地球还未形成以前就早已存在了。

这群天外来客，还为科学工作者探索太阳系的化学演化、寻找新粒子和元素提供了依据。

3. 天灾人祸——泥石流

泥石流经常发生在峡谷地区和地震火山多发区，在暴雨期具有群发性。它是一股泥石洪流，瞬间爆发，是山区最严重的自然灾害。

多发地带：环太平洋褶皱带（山系）、阿尔卑斯—喜马拉雅褶皱带、欧亚大陆内部的一些褶皱山区。世界上有近50多个国家存在泥石流的潜在威胁。其中比较严重的有哥伦比亚、秘鲁、瑞士、中国、日本。

中国，有泥石流沟1万多条，其中的大多数分布在西藏、四川、云南、甘肃。四川、云南多是雨水泥石流，青藏高原则多是冰雪泥石流。中国有70多座县城受到泥石流的潜在威胁。

日本，竟然有泥石流沟62 000多条，在春季、雨季经常爆发。

1970年，秘鲁的瓦斯卡兰山爆发泥石流，500多万立方米的雪水夹带泥石，以100公里每小时的速度冲向秘鲁的容加依城，造成2.3万人死亡，灾难景象惨不忍睹。1985年，哥伦比亚的鲁伊斯火山泥石流，以50公里每小时的速度冲击了近3万平方公里的土地，其中包括城镇、农村、田地，哥伦比亚的阿美罗城成为废墟，造成2.5万人死亡，15万家畜死亡，13万人无家可归，经济损失高达50亿美元。

人们记忆犹新的泥石流灾难：1998年5月6日，意大利南部那不勒斯等地区突然遭到建国以来非常罕见的泥石流灾难。造成100多人死亡，200多人失踪，2000多人无家可归。萨尔诺村56岁的福尔斯勒在睡梦中被怪声惊醒，想打开门看看究竟。他的太太帮他打开电灯，就在福尔斯勒开门的一刹那，一股巨大的泥流将他掀翻在地，他的太太在惊恐万分中伸手试图拉起她的丈夫，但更多的泥流不断涌入，泥流上涨，她只好跳上桌面避难，眼睁睁看着自己的丈夫被泥流吞没。就像这样，许多人被泥流无声无息地淹没、冲走，甚至连呼救的机会都没有。

由于我们的生态环境日益遭到严重的破坏，进入20世纪后，全球泥石流爆发频率急剧增加，发生逾百次。

4. 气旋"魔鬼"——飓风

飓风又称台风、龙卷风，形成于赤道海洋附近的热带气旋。飓风常常行进数千公里，横扫多个国家，造成巨大损失。

地球上风灾最严重的是加勒比海地区、孟加拉湾、中国、菲律宾，其次是中美洲、美国、日本、印度，南大西洋影响最小。其原因在于风源多出自印度洋、太平洋、大西洋的热带海域。

1999 年 9 月 "弗洛伊德" 飓风袭击美国东部地区，造成至少 47 人死亡。自 9 月 14 日在美国东南部沿海登陆后，一路北上，先后袭击了佛罗里达、佐治亚、南卡罗来纳、北卡罗来纳、纽约等州及首都华盛顿，造成了严重的人员伤亡和财产损失。风速最高达每小时约 200 公里，2 天后降至每小时 100 公里以下，已转变为热带风暴。

"弗洛伊德" 飓风所过之处，普降暴雨，造成许多地方被淹，民房受损，交通停顿，供电中断，人们的工作和生活受到严重影响。在南卡罗来纳、北卡罗来纳、新泽西和弗吉尼亚州，飓风共造成 150 万户人家停电。新泽西州及华盛顿、巴尔的摩、费城和纽约等市的公立学校普遍停课，300 万学生不能上学。此外，航班停飞，火车停运，造成数万名旅客滞留。在华盛顿，不少联邦政府部门只留值班人员，国会众议院的会议也推迟举行，许多活动被迫取消。

狂暴的 "莱尼" 飓风：1999 年 11 月 20 日 "莱尼" 飓风袭击维尔京群岛，以每小时 217 公里的速度袭击了维尔京群岛，并引发风暴和暴雨。

据统计，全球每年约产生风力达 8 级以上的热带气旋 80 多个，死亡人数约 2 万，经济损失超过 80 亿美元。历史上造成死亡人数达 10 万以上的飓风灾难就达 8 次。20 世纪最大的飓风灾难发生在孟加拉：1970 年 11 月 12 日，飓风夹带风暴潮席卷孟加拉，30 万人死亡，28 万头牛、50 万只家禽死亡，经济损失无法计量。

5. 肆虐无常——洪水

洪水是一个十分复杂的灾害系统，因为它的诱发因素极为广泛，水系泛滥、风暴、地震、火山爆发、海啸等都可以引发洪水，甚至人为的也可以造成洪水泛滥。在各种自然灾难中，洪水造成死亡的人口占全部因自然灾难死亡人口的 75%，经济损失占到 40%。更加严重的是，洪水总是在人口稠密、农业垦殖度高、江河湖泊集中、降雨充沛的地方，如北半球暖温带、亚热带。中国、孟加拉国是世界上水灾最频繁、肆虐的地方，美国、日本、印度和欧洲也较严重。

1931 年长江发生重大洪水，淹没 7 个省，205 个县，受灾人口达 2 860 万，死亡 14.5 万人，随之而来的饥饿、瘟疫致使 300 万人惨死。而号称 "黄河之水天上来" 的中华母亲河黄河，曾在历史上决口 1 500 次，重大改道 26 次，淹死数百万人。中国甚至在 1642 年和 1938 年发生了两次人为的黄河决口，分别淹死 34 万和 89 万人。

1998 年中国的 "世纪洪水"，在中国大地到处肆虐，29 个省受灾，农田受灾面积 3.18 亿亩，成灾面积 1.96 亿亩，受灾人口 2.23 亿人，死亡 3 000 多人，房屋倒塌 497 万间，经济损失达 1 666 亿元。

在孟加拉，1944 年发生特大洪水，淹死、饿死 300 万人，震惊世界。连续的暴雨使恒河水位暴涨，将孟加拉一半以上的国土淹没。孟加拉一直洪灾不断。

1988 年孟加拉国再次发生洪水，淹没 1/3 以上的国土，使 3000 万人无家可归。洪水竟使这个国家成为全世界最贫穷的国家之一。

6. 地动山摇——地震

地震，是由于地球内部变动所引起的地壳震动。就其成因而言，地震通常分为构造地震、火山地震和陷落地震。其中，90% 以上属于构造地震。

据不完全统计，目前世界上每年大约发生 5 万次地震，绝大多数是微震或弱震，破坏性地震每年只有 10 多次。然而 20 世纪以来，世界上发生的强烈地震累计已达近万次，给人类的生命财产造成了极大的损失。

1960 年 5 月，智利发生 8.9 级强烈地震。从首都圣地亚哥到蒙特港，沿海的城镇、港口、公路和民用建筑均遭严重破坏。从爱森到瓦尔迪维亚，在南北长 480 千米、东西宽 19 千米的地段，数秒钟内地面就陷落 2 米多深。这次地震还引起山崩和海啸，海浪以 700 千米/小时的速度向西横扫太平洋，相继侵袭新西兰、夏威夷、菲律宾和日本海岸，其中日本所受损失最为惨重。巨大的海啸几乎吞没了日本所有码头设施，甚至把一艘大渔船推上陆地 46 米，造成 800 人遇难、15 万人无家可归。

1976 年 7 月 28 日，我国唐山发生 7.8 级大地震。这天夜里，一道强烈的地光突然划破夜空，在隆隆的响声中，大地发生剧烈震动。铁轨扭曲，桥梁塌毁，路基下沉，地面出现宽达百米的大裂缝。以唐山市区为中心，47 平方千米范围内，所有建筑物几乎全部倒塌。更为惨痛的是，这次地震造成 24.2 万人丧生，16.4 万人受重伤。

地震是怎样发生的？如何防止？千百年来，人们一直在探索这个问题。

早在公元 2 世纪，东汉科学家张衡就开始了对地震的研究，他还发明了世界上最早记录地震的仪器——候风地动仪。在科学技术高度发展的今天，科学家们对地震的成因、地震带的分布，以及对地震的测报都取得了突破性的进展。

7. "火龙出壳"——火山

早在 2000 多年前，《山海经》里就有昆仑山一带为"炎火之山"的记载，古人误认为这是"山在燃烧"，于是火山之名便由此得来。

火山形形色色，有的"脾气"特别暴躁，翻滚的岩浆伴随着大量气体，从裂缝中发出雷鸣般的爆炸声。随着大地剧烈的震动，火山口通道打开了，喷出的黑色烟柱冲天而起，高达数十千米，然后，烟柱逐渐扩散，状如"蘑菇云"，有些烟云中还夹带着大量炽热的熔岩碎屑，温度可达 700℃，同时发出灿烂夺目的亮光，有时，强大的气流还将重达数十千克甚至数千千克的巨大岩块抛向空中。

大气层受热膨胀，因此发生对流，形成狂风，那不断射向天空的高温物质改变了空中的电荷，一时电闪雷鸣，暴雨如注，天昏地暗，大量熔岩涌出火山口，向低处流动，形成一片火海。

公元 79 年，意大利维苏威火山喷发，掩埋了庞贝、赫库兰尼姆和史达比三座城市。1883 年 5 ~ 8 月，印度尼西亚的喀拉喀托火山连续喷发时，炸开了一个深达 300 米的大坑，150 千米外仍是尘土飞扬，遮天蔽日，雅加达上空几乎是一片黑暗。大量火山灰射入几万米高空，悬浮达数月之久。这次火山爆发还引起了海啸，使沿海居民几乎遭受灭顶之灾。

1980 年，美国圣海伦斯火山在沉睡了 123 年之后突然爆发。据目击者称，灼热的岩浆和火山灰，夹杂着各种怪异气体，咆哮着顺坡倾泻。浓密的火山烟云，呈蘑菇状一直冲向 1600 米的高空；火山口一片火红，温度高达 500℃ 以上。它所释放的能量，相当于爆炸了一颗 300 万吨级的氢弹。一鸣惊人的圣海伦斯火山，顿时成为世界的头条新闻。

相比之下，夏威夷岛上的基拉韦厄火山"脾气"就比较温和，它的火山口里贮满炙热的熔岩，像个"熔岩湖"，"湖"中熔岩时涌时降。火山活动强烈时，"湖面"升高，熔岩外溢，如钢水奔流，蔚为壮观。夜幕降临时，"湖面"像披上了一道金光，从裂缝中迸发的一朵朵耀眼的金花，在夜色中不停地闪烁。远远望去，就像一颗颗流星在"湖面"上飞驰而过，构成一幅迷人的画卷。

我国也是一个多火山的国家。迄今为止，我国已发现的火山有 660 多座，其中绝大多数为死火山。位于黑龙江省德都县北部的五大连池，就是由于火山熔岩流堵塞白河而形成的五个相连的堰塞湖。耸立的火山群环抱着火山堰塞湖，构成了特殊的自然景观，成为我国著名的游览胜地。

资料表明，在火山活动地区，往往蕴藏着丰富的地热资源，大量的地下热水、热能，在医疗、供暖、发电方面，都有着良好的发展前景。

第二节　寻踪觅源——地球谜团

1. 探索发现——月球的奥秘和地球的历史

1969 年 7 月 20 日，人类第一次登上了月球，这是另一个世界而不是地球本身。当尼尔·阿姆斯特朗脚踩在月球表面之上时说："这是个人迈出的一小步，但却是人类迈出的一大步。"

在随后的数年中，人类又有 6 次登上月球，然后停了下来。因此当我们庆祝第一次月球登陆 20 周年时，我们或许会问：这是为什么呢？我们从月球上获得了什么？这确实是一大步吗？是的，月球登陆确实给我们提供了一个研究它和我们星球遥远过去的好机会。

地球和月球以及整个太阳系事实上是在 46 亿年前形成的。我们可以通过研究岩石的形成来探索地球遥远的过去。岩石越老，它自然在未变化的地壳中存在的时间就越长，我们就会对更加遥远的过去有所了解。

然而，应注意到"未变化"这个关键词。岩石从来就不会保持不变。地壳漂移、岩石褶皱、破碎和熔化，结果又形成新的岩石。当岩石实际上还没被熔化时，移动的空气和水流的力量也会使岩石发生变化。生活本身也在很大程度上改变了地貌环境。

造成的结果是我们所能发现的最古老的岩石只有 30 多亿年，而且为数不多。要了解地球最早期的历史是非常困难的。对于地球前 15 亿年的历史我们只好忘掉它。这完全是一个空白，只要我们被囚禁在地球之上，这也将永远是一个空白。

月球是一个较小的星体。它没有足够大的引力来使它有自己的大气层或水体。液体很容易被蒸发掉。这意味着月球上没有空气，没有水，没有生命。不仅现在没有，它从来就没有过。从另一方面来讲，这意味着月球表面从来就没有受到生命、风或波浪的干扰。由于月球是一个小星体，所以它内部热量较少，但正是这种内热使地球的地壳不断运动和变化。换句话来说，地球在地质方面是"活的"，而月球在地质方面一直是"死的"。

这种情况说明月球表面比地球表面保持不变的时间要长得多。宇航员们从月球上带回的岩石要比我们在地球上所找到的最古老的岩石早 10 亿年。这样，我们可以弥补地球前 10 亿年演化历史的空白。

月球是在地球最早期演化过程中形成的（这是目前的看法）。当时地球被一颗与火星差不多大小的星体撞击，造成地球表层大量物质被扬到周围的空间中，而撞击的星体与地球混熔在一起。被扬到空中的物质被加热成尘雾，随后又冷却成无数个不同大小的颗粒。这些颗粒互相结合便形成月球。因为月球是从地球外层形成的，所以它几乎都是由岩石质物质构成，只含有很少像地核中的铁那样的元素。这就是为什么月球的密度比地球的密度低。

月球经过好几亿年才冷却下来，并形成了一个固体的壳，但这个壳在 40 亿年前就已形成。我们取回的岩石就是在那个时代形成的。在随后的 40 亿年中，月球所经历的一些重要变化是它在收集周围残留物质时发生的。这些物质在现在的月球表面形成了无数个火山口，以及广阔的"月海"。根据从月球所带回的岩石，我们可以研究这种轰炸的不同阶段。由于当时有许多物体与月球相撞，所以它的早期历史最为活跃。

随着时间的流逝，空中大多数物体已被清除掉。月球安居下来，经历的变化也越来越少。从大约 32 亿年前开始，对于地球或月球来说一切都变得十分平静。

因为如果月球受到轰击，地球也有同样的命运。在地球上由于轰击而产生的火山口已被风、浪和生物剥蚀，而月球上的火山口依然存在。

在相对最近的一段时间里月球上又发生了变化。在8.1亿年前形成了哥白尼火山口，在1.09亿年前又形成了第谷这个壮观的火山口。另外一些小火山口则是在最近200万年前形成的。

如果我们将来再次返回月球，那时我们将不是把它作为一个观察站、开矿站或为人类寻找一个新的住处，而是要努力和详细地去研究它的表面并填补上它的发展历史中的细节，并且依此推断地球早期的演化过程。在月球上所获得的线索也许有助于我们了解生命在我们这个星球上是如何开始的，以及我们人类是如何发展而来的。

2. 谜团成因——十个地球之谜

（1）引力差距。

地球表面的地心引力并不完全相同，事实上，在印度的沿海地区你的体重会比较轻，而在太平洋的南部，会比较重。

造成这种差异的原因正在研究之中，2002年NASA发射的GRACE双子卫星现在正对地球的重力场进行详细的测量，这有可能帮助科学家尽快找到这种引力差距的原因。

（2）大气"逃脱"。

因为太阳的加热效果，地球大气层边缘的气体分子变得活跃，当温度到达一定高度，其中一些气体分子就可以脱离地球引力的束缚而"逃"到地球大气层之外的宇宙中去。这个过程很慢，但是一直在进行当中。正是因为这样，我们的地球表面才会有如此多的氧气，而较轻的氢分子因为质量轻而容易飞到大气层的外部，所以我们的大气层才会变得适合生物生存。

不过大家也不用担心氢元素在某天会在地球周围消失，因为氢可以和氧气结合形成 H_2O 分子，这样就变得非常稳定，不会轻易"逃到"大气层之外。

（3）地球运行速度变化

因为地球之外月球、太阳、行星等引力作用，地球的转动速度正在不知不觉中改变。地球自转一周的时间已经比过去短了数毫秒，科学家由此推断地球的角速度正在不断增加中，而具体的改变原因还不清楚。在相关的观测结果中，我们还可以看到，地球在1月和2月间运行速度是最慢的。

（4）四、范亚伦放射带。

距地球270英里的高空，存在一个由于地球南北磁极吸引宇宙射线粒子而形成的放射性区域。传说中的"阿波罗"号登月的宇航员穿越这个区域的时间很短，但是也需要冒着极大的辐射的危险。

事实上，美国曾于1962年使用核弹头在太平洋中部上空250英里处引爆，目的是在范亚伦放射带炸出一个缺口，令太空船能够通过。但结果却是，不但没有炸开，反而增加了一条人空的辐射带，放射性比范亚伦高出数十倍。

因为这个放射带的存在，怀疑美国登月真实性的人越来越多，也就不那么奇怪了。

（5）月球偏离。

经过25年的观测，人们发现月亮的轨道正在逐渐扩大，也就是说，月亮正在逐步远离我们。科学家更是计算出，月球绕地球转动的半径每年都要增加4厘米。也有科学家指出，在50亿年之后，太阳就会进入红巨星阶段，此时地球和月亮都会受到太阳大气的影响，最终两个星球还会重新靠近。

（6）月亮"涨气"。

众所周知的地球上水体的涨潮作用于月亮引力息息相关，但是很少有人知道月亮的引力还会对地球大气产生涨落的效果。有理论指出，月球引力对地球大气的影响在热带附近比较明显，把此处的大气变得更厚，同时更稀薄，但是这种影响的效果比起对地球水体的影响要小得多。

（7）钱德勒震荡。

这是一种地球自转方向上产生的自由震荡。1891年美国的天文学家发现了这个事实，那就是地球在433天里，自转角度偏转了1/3600秒，也就是说，地球两极偏离原来位置3~15米。

产生这种震荡的原因一直不明，直到2000年的7月才有科学家推测，地球产生钱德勒震荡的原因是由于海底温度和盐分的改变，以及风的运动，使得海床产生压力变化，从而产生这种变化。在2006年，科学家又发现地球的钱德勒震荡已经终止，到现在原因不明。

（8）地球"充电"。

1917年，科学家们发现地球表面不知什么原因带有负极电，但是地球究竟为什么带电，地球的"充电器"是什么，没有一个人说得清楚。在一些地区的晴朗天气里，地球和空气之间会产生电流，强度达到1500安培。但是对于整个地球这么庞大的"用电器"来说，这种强度的电流甚至称不上是电流，很快就会消失殆尽，所以这种电流的产生一定是由于某种东西充当"充电器"的角色。有人猜测这种"充电器"是雷电，但是还没有找到确凿的证据。

（9）巨量灰尘。

每年，都会有3万吨的太阳系灰尘来到地球表面，它们中大部分来自火星和土星间的小行星带，这些小行星产生的碎片、灰尘可能会朝着太阳飞去，也可能向外飞到达地球表面。由于大部分的灰尘和碎片速度都很快，所以在地球大气层中就会摩擦生热，最后变成流星而燃烧殆尽。一些没有烧完的，或者速度够慢的碎片会落到地球上，成为传说中的陨石。

（10）两极互换。

地球两极的磁性曾经发生过交换，并且不止一次。研究显示，地球磁屏的磁力在过去的150年内减弱了10%。北磁极是在1831年被首次发现的，而在1904年它被重新"拜访"的时候，被发现已经移动了31英里（约50公里）。但是为什么磁极会发生偏转或者互换，至今还是个谜。

3. 科学猜想——毁灭地球的七大灾难

（1）粒子实验可以吞噬地球。

科学家通过粒子加速器使粒子达到光速后，互相进行碰撞，来研究微观世界的能量定律。由于被研究的物质是如此之小，人类也许从不担心粒子会对人类构成什么威胁。但是最近，一些严肃的科学报告指出，在美国长岛的粒子加速器实验或相对论重离子碰撞实验，可能会产生一个微型黑洞，它将慢慢吞噬地球上的一切物质，包括地球。

（2）机器人接管世界。

经常有报道称，计算机的速度又达到了每秒多少亿次，一些科学报告甚至认为，到2030年，计算机或机器人将拥有和人类大脑一样的储存容量和处理速度，甚至能完全代替人类思考。科学家甚至预言，即使是无意识状态下的机器人，同样也能对人类构成威胁。

（3）生化武器的危害离人类并不遥远。

在20世纪60年代，随着抗生素和抗滤过性病原体的发明，人类充满信心地认为我们已经永远征服了各种传染疾病，所有病毒都可以被抗生素杀死。不幸的是，更多的病毒开始转变它们的基因以抵抗抗生素的作用。到现在为止，让医学家们束手无策的病毒不减反多。

基因工程走得更远，人类已经可以通过修补D. A改变生物体，用高科技改变一些动物或植物的遗传基因，人造染色体不久也将被用于医学和农业科学上。然而，这些善意的基因技术或许也将带来一场意想不到的灾难。人类也许认为自己操作的是一种友好的生物基因，然而它们可能会以某种科学家意想不到的方法毁灭庄稼、毁灭动物甚至人类。

生化武器病毒对人类来说是最大的威胁之一，以前它很难被制造，然而目前因特网上的一些生化病毒制造信息却使其变得十分容易。

（4）超级火山爆发。

地球上曾遭遇过至少六次毁灭性的火山爆发，相对于这些超级火山的爆发，意大利埃特纳火山只是一个小儿科。英国伦敦大学学院的地球物理学教授比尔·麦格在他的著作《走向世界尽头》一书中认为，下一场超级火山爆发只是一个时间问题。

（5）地震引发世界经济危机。

人类无法预知地球是否还会再发生一次类似 1923 年那样的东京大地震。在那场地震中，20 万人死亡，经济损失达 500 亿美元。科学家估算，如果人类再遭受一次类似 1923 年的东京大地震，世界股票市场将如自由跳水，欧洲和美国经济将彻底崩溃。

（6）小行星撞毁地球概率大过彩票中大奖。

在地球过去的历史上，曾经多次被来自外太空的小行星或慧星撞击过，但这些天外来客由于体积较小，对地球构不成巨大的伤害。然而，科学家认为，一颗直径超过 150 英尺的小行星撞向地球，就将成为一场人类的灾难。如果一颗这样大的小行星击中伦敦，将能使整个欧洲毁灭。科学家通过测算，认为一颗直径 1 公里大小的小行星每隔 10 万年就会撞击地球一次，这种尺寸的天外物体将会引起全球性的生态灾难。而一颗直径 10 公里大小的天外物体将会夷平地球，使地球重现 6500 万年前恐龙灭绝的灾难。据英国索尔福德大学的杜肯·斯蒂尔教授的研究，大约有 1500 颗直径 1 公里大小的小行星已经或正在掠过地球的轨道。

（7）地球温室效应日益明显。

在过去的一个世纪内，地球温度上升了 0.6 摄氏度，这直接导致了地球上由风暴、洪水、干旱等引起的各种天灾成倍增加。据统计，2000 年发生的地球天灾数是 1996 年的两倍。

4. 别有洞天——岩石中的洞

1835 年，修建伦敦至伯明翰的铁路时，科芬特里路段的修路工人们拾起一块红砂岩石准备扔上货车，不料岩石落在地上摔裂了。这时，人们发现这块岩是空心的，而岩石的空洞里竟然跳出一只活的蟾蜍？这只蟾蜍刚从岩里出来时，全身鲜黄褐色，但暴露在空气中不到十分钟变成几乎全黑色。岩石断裂时，它头部受了伤，所以不断地喘气，工人们小心翼翼地把它放回原有的空洞，并用泥土封好，但它活了四天就死去了。

1865 年，英国杜安郡哈特浦修建供水系统工程，工人们在推地时，从距地面 25 米深的石灰岩中挖出一只活蟾蜍，当时的报纸曾详细报道过。

当地地质学家泰勒牧师判断，那里的石灰岩地层已形成约 6000 年之久。这只蟾蜍后来被送往哈特浦博物馆保存。

1901 年，英国拉格比市的市民柯莱克给家中的火炉添煤。当他敲开一块煤时，竟发现煤中有东西在蠕动，仔细一看，原来是一只活的蟾蜍。这只蟾蜍没有嘴巴，全身几乎是透明的，后来活了五个星期之久。

人们都知道，动物维持生存需要食物、水和空气。蛙或蟾蜍之类两栖动物可以在泥中冬眠，不吃不喝几个月。但是如果当它们冬眠的时候发生了地壳变动，淤泥变成了岩石，并经过了漫长的地质年代，那它们怎么能在那里长时期地生存呢？

有一种解释认为，蟾蜍生存在其中的岩石，虽然外表看起来很坚固，但实际上有不少微小的缝隙，可以渗入水分和空气。以石灰岩来说，旧岩层与新沉积的碳酸钙之间就会有不少缝隙。但在一般人看来，二者似乎没有什么区别。由于岩石中这些缝隙渗入的水分和空气，使蟾蜍得以生存。但动物的生存还需要热量。尽管蟾蜍类动物处在冬眠状态时，热量消耗可以降得很低，但从理论上讲，无论如何也无法维持数千年之久。因此这些岩石中的蟾蜍到底是怎样维持生命的，直到现在也还是个不解的谜。

岩石中既然有蟾蜍，也就可能有其他两栖爬行类动物。据报道，1856 年冬。一批法国工人在圣第色至南端铁路上开凿一个隧道。在半明半暗的隧道中，突然有只大蝙蝠似的怪物从工人们刚凿开的侏罗纪石灰岩中爬出来。它拍动双翼，发出凄厉的叫声，不久便倒下死去。这只动物展翼长达 3.3 米，脚端有长爪，嘴里长着和齿，皮厚无毛。附近格雷镇的一个古生物学学生一见就认定它是一只翼手龙。在那块石灰岩里，还发现一个空洞，其大小和形状与动物的形体完全吻合。但这只翼手龙的尸体未能够保存下来。不过，也许我们今后还会遇到在岩石中发现的其他稀有生物。

5. 惊天秘闻——天狼星系与多贡人

尼日尔河是非洲西部的大河之一，它流过马里共和国时拐了个大弯。在河湾处，居住着一个名叫多贡族的黑人土著民族，他们以耕种和游牧为生，生活艰难贫苦，大多数人还居住在山洞里。他们没有文字，只凭口授来传述知识。看上去同西非其他土著民族没有什么两样。

20 世纪 20 年代，法国人类学家格里奥和狄德伦为调查原始社会宗教，来到西非，在多贡人中居住了十年之久。长时期的交往使他们得到了许多多贡人的信任。从多贡人最高级的祭司那里，他们了解了一个极为令人惊讶的现象：在多贡人口头流传了四百年的宗教教义中，蕴藏着有关一颗遥远星星的丰富知识。那颗星用肉眼是看不见的，即使用望远镜也难以看到。这就是天狼伴星。

多贡人把天狼伴星地叫"朴托鲁"。在他们的语言中。"朴"指细小的种子，"托鲁"指星。他们还说这是一颗"最重的星"，而且是白色的。这就是说，他们已正确地说明了这颗星的三种基本特性：小、重、白。实际上，天狼伴星正是一颗白矮星。

而天文学家最早猜测到天狼伴星的存在是在 1844 年，借助高倍数望远镜等各种现代天文仪器，1928 年人们才认识到它是一颗体积很小而密度极大的白矮星。直到 1970 年才拍下了这颗星的第一幅照片。生活在非洲山洞里的多贡人显然没有这种高科技的天文观测仪器，那么，他们是怎样获得有关这颗星的知识的呢？

不仅如此，多贡人还在沙上准确地画出了天狼伴星绕天狼星运行的椭圆形轨迹，与天文学的准确绘图极为相似。多贡人说，天狼伴星轨道周期为 50 年；本身绕自转轴自转。他们又说，天狼星系中还有第三颗星，叫做"恩美雅"，而且有一颗卫星环绕"恩美雅"运行。不过直到现在，天文学家仍未发现"恩美雅"。

多贡人认为，天狼伴星是神所创造的第一颗星，是整个宇宙的轴心。此外他们还早就知道行星绕太阳运行，土星上有光环，木星有四个主要卫星。他们有四种历法，分别以太阳、月亮、天狼星和金星为依据。

据多贡人说，他们的天文学知识是在古代时，由天狼星系的智慧生物到地球上来传授给他们的。他们称这种生物为"诺母"。在多贡人的传说中，"诺母"是从多贡人现今的故乡东北方某处来到地球的。他们所乘的飞行器盘旋下降，发出巨大的响声并掀起大风，降落后在地面上划出深痕。"诺母"的外貌像鱼又像人，是一种两栖生物，必须在水中生活。在多贡人的图画和舞蹈中，都保留着有关"诺母"的传说。

多贡人神奇的天文学是天狼星系的智慧生物所传授的吗？天狼星系的飞船是否在古代降临过地球？如果说不是，那么多贡人关于天狼星的知识又是从哪儿传授来的呢？

6. 地域风貌——世界上最大的黄土高原

我国科学家最近研究发现，我国黄土高原发育风尘堆积的各种环境条件在 2200 万年前就已形成，并持续发展至今。那时，逐渐隆起的青藏高原以它那"伟岸"的身躯改变了大气环流，从而导致了亚洲内陆的荒漠化。

两极冰盖的形成和发展、亚洲及北美内陆干旱化，一直被学术界看做是新生代全球气候恶化的重要标志。然而，广袤的亚洲内陆荒漠是从什么时候开始起源？形成于何时？学术界一直存在争议。

近年来，在青藏高原北侧的甘肃陇西地区，科学家发现了一套中新世形成的黄土—古土壤序列，这套序列厚达 253 米，包含了 230 多层清晰的古土壤。通过年代测定，科学家确定它的形成时代为 2 200 万到 620 万年前，中间只有不足 100 万年的"缺失"。

"这是全球迄今发现的最为连续完整的晚新生代陆相风尘堆积序列，从而将中国风尘堆积的起始年代前推到 2 200 万年前。"中国科学院地质与地球物理所郭正堂研究员指出，由于当时是全球环境、古生物和构造等的大变革时期，这套记录为全球和区域环境演化及相关研究提供了新的可能性。

专家指出，稳定的大规模风尘堆积需要两个条件：一是大面积的干旱区作为风尘的物源，二是要有足够强劲的风力来将风尘搬运到黄土高原。这一研究揭示出亚洲内陆荒漠化和亚洲冬季风环流起源于 2200 万年前。

进一步的研究发现，亚洲内陆干旱化在距今 360 万年前后又大幅度加剧，可能与当时青藏高原的大幅度隆升有密切关系。

郭正堂研究员分析说，这些研究表明，喜马拉雅山的隆升对水汽的阻挡和对大气环流的改变可能是亚洲内陆荒漠化起源、产生风尘堆积的重要因素；中新世初期的全球变冷会减少海洋向内陆输送的水汽，可能也影响了干旱化的发展。

7. 渔夫传说——海怪之谜

自古以来，世界各国的渔夫和水手们中间就流传着可怕的海中巨怪的故事。在传说中，这些海怪往往体形巨大，形状怪异，甚至长着七个或九个头。其中最著名的当属 752 年卑尔根主教庞毕丹在《挪威博物学》中描述的"挪威海怪"，据说，"它背部，或者该说它身体的上部，周围看来大约有一里半，好像小岛似的。……后来有几个发亮的尖端或角出现，伸出水面，越伸越高，有些像中型船只的桅杆那么高大，这些东西大概是怪物的臂，据说可以把最大的战舰拉下海底"。

19 世纪以来，随着现代动物学的发展，过于荒诞的海怪传说逐渐消失。但还有一些报道，值得我们注意：

1861 年 11 月的某天，法国军舰"阿力顿"号从西班牙的加地斯开往腾纳立夫岛途中，遇到一只有 5~6 米长，长着两米长触手的海上怪物。船长希耶尔后来写道："我认为那就是曾引起不少争论的、许多人认为虚构的大章鱼。"希耶尔和船员们用鱼叉把它叉中，又用绳套住它的尾部。但怪物疯狂地乱舞角手，把鱼叉弄断逃去。绳索上只留下重约 40 磅的一块肉。

1978 年 11 月 2 日，加拿大纽芬兰三个渔民在海滩上发现一只因退潮而搁浅的巨大海洋动物，渔民们说，它身长足有 7 米，有的角手长达 11 米以上，角手上的吸盘直径达 10 厘米，眼睛足有脸盘大。渔民们用钩子钩住它，怪物挣扎了一会儿，不久就死去了。

比利时的动物学家海夫尔曼斯搜集并分析了从 1639 年至 1966 年 300 多年间共 587 宗发现海怪的报告，排除可能看错的、故意骗人的和写得不清楚的，认为可信的有 358 宗。

他把这些报道中所有的细节输入电脑分析，得出九种不同的海怪。虽然这些报道中仍不免有夸张成分，但其中至少有一种从前人们认为"不可能存在"的海中巨怪到证实：那就是大王乌贼。

19世纪70年代，几次发生大王乌贼的残骸在加拿大海滨被冲上岸的情况，其中有一次还是活的，借助这些实体，人们终于了解了大王乌贼的一些情况。

大王乌贼生活在太平洋、大西洋的深海水域，体长约20米，重2～3吨，是世界上最大的无光脊椎动物。它的性情极为凶猛，以鱼类和无脊椎动物为食，并能与巨鲸搏斗。国外常有大王乌贼与抹香鲸搏斗的报道。据记载，有一次人们目睹了一只大王乌贼用它粗壮的角手和吸盘死死缠住抹香鲸，抹香鲸则拼出全身力气咬住大王乌贼的尾部。两个海中巨兽猛烈翻滚，搅得浊浪冲天，后来又双双沉入水底，不知所终。这种搏斗多半是抹香鲸获胜，但也有过大王乌贼用鲁手钳住鲸的鼻孔，使鲸窒息而死的情况。

这么看来，前面所引用的1861年和1878年人们遇到的海怪，可以肯定就是大王乌贼。最大的大王乌贼可能有多大？这个问题不好回答。人们曾测量一只身长17.07米大王乌贼，其角手上的吸盘直径为9.5厘米。但从捕获的抹香鲸身上，曾发现过直径达40厘米以上的吸盘疤痕。

由此推测，与这条鲸搏斗过的大王乌贼可能身长达60米以上。如果真有这么大的大王乌贼，那也就同传说中的挪威海怪相差不远了。

8. 神秘世界——"四度空间"

1934年，在美国菲拉狄尔菲亚港，有一艘满载官兵的驱逐舰，正启程远海驶去。突然，一阵波涛袭来，还没等司舵把稳方向，转瞬间，这艘船却神奇地在弗吉尼亚州东南部的诺福克海港出现了。

舰长、大副、领航、司舵和水手们个个睁大了眼睛，面面相觑，谁也不知道发生了什么事情，舰长紧蹙双眉地纳闷着菲拉狄尔菲亚港和诺福克港之间距离500多公里，在短促的时间里，怎么可能由一个港口航行到另一个港口？况且大副、领航、司舵又没失职，层层控制着这艘船，又怎么会发生这种不可思议的事情？

1956年5月10日，美国西部俄克拉荷马州一个叫做奥塔斯的城市里，八岁的小孩吉米正和小伙伴特姆、肯一起玩"捉强盗"的游戏。由吉米爬上附近一家人家的围墙，抓住从围墙下通过的肯。正玩在兴头上，吉米忽然大喊一声："肯，等一下！"就从围墙上跳了下来，就在这一刹那间，吉米不见了人影，特姆和肯大吃一惊，急忙喊道："喂！吉米！""吉米！你藏到哪儿去啦？快出来！"

两个孩子声嘶力竭地呼唤着自己的伙伴，但是听不到任何回音，吉米仍然杳无踪影。人们听说吉米在两个同伴眼前突然失踪，顿时哄动起来。吉米的妈妈急忙和警察局报告，警方以为发生了诱拐儿童的案件，立即出动进行搜查，但是毫无结果。

一个月过去了，有一天，吉米的母亲也出乎意料地失踪了。当时由于没有人在现场，不知道她失踪时的情形。但是，连续发生两起突然失踪的事件使警方紧张起来，再次进行全面侦查，仍然一无所获。吉米母子俩为什么会去向不明，一直无人知晓。

1960 年，在神秘的百慕大海域也发生一件怪事。

在众多旁观者面前，美国的战斗机被云吞噬，就此消失。

目击者之一 H. 维克多回忆说：“当时我在金德雷空军基地的人工卫星站工作。那天气候良好，空中除了一朵云之外，一片晴朗。

“五架战斗机从事训练飞行。包括我在内，很多基地人员都在观赏天空的情况，五架战斗机在离海岸 800 米的上空冲进一朵飘浮的白云中，我拼命伸长脖子望着天空，但是它始终未再出现。”

“基地顿时骚动起来。控制塔的指挥自始至终都是目击者，他也一样没有看到任何物体从云中掉到海上，雷达屏幕上也显示出本来的五架战斗机的影子，突然间地消失了一架，立即引起官方注意，而派出搜索队。”

“搜索的范围是基地的海岸到 800 公尺外的浅滩。”

“找了又找，连一个战斗机碎片也没有发现。那朵白云吞噬了一架战斗机，在不知不觉中消失了……”

1968 年 6 月 1 日又出现了一件古怪的事，那天，在南美洲阿根廷首都布宜诺斯艾利斯郊外，两辆汽车正在高速公路上行驶。

一辆坐着律师毕特耳夫妇，另一辆载着他们的朋友——哥登夫妇，他们的目的地是 150 公里外的麦布市。

哥登夫妇一路领先，不久，汽车的暮色中到达麦布市郊，回头往后一看，毕特耳夫妇的车子不见了，他们还以为律师的车子发生了故障，进城后，他俩分头打电话给沿途的村镇，又派人沿高速公路搜索。

两天过后，一无所获，哥登夫妇只好报警。

就在同一天，哥登接到墨西哥打来的长途电话，说话人竟是毕特耳律师本人。原来他们遇到了一件不可思议的奇事：

当毕特耳夫妇的车子经过雪斯哥姆市后，车子前方突然白雾笼罩，不久，车身全被白雾包围。毕特耳看表，时间是午夜 12 点 10 分，就在这时，夫妇俩忽然昏迷过去。也不知经过多长时间，他们苏醒过来，天色已经放亮，车子仍然在高速公路上行驶。

奇怪的是，路上的风光景色，以及行人的穿戴服饰，都和阿根廷不同，停车一问，真叫人大吃一惊：原来他们已在墨西哥城了！

阿根廷距离墨西哥最少也有 6000 公里，他们怎么会把车子从阿根廷开到墨西哥的呢？律师先生自己也说不出个头绪来。

毕特耳夫妇赶快打电话给阿根廷驻墨西哥的领事馆，要求帮忙。这时，他们两人的表针都停在 12 点 10 分，而实际上，这天已是 6 月 3 日了。

像这种怪事，世界上已发生过多次，所以，引起了许多科学家的注意。

科学家认为：地球和某种神秘世界之间，存在着一种不可捉摸的通道。通道的两边是两个不同层次的世界。研究这种现象的人，把藏在通道另一侧的神秘世界，称做"四度空间"。

宇宙是无穷无尽的，在浩瀚无涯的宇宙中，还蕴藏着无数的秘密。科学家们对"四度空间"深入探索将会揭开这神秘世界之谜。所谓"四度空间"的奥秘，必定在不久的将来被人类认识。

9. 地球黑洞——百慕大三角区

在 20 世纪海上发生的神秘事件中，最著名而又最令人难解的，当属发生在百慕大三角的一连串飞机、轮船失踪案。据说自从 1945 年以来，在这片海域已有数以百计的飞机和船只神秘地无故失踪。失踪事件之多，使世人无法相信其尽属偶然。所谓百慕大三角是指北起百慕大群岛，南到波多黎各，西至美国佛罗里达州这样一片三角形海域，面积约 100 万平方公里。由于这一片海面失踪事件叠起，世人便称它为"地球黑洞"、"魔鬼三角"。

1945 年 12 月某日，美国第十九飞行队的队长泰勒上尉带领 14 名飞行员，驾驶着 5 架"复仇者"式鱼雷轰炸机，从佛罗里达州的劳德代尔堡机场起飞，进行飞行训练。泰勒是一名经验丰富的飞行员，有着在空中飞行 2599 小时的飞行记录，他的飞行技术对完成这样的训练任务应该是根本不成问题的。但当飞行的机群越过巴哈马群岛上空时，基地突然收到了泰勒上尉的呼叫："我的罗盘失灵了！"，"我在不连接的陆地上空！"以后两个小时，无线电通信系统断断续续，但是还能显示出他们大致是向北和向东飞。下午 4 点，指挥部收到泰勒上尉的呼叫："我弄不清自位置，我不知在什么地方。"接着电波信号越来越微弱，直至一片沉寂。指挥部感到这事不大对头，立即派一架水上飞机起飞搜索。半小时后，一艘油轮上的人看见一团火焰，那架水上飞机坠落了。

在短短的 6 个小时，6 架飞机，15 位飞行员一下子都不见了。他们消失得莫名其妙。这件事使美国当局受到极大的震动，军方决心查个水落石出。次日，在广达 600 万平方公里的海面上，出动了 300 架飞机和包括航空母舰在内的 21 艘舰艇，进行了最大规模的搜索。搜索范围从百慕大到墨西哥湾的每一处海面，时间达 5 天之久，可仍没能找到那六架飞机的踪影。

多年来，人们对这次事件传说纷纭，百慕大海域也就随着这次事件的披露而出了名。然而，该地区无法解释的船只或飞机失踪事件，可以追溯到 19 世纪中叶。

早在 1840 年，一艘名叫"洛查理"的法国货船航行到百慕大海面时，人们就发现船上食物新鲜如初，货物整齐无损，而船员却全部神秘地失踪了。

1872年，在亚速尔群岛以西的海面上，又有人发现叫"玛丽亚·米列斯特"的双桅船在海上漂流，船上摆放着新鲜的水果、食物，甚至半杯咖啡还没喝完，而船内空无一人。

1935年，意大利藉货轮"莱克斯"号的水手们眼看着美国帆船"拉达荷马"号一点点被海浪沉没。但5天后，他们又亲眼看到这艘帆船居然又漂浮在海面上。水手们简直不敢相信自己的眼睛，即使是他们连同被救起的"拉达荷马"号船员一起跳到这艘船上，他们还怀疑自己是不是在做白日梦。

另一个突出事例是装载着锰矿的美国海军辅助船"独眼神"号在1918年3月失踪，这艘巨型货轮拥有309名水手，并有着当时良好的无线电设备，竟没有发出任何呼救信号就无影无踪。

1951年，巴西一架水上飞机在搜寻他们一艘在这片海域失踪军舰时，发现百慕大海域的水面下有一个庞大的黑色物体，正以惊人的速度掠过。

1977年2月，有人驾驶私人水上飞机飞过百慕大海域，发现罗盘指针偏离了几十度，正在吃饭的人发现盘子里的刀叉都变弯了。飞离这里后，他们还发现录音机磁带里录下了强烈的噪音。

美国海难救助公司的一位船长说，有一次他乘船途经百慕大海域时，船上的罗盘指针突然猛烈摆动，正在运转的柴油机功率突然消失，浊浪滔天，船的四周都是大雾。他命令轮机手全速前进，终于冲出大雾。但这片海域外的海浪并不大，也没有雾。他说，从未见过这种怪事。

百慕大三角发生的事件，引起了各国科学家和有关方面的注意。人们对此提出了种种不同的看法。

有人认为百慕大海底有巨大的磁场，因此会造成罗盘失灵。1943年，一位名叫裘萨的博士曾在美国海军配合下作了一次实验，以两台磁力发生机输出磁力。磁力发生机开机后，船体周围涌起绿色烟雾，船和人都受到了某种刺激，有些人经治疗恢复正常，事后裘萨却自杀而死。因此结果也就不了了之。

有人认为百慕大区域有着类似宇宙黑洞的现象。但"黑洞"是在太空中的一种状态，在地球上是否有黑洞，还有待证明。有人认为百慕大海域海底有一股潜流与海面潮流发生冲突时，就会造成海上事故，但这股海底的潜流又是怎样形成的，至今也没有一个较为合理的解释。

此外，还有次声破坏论、空气湍流论等种种说法，但这些解释也都是一种假说，既缺乏足够的依据，也未能为人们普遍接受。

1979年，美国和法国科学家组织的联合考察组，在百慕大海域的海底发现一个巨大的水下金字塔。根据美国迈阿密博物馆名誉馆长查尔斯·柏里兹派人拍下的照片，可以看到这个水下金字塔比埃及大金字塔还要巨大。塔身上有两个黑洞，海水高速从洞中穿过。

水下金字塔的发现，使百慕大三角谜变得更为神秘莫测，它到底是人造的还是自然形成的？它与百慕大海域连续发生的海难和空难有什么关系？这些都有待人们的进一步探讨。百慕大这个黑洞，至今还没有看见底。

10. 有根有据——地球的年龄

中国古人推测："自开辟至于获麟（指公元前481年），凡三百二十六万七千年。"

17世纪西方国家的一个神父宣称，地球是上帝在公元前4004年创造的。如此等等说法，纯属臆想，毫无科学根据。

最早尝试用科学方法探究地球年龄的是英国物理学家哈雷。他提出，研究大洋盐度的起源，可能提供解决地球年龄问题的依据。1854年，德国伟大的科学家赫尔姆霍茨根据他对太阳能量的估算，认为地球的年龄不超过2500万年。1862年，英国著名物理学家汤姆生说，地球从早期炽热状态中冷却到如今的状态，需要2000万至4000万年。这些数字远远小于地球的实际年龄，但作为早期尝试还是有益的。

到了20世纪，科学家发明了同位素地质测定法，这是测定地球年龄的最佳方法，是计算地球历史的标准时钟。根据这种办法，科学家找到的最古老的岩石，有38亿岁。然而，最古老岩石并不是地球出世时留下来的最早证据，不能代表地球的整个历史。这是因为，婴儿时代的地球是一个炽热的熔融球体，最古老岩石是地球冷却下来形成坚硬的地壳后保存下来的。

20世纪60年代末，科学家测定取自月球表面的岩石标本，发现月球的年龄在44亿至46亿年之间。于是，根据目前最流行的太阳系起源的星云说，太阳系的天体是在差不多时间内凝结而成的观点，便可以认为地球是在46亿年前形成的。然而，这是依靠间接证据推测出来的。事实上，至今人们还没有在地球上发现确凿的"档案"，来证明地球活了46亿年。

11. 科学解谜——罗布泊消失的原因

历史上的罗布泊曾经碧波荡漾，1972年彻底干涸。后来，由科技部和中科院共同资助的"中国大陆环境科学钻探工程罗布泊深钻"项目开始实施。该项目是以中国科学院安芷生院士为首席科学家的"中国大陆环境科学钻探工程"的第一钻。

钻探队在60米至120米井段，采集到两段近6米长的含较多粗粒石膏的细沙层样本。据此推测，罗布泊在距今80万年前曾发生一次强烈变干事件。此外，钻探队在250米至350米井段，还发现两段6米到8米含少量细粒石膏晶体的粉沙和沙的互层样本，这表明罗布泊在距今350万年前也曾经历过一次强烈变干事件。

研究人员说，钻探点在地下 36 米处是个分界点，罗布泊在该点急剧变干，该点以上的岩层已经没有罗布泊湖水的沉积物。如果测定出这一点的地质年代，便可以推断出罗布泊湖水在这一点干涸的时间。

据此，研究人员推测，罗布泊的干涸是几次强烈变干事件导致沙子大量涌入造成的，这是一个阶段性的过程。但是，沙子是如何大量涌入的尚不能确定。其中一个可能的解释是，由于当时的全球气候普遍相对干旱，罗布泊水位降低，使得塔里木河水注入，导致沙子大量涌入。另一种可能是青藏高原强烈隆升带来了大量的沙子。究竟是哪个原因起主导作用，还要等待进一步的定量研究后才能得出结论。

"中国大陆环境科学钻探工程罗布泊深钻"是中国科学家在罗布泊地区进行的首次系统性环境科学钻探。除在台特马湖附近的第一钻探点进行深钻外，科学家还将在罗布泊地区的其他地点进行 50 米至 250 米以上深度的平行浅钻，以便对罗布泊不同演化阶段的中心和第一钻探点的分析结论作出验证和补充。

12. 骇人听闻——外星婴儿降落人间

1983 年 7 月 14 日傍晚 8 时左右，苏联中亚发生一件奇事。在群山环抱的索斯诺夫卡村，突然一个火红的发光体出现在天空，照亮了群山和山庄。过了几秒钟，空中传出几声巨响，爆炸声震撼着山谷，村民们惊恐万状。事后不久，不少苏联记者、摄影师赶到索斯诺夫卡村，并向新闻单位报告。这些报道一致认为，爆炸规模极大，方圆 20 公里的山民都听到了巨大响声。山村的一片空地上有一堆冒着烟火的残骸。有人说看见一个圆形飞行物，外形像飞碟、直径约 30 米。一个牧羊人看见天上掉下了一个东西。苏军赶去封锁了现场。从一个长、高、宽约 1.5 米的球体里发现一个男婴，像是在熟睡。苏军埃马托夫上校后来向记者说："那是一个'外星婴儿'，是一架出事的外星宇宙飞船在危急时刻释放在空间的，那个球体十分平稳地着陆了，可见'外星人'的技术有多么先进。我们完全有把握说，这个球体是一个宇航急救系统。孩子没有受伤。"

婴儿降落地面三个月后，虽然经医学专家多方护理和抢救，终于 10 月 3 日死去。事后，照料宇宙婴儿的一位医生说："说真的，那孩子很像我们地球人的婴儿，他跟我们一样。所不同的是，他的手指和脚趾间有蹼，这说明他曾在水里生活过很长时间；另一个不同之处是这个婴儿的眼睛呈奇怪的紫色。X光透视，他的机体结构跟我们人一样，只是他的心脏特别大，脉搏较慢，每分钟 60 次。"

13. 南极"魔海"——威德尔海

一提起魔海，人们自然会想到大西洋上的百慕大"魔鬼三角"，这片凶恶的魔海，不知吞噬了多少舰船和飞机。它的"魔法"究竟是一种什么力量，科学家们众说纷纭，至今还是一个不解之谜。然而在南极，也有一个魔海，这个魔海虽然不像百慕大三角那么贪婪地吞噬舰船和飞机，但它的"魔力"足以令许多探险家视为畏途，这就是威德尔海。

威德尔海是南极的边缘海，南大西洋的一部分。它位于南极半岛同科茨地之间，最南端达南纬83°，北达南纬70°至77°，宽度在550千米以上。它因1823年英国探险家威德尔首先到达于此而得名。

魔海威德尔海的魔力首先在于它流冰的巨大威力。南极的夏天，在威德尔海北部，经常有大片大片的流冰群，这些流冰群像一座白色的城墙，首尾相接，连成一片，有时中间还漂浮着几座冰山。有的冰山高一两百米，方圆二百平方千米，就像一个大冰原。这些流冰和冰山相互撞击、挤压，发出一阵阵惊天动地的隆隆响声，使人胆战心掠。船只在流冰群的缝隙中航行异常危险，说不定什么时候就会被流冰挤撞损坏或者驶入"死胡同"，使航船永远留在这南极的冰海之中。1914年英国的探险船"英迪兰斯"号就被威德尔海的流冰吞噬。

在威德尔的冰海中航行，风向对船只的安全至关重要。在刮南风时，流冰群向北散开，这时在流冰群之中就会出现一道道缝隙，船只就可以在缝隙中航行。如果一刮北风，流冰就会挤到一起，把船只包围，这时船只即使不会被流冰撞沉，也无法离开这茫茫的冰海，至少要在威德尔海的大冰原中待上一年，直至第二年夏季到来时，才有可能冲出威德尔海而脱险。但是这种可能性是极小的，由于一年中食物和燃料有限，特别是威德尔海冬季暴风雪的肆虐，使绝大部分陷入困境的船只难以离开威德尔这个魔海，它们将永远"长眠"在南极的冰海之中。所以，在威德尔及南极其他海域，一直留传着"南风行船乐悠悠，一变北风逃外洋"的说法。直到今天，各国探险家们还恪守着这一信条，足见威德尔海的神威魔力。

在威德尔海，不仅流冰和狂风对人施加淫威，而且鲸群对探险家们也是一大威胁。夏季，在威德尔海碧蓝的海水中，鲸鱼成群结队，它们时常在流冰的缝隙中喷水嬉戏，别看它们悠闲自得，其实凶猛异常。特别是逆戟鲸，是一种能吞食冰面任何动物的可怕鲸鱼，有名的海上"屠夫"。当它发现冰面上有人或海豹等动物时，会突然从海中冲破冰面，伸出头来一口吞食掉。用那细长的尖嘴，贪婪地吞噬海豹和企鹅，其凶猛程度，令人毛骨悚然。正是逆戟鲸的存在，使得被困威德尔海的人难以生还。

绚丽多姿的极光和变化莫测的海市蜃楼，是威德尔海的又一魔力。船只在威德尔海中航行，就好像在梦幻的世界里飘游，它那瞬息万变的自然奇观，既使人感到神秘莫测，又令人魂惊胆丧。有时船只正在流冰缝隙中航行，突然流冰群周围出现陡峭的冰壁，好像船只被冰壁围住，挡住了去路，似乎陷入了绝境，使人惊慌失措。雾时，这冰壁又消失得无影无踪，使船只转危为安。有的船只明明在水中航行，突然间好像开到冰山顶上，顿时，把船员们吓得一个个魂飞九霄。还有当晚霞映红海面的时候，眼前出现了金色的冰山，倒映在海面上，好像向船只砸来，给人带来一场虚惊。在威德尔海航行，大自然不时向人们显示它的魔力，戏耍着人们，使人始终处在惊恐不安之中。经查实，才知是大自然演出的一场闹剧。正是这一场场闹剧，不知将多少船只引入歧途，有的竟为避虚幻的冰山而与真正的冰山相撞，有的受虚景迷惑而陷入流冰包围的绝境之中。

威德海是一个冰冷的海，可怕的海，神秘莫测的海，也是世界上又一个神奇的魔海。

14. 荒诞不经——"魔鬼"的蹄印

1855 年 2 月 9 日晚，英国的迪文郡下了一场大雪，伊斯河上也结了厚厚的冰。第二天早晨，人们发现在茫茫雪原上，留下了一道神秘的蹄印。这蹄印长 4 英寸，宽 2.75 英寸，每个蹄印之间相距 8 英寸。蹄印的形状完全一致，整整齐齐。看过的人都说，绝不会是鹿、牛等四足动物的蹄印，而似乎是一只用两腿直立行走的分趾有蹄动物所留下来的。

但哪里有这样的动物呢？

更奇怪的是，这些蹄印从托尼斯教区花园开始出现，走过平原，走过田野，翻过屋顶，越过草堆，跨过围墙，一直往前。似乎什么高墙深沟都阻止不了它。在一个村子里，有条 6 英寸粗的水渠管，蹄印好像是从管子一头进去，从另一头出来。整整走了一百多英里，横贯全郡，最后消失在利都汉的田间。

当时数百人看到过这些蹄印，当地报社收到许多读者的来信，报纸报道了这一消息并刊出了蹄印的图画，还有人带着猎狗去追踪这些蹄印。但当蹄印走进一片树丛时，猎狗不管主人如何驱使也却步不前，只是对着树丛不停地号叫。村民们担心是猛兽出没，大家拿着武器四处寻找，结果什么也没有找到。好像哪只动物又神奇地消失了，从此无影无踪。

一位博物学家认为那些蹄印和袋鼠的蹄印有些相似。但英国并不产袋鼠，于是有人怀疑是动物园的袋鼠跑出来了。然而动物园宣称并没有袋鼠逃脱。除非是哪个袋鼠从动物园中跑出来，转了一圈后又神不知鬼不觉地自己跑回笼子中去了。

当地教堂的神父认为，这是魔鬼留下的分趾蹄印。只有魔鬼才是有蹄子而又用两腿直立行走的。科学家当然不相信什么魔鬼，但到底是什么蹄印呢？这至今还是一个不解之谜。

15. 解惑释疑——地球故事

10多亿年前，地球的一天只有18小时，地球自转越来越慢。今天的一天是24小时，据科学家估算，在遥远的未来，地球上的一天将会是960小时！而10亿年前，月球离地球更近，那时一个月才20天。目前，月球仍以每年4厘米的距离远离地球。

（1）地球的表面积是多少？

地球的表面积是51 010万平方公里。

（2）地球上的沙漠面积多大？

地球上约有1/3的面积是沙漠，如果人类对自己的行为不加以约束，地球沙漠化会更加严重。北非的撒哈拉沙漠是世界上最大的沙漠，是美国加利福尼亚莫哈韦沙漠的23倍。

（3）地球内部温度有多高？

每向地球里面走1公里温度就会增加摄氏20度。据科学家推算，在地球的中心地区，温度高达摄氏3 870度。

（4）河流是活的吗？

当然，我们所说的"活"不是传统意义上的生命生长，但河流却像所有的有生命的生物一样有寿命。它们出生后会慢慢长大，这是指在流域面积方面在扩大，然后随着年龄的增长也会死亡。

（5）每秒钟发生多少次闪电？

也许你现在所在的地方晴空万里，但别的地方却在雷雨交加，据科学家测算，平均每秒钟会发生100次闪电，不过这只是击中地面的闪电。任何一分钟里，围绕着我们的地球都有1 000多次雷暴，引起6 000多次闪电，它们中的许多只发生在云层里。

（6）岩石会在水中漂浮吗？

人们一定会觉得这是一个古怪的问题，岩石怎么会漂浮起来呢？其实这是一个事实。当火山爆发时，熔岩中分离出来的气体会产生一种被称为浮石的岩石，这种岩石里面有许多气泡，所以它们能在水中漂浮。

（7）岩石会生长吗？

是的，岩石会生长。有一种铁锰岩石在海底的山脉中生长，这种岩石壳慢慢地吸收海水中沉淀的矿物质，每100万年增长约1毫米，而人的手指甲在两周的时间里就会长出这么多。

（8）世界上最大的湖是哪个？

就面积而言，里海是世界上最大的湖，它位于东南欧和西亚之间。

（9）如果南极的冰盖融化，海平面到底能升高多少？

南极洲的冰盖占地球上冰的存量的近90%，地球上淡水量的70%就储存在南极冰盖中。如果整个南极冰盖全部融化，那么海平面将会上升220英尺，或者说有20层大楼高。科学家透露，南极的冰在逐渐融化，据联合国报告说，按照全球气温上升的趋势，最坏的情况是，到2100年，海平面将会上升3英尺（约1米）。

（10）淡水主要存在于什么地方？

任何时候，世界上的淡水主要是地下水，地下水的储量是所有淡水湖储量的30倍，是河流总量的3 000倍。全世界的人每年要消耗4 000亿加仑淡水。

（11）地球上储存的淡水有多少？

地球上储存着200多万立方英里的淡水。火星上近表也有许多水，但到目前为止探测到的水都以固体形式存在，没有人确切知道那里到底有多少水。

解开地球奥秘的八个事实

（1）地球上最容易发生地震和火山爆发的地区在哪里？

大部分的地震和火山爆发发生在地球上12个板块的边界处，它们都或多或少地在地球表面移动。不过，最活跃的板块之一是太平洋板块，围绕着这个板块的边界地区经常发生地震和火山爆发，所以又被称为太平洋火山地震带，从日本到阿拉斯加再到南美，这个地区范围很广。

（2）地球的内核是固体的吗？

据信，地球的核心部分是固体的，但地核的外围却因为温度太高而融化了，我们从来没有到达地球的中心，所以科学家也不能肯定准确的组成物质。最近有科学家提出了一个好莱坞式的大胆的想法，挺有意思，就是把地球钻出一洞，让一个探测器钻进去探测更多的内部情况。

（3）速度最快的地表风纪录是多少？

地球表面最快的"正常的"风速达到372公里/小时，这是1934年4月12日在美国新罕布尔什州的华盛顿山记录的。但是1999年5月在俄克拉荷马州发生的一次龙卷风中，研究人员测到的最快风速达到了513公里/小时，作为比较，海王星上的风带最快可达1 448公里/小时。

（4）五颜六色的烟火是怎么形成的？

在节日里放的烟火五颜六色，这是地球上的矿物质制造出的颜色，锶会产生深红色，铜产生蓝色，钠产生黄色，铁屑和木炭会产生金色的火花，明亮的闪光和响亮的声音则来自铝粉。

（5）世界上共出产了多少黄金？

全世界一共出产了19.3万多公吨（4.25亿磅）黄金。如果把这些黄金都堆积在一起，能够堆出一个方形的 7 层楼高的结构。南非和美国是两个黄金出产国，南非年产 5300 公吨黄金，美国年产 3200 多公吨。

（6）地球上最热、最冷的地方在哪里？

如果你认为美国加利福尼亚的死亡谷是世界上最热的地方可就错了，一年有许多天那里非常热，但有纪录的最热的地方却是在利比亚的阿齐济亚，1922 年 9 月 13 日，那里的气温达到了摄氏 57.8 度，这是有气温记录以来的最高值。1913 年 7 月 10 日，死亡谷的最高气温达到了华氏 134 度。世界上温度最低的地方是南极洲的东方站，1983 年 7 月 21 日的气温是摄氏零下 89 度。

（7）雷是怎么产生的？

如果你认为是闪电引起的，也没错，不过准确的说法是闪电周围的空气温度急剧上升，大约是太阳温度的 5 倍，突然的加热让空气以比音速还快的速度膨胀，这会压缩附近的空气形成冲击波，我们就会听到雷声。

（8）地球永远存在下去吗？

天文学家知道，再过几十亿年，太阳将会极度膨胀，会把地球包围起来，如果那时我们还生活在地球上的话，我们就会被烤焦了，地球也会被蒸发掉了。不过事情将会发生变化，太阳的质量会发生变化，将会让地球远离太阳，在一个合适的轨道上运行。据科学家进行数学推算，理论上，人类也能够在地球毁灭前找出让地球远离太阳的办法。

16. 地下遗迹——马尔他岛巨石之谜

地中海上的马尔他岛，位于利比亚与西西里岛之间。1902 年，在这里的首府瓦莱塔一条不引人注意的小路上，发生一件引起世人轰动的大事。有人盖房时在地下发现一处洞穴，后来人们才知道，原来这里埋藏着一座史前建筑。它由上下交错，多层重叠的多层房间组成，里边有一些进出洞口和奇妙的小房间，旁边还有一些大小不等的壁孔。中央大厅耸立着直接由巨大的石料凿成的大圆柱和小支柱，支撑着半圆形屋顶。整个建筑线条清晰，棱角分明，甚至那些粗大的石架也不例外，没有发现用石头镶嵌补漏的地方。天衣无缝的石板上耸立着巨大的独石柱，整个建筑共分三层，最深处达 12 米。

这些不可思议的史前地下建筑的设计者是谁？在石器时代，他们为什么花费这么大的精力来建造这座巨大的地下建筑？人们百思不解。

11 年后，在该岛的塔尔申村，人们又一次发现了巨大的石制建筑。经过考古学家们挖掘和鉴定，认为这是一座石器时代的庙宇的废墟。也是欧洲最大的石器时代遗址。

这座在 5 000 多年前建造的庙宇，占地达 8 万平方米，整个建筑布局精巧，雄伟壮观，好多个祭坛上都刻有精美的螺纹雕刻。站在这座神庙的废墟面前，首先映入眼帘的是一道宏伟的主门，通往厅堂及走廊错综的迷宫。

在马尔他岛上的哈加琴姆、穆那德利亚、哈尔萨夫里尼，考古学家们曾几次发现精心设计的巨石建筑遗迹。

哈加琴姆的庙宇用大石块建造，也是最复杂的石器时代遗迹之一。有些"石桌"至今仍未肯定其用途。石桌位于通往神殿门洞内的两侧，神殿里曾发现多尊母神的小石像。

穆那德利亚的庙宇，俯瞰地中海，扇形的底层设计是马尔他岛上巨石建筑的特征，这座庙宇大约建于4 500年前，有些石块因峭壁的掩遮，而保存得相当完整。

最令人不可理解的是"蒙娜亚德拉"神庙，这座庙宇又被称为"太阳神"庙。一个名叫保罗·麦克列夫的马尔他绘图员仔细地测量了这座神庙后发现，这座神庙实际上是一座相当精确的太阳钟。根据太阳光线投射在神庙内的祭坛和石柱上的位置，可以准确地显示夏至、冬至等主要节令。而更令人震惊的是，从太阳光线与祭坛的关系推测，可以毫不犹豫地得出结论：这座神庙是公元前10205年建成的，离现在已经整整1.2万年了。

这座神庙的存在，又一次打乱了人们的正常思维方式。1.2万年以前，神庙的建造者们居然能有那么高深的天文学和历法知识，能够周密地计算出太阳光线的位置，设计出那么精确的太阳钟和日历柱。这一切该怎么解释呢？

马尔他岛的面积很小，仅246平方公里。但在这样一个小岛上，却发现了三十多处巨石神庙的遗址。不少学者的研究表明，这些巨石建筑的建造者们在天文学、数学、历法、建筑学等方面都有极高的造诣。有些研究者甚至推测判断节令的历法标志，而且还可用做观察天体的视向线，甚至能当做一副巨型计算机，准确地预测日蚀和月蚀。

石器时代的马尔他岛居民真有这么高的智慧吗？如果真是这样，那么他们是怎样获得这些知识的？为什么他们在其他领域却没有相应的发展？是什么因素激发了他们建造巨石建筑的疯狂热情？而这些知识又为什么莫明其妙地中断了？这一切至今仍没有人能够回答。巨石无言地耸立着，把一切高深莫测的疑问保持在一片沉默中。

17. 珍贵化石——世界上最大的恐龙筑巢地

不久前，古生物学家在位于欧洲比利牛斯山脉南部的西班牙境内，于距今6 500万年至7 000万年前的白垩纪晚期海滨沉积物中发现了大量的恐龙骨骼化石碎片和恐龙蛋化石。由于化石太丰富了，以至于没有人能够预测到底有多少。马德里自治大学的古生物学家约瑟·桑兹教授考察了这一地区一块面积达9平方公里的古海岸的化石，发现这是一个巨大的恐龙筑巢地。这样大规模的恐龙筑巢地是世界上迄今为止所知道的最大的。

桑兹教授对埋藏在砂岩中的那些未经触动的骨骼化石碎片和蛋化石进行抽样调查后发现，在一块将近1万立方米的砂岩中竟然埋藏有30万个恐龙蛋。

在实验室里对这些恐龙蛋进行的电子显微镜观察发现，蛋壳中那些为胚胎提供氧气的微细的气孔与鸟类的不一样，这肯定了其恐龙蛋的身份。

在野外，桑兹还发现了一些微小的很可能是幼年恐龙的骨骼碎片。同时，还发现了24个保存非常完整的蛋巢化石，每个蛋巢里面有1至7枚直径大约为20厘米的圆形蛋，它们不规则地排列在蛋巢之中。这种排列方式的蛋巢与过去发现的其他恐龙蛋巢完全不同，比如科学家曾经在蒙古发现的恐龙蛋巢中的蛋呈规则的螺旋状排列。

由于距离地表仅1米上下的恐龙蛋巢保存得都很良好，因此桑兹认为，来到这个群聚地的"新移民"肯定没有践踏以前来到这里筑巢的恐龙留下的蛋巢，这才出现了这种显得拥挤不堪的状况——蛋巢在砂岩中彼此的相隔距离一般都不到1米。桑兹根据这些情况推测，当时恐龙肯定是特别喜欢这个地区，到了每年的繁殖季节都要来到这里产蛋以繁殖后代。

令桑兹感到遗憾的是，他还不能鉴定出在这个地区产蛋的恐龙的属种，因为他仅仅发现了一些非常残破的骨骼化石，还不足以提供能够鉴定出恐龙属种的充分证据。

不过这个世界上最大的恐龙筑巢地还是为科学家提供了许多其他信息。例如，这是科学家第一次发现的恐龙可能喜欢在海边筑巢的证据。恐龙喜欢在海边筑巢的习性很可能是因为海边柔软的泥沙能够保护产下的蛋，防止其破碎。过去，科学家曾经从海洋沉积物中发现过幼年恐龙的骨骼，但是那很可能是被水冲进大海的恐龙个体形成的化石。而西班牙发现的这些海滨沉积物中保存的蛋巢化石是恐龙在海边筑巢行为的第一个确定无误的证据。

揭开地球奥秘：恐龙，你躲在哪里？

现在我们可以大致了解，在地球的东西南北各个区域中，都有恐龙的化石出现，随着人们对恐龙兴趣的不断增强，以及科学技术的不断发展，浮出地面的恐龙化石将会越来越多，这一点足以证明恐龙在地球发展的某一阶段，确实是非常活跃的一个优势群体。

那么，科学家是如何确定恐龙生存的地质年代的呢？

过去，为了知道地球的生存年龄，人们想出了很多方法来推测，但都不太可靠，后来，人们借用古生物学的方法，利用化石来测定地球的年龄。这种方法依据的是生物发展的客观规律，即从低等到高等的演化规律。早期的生物化石一般都较为低等，以后逐渐趋向高级，这样排列出来的地球发展历史，证据确凿，但有一个无法回避的缺陷，即在时间上只能是相对顺序，而没有办法来确定绝对年龄。何况，化石并不是和地球的发展完全同步的，有些地方因为地壳深处的岩浆运动而形成的岩石（如花岗岩）中不含化石，这就无法知道这一带地层的实际年龄了。

现在，经过科学家们的努力，人类已掌握了测定地球绝对年龄的方法，即放射性同位素测定法。所以，现在我们可以知道，我们生存的地球的实际年龄大概有 46 亿年。

在这个基础上，再根据发现的化石以及地壳运动的情况，科学家把地球的整个发展历史分为太古代、元古代、古生代、中生代和新生代，每一个"代"之下又可分出若干个"纪"，"纪"以下再分为若干个"世"，"世"以下又分出"期"。我们现在讨论的恐龙，就是生活在中生代的 3 个纪——三叠纪、侏罗纪和白垩纪中，以恐龙的灭绝为标志，中生代到此结束。

那么，很多人不禁有这样的疑问，恐龙化石深埋在中生代的地层中，人们要做到这一点，绝非一日之功。首先，考古工作者必须具备一定的地质学和古生物学的知识。其次，必须粗略了解恐龙的生活特性，比如，恐龙一般是在陆地或湖边生活的，所以，寻找的范围大致要定位在中生代的相应地层中。实际上，地质学发展到现在，找到一个地区的地质分析图应该不会有什么问题，根据地质分析图，人们可以比较有目的地把寻找范围局限在一定的区域，然后再着手下一步的工作。

18. 日新月异——地球的未来

见过火山喷发的人，都会立刻回忆起浓烟升空、火光冲天、尘埃石屑弥天而降的惊人场面。从地球深处喷射出来的大量物质中，经科学测定，含有大量的一氧化碳、甲烷、氨、氢、硫化氢等气体。

惊天动地的地震之后，科学家发现大气里甲烷浓度特别高。这个现象说明地球肚子里的气体，乘地震之机，从地壳的裂缝里冲出来，释放于大气之中。

海员们在航海途中，能看到比海啸更可怕的海水鼎沸现象，这种翻江倒海的奇观，也是地球放气的结果。

根据地球放气的现象和地球深部物质大量外喷的事实，有人认为，地球肚子越来越瘪了，地球的体积自然要缩小了。但是，不久前苏联科学家公布说，地球自生成以来，其半径比原来增长了 1/3。理由是各大洋底部在不断扩展。这种扩展是沿着从北极到南极，环绕地球的大洋中部山脊进行的。经查明，太平洋底部的长度和宽度，每年扩展速度达到了几厘米。这种扩展由地球深处的大量物质向上涌溢，推展洋底地壳，使地心密度变小，地球的体积就增大了。

（1）地球的转速在变慢，还是在变快？

珊瑚虫的生长和树木的年轮相似。珊瑚虫一日有一个生长层，夏日的生长层宽，冬日的生长层窄。科学家对珊瑚虫体壁研究，识别出现代珊瑚虫体壁有 365

层，正好是一年的天数。科学家又数了距现在 3.6 万年前的珊瑚虫化石的年轮，则为 480 层。按此进行推算，13 亿年前，一年为 507 天。说明地球环绕太阳的公转过程，其自转的速度正在变慢。

近百年来科学家在南太平洋中发现"活化石"——鹦鹉螺软体动物，在外壳上有许多细小的生长线，每隔一昼夜出现一条，满 30 条有一层膜包裹起来形成一个气室。每个气室内的生长线数正好是如今的一个月天数。古生物学家又从不同的时代地层中的鹦鹉化石进行判析，发现 3000 万年前，每个气室内有 26 条生长线。7000 万年前为 22 条；1.8 亿万年前为 18 条；3.1 亿万年前为 15 条；到 4.2 亿万年前只有 9 条。从事研究鹦鹉的科学家则认为，随着地球年龄的增加，其自转速度正在加快。

（2）地球的荷重在增加，还是在减少？

金刚石是在高温高压条件下形成的一种贵重金属，一般都生成在岩浆岩中。苏联在玻波盖河盆地里，却发现了大量的金刚石，这实在是一件不寻常的事件。从而引起了许多地质学家的极大兴趣。经过多年考证，最后证实是天外来客——陨石撞击在这块盆地上时，发生强烈爆炸而形成的结晶矿物。

加拿大有一个萨达旦里镍矿，是一个 38 公里范围的巨型矿体，同样是陨石撞破地表后，与地球岩浆熔融共同凝结而成的矿体。

据统计，10 亿年来，地球遭到陨石撞击产生的坑，大于 1 公里直径的袭击事件有 100 万次之多。每天从宇宙中降落到地球上的陨石和尘埃，多达 50 万吨。由此看来，地球的荷重正在逐年加重。

持相反意见的人则认为，地球上每年发生地震 500 万次，活火山 500 余座。每年火山喷发和地震时，地球深部的熔岩、气体大量喷射出来，气体飘入大气层中。更为巨量的是，石油从地层中抽起，煤炭从地下挖出来，被人们燃为灰烬，形成缕缕浓烟升入大气层中。这种大量毁灭地球上的物质变成烟气的结果，使地球的重量逐渐减轻，地球的荷重自然减少了。

（3）地球在变暖，还是在变冷？

宇宙飞船对金星的探测表明，金星表面的温度可达 480℃。究其原因，发现金星大气中含有大量二氧化碳，形成一层屏障，使太阳射上金星的热能，不易散发到大气层中去，从而使金星的温度日见增高。

地球上由于人口剧增，工业发展，森林大量采伐，自然生态遭到破坏，二氧化碳逐年增加，使地球上空的二氧化碳浓度越来越高，类似金星之状，地球上的气温也在逐年增高。仅以东京为例，20 多年来，东京的平均气温已增高 2℃。另外，人造化肥能捕捉红外线辐射：大片积雪的融化，会减弱地球对太阳光的反射。诸如此类的原因，也使地球的温度逐年增高。

与上述截然相反的一种观点是变冷说。持这种观点的人认为，未来几十年的气候将逐渐变冷。其依据是：虽然二氧化碳在稳定增加，但自 20 世纪 40 年代中期开始，特别是 60 年代以来，北极和近北极的高纬度地区，气温明显下降，气候显著变冷。例如在日本，20 世纪 60 年代以来，樱花开花日期较 50 年代明显推迟，而初霜期则相应提前了。在北大西洋，出现了几十年从未见过的严寒，海水也冻结了。在格陵兰和冰岛之间曾一度连成"冰陆"，北极熊可以自由来往，成为罕见的奇闻。有人认为，20 世纪 60 年代的气候变冷是"小冰河期"到来的先兆，从 21 世纪开始，世界气候将进入冰河时代。

19. 生命伊始——地球生物生存之谜

宇宙间的奥秘之一是地球上存在生命。这生命是宇宙间其他地方出现不了的一种侥幸的成功，还是诸因素绝妙结合的必然产物：恰到好处的温度、恰如其量的辐射和恰如其分的化学成分？

我们知道，太阳系由星云凝缩而成。当行星从星云的尘埃物质中脱胎而出时，它们面临着多种相抗衡的力：重力要把物质凝聚到一起，形成原始行星，而星云中心那颗年轻恒星所发出的越来越强的辐射要将这些凝聚起来的物质照得四分五裂，使最轻、最易挥发的物质汽化入太空。

各个原始行星互不相似的一个重要原因是它们与太阳的距离不相等。那些离太阳最近的行星由于灼灼高热，丧失了大部分较轻的元素，水星、金星、地球和火星就是那种类型的 4 颗行星。因为它们都是固体的岩石球体，周围都有一层气体，有时也被称为类地行星。在更其遥远的地方，凡物不胜寒，气体混合物可由重力吸附在一起，其中一些密度较低的元素还会从中冷凝出来，结果形成了 4 颗巨大的行星：木星、土星、天王星和海王星。它们几乎全由气体组成，主要成分是氢、氦、甲烷和氨，可能还有一个小型岩石核。

最外围的冥王星则几乎可以肯定原先并不是行星，而是逃逸出来的卫星。

在宇宙中，氢虽然是最为普遍的元素（氢在太阳系形成之前的原始星云中也同样普遍存在），但是所有的氢几乎都从太阳系的中心地带逃跑了，而类地行星差不多囊括了全部残余的氢。

地球的构成中保留的氢不到原始星云 1/10，而且其中只有一小部分保持着游离状态，大多数氢已与氧结合形成汪洋大海。

地球既是湿漉漉的，又是一颗裹着一层含氧丰富的大气层的岩石小行星。这些相辅组成的特征与它在太阳系中所处位置有关：地球靠近太阳的程度使它成岩石状；地球轨道与太阳之间的精确距离决定了它表面的大气层和海洋的性质。

充裕的液态水看来是地球上形成生命的关键。太阳系中没有别的行星具有液态水。水星是最里层的一颗行星，很像地球的核心，但被剥去了可组成岩石厚壳的那些元素。这颗小行星的密度相当高，与别的行星相比，它含有异常丰富的金属物质。但水星太热，简直没有丁点儿的大气，也压根不可能有水，从而排斥了生命的立足之地。

金星和火星似乎还是较有希望的两颗行星。金星的大小和地球几乎相等，构成也极相似。金星有一层含丰富二氧化碳的大气层。这层气体像温室的玻璃一样收捕太阳光的热量，使其表面温度极高，不存在液态水。

火星离太阳比地球远，是较轻的一颗行星。它有薄薄一层质量还不差的大气层。尽管这样，火星还是太冷，水不能以液态存在。

地球主要多亏了它与太阳的间距，使它得天独厚地具有一层厚厚的大气，这样地球表面的温度恰恰保持在高于水的冰点而低于水的沸点之间。因而这颗行星老是湿漉漉的，海洋中的水分不断蒸发，通过下雨又进行再循环。

这种条件于生命最为有利。然而，这些完美的条件又是如何产生的呢？

初始态的地球该是一颗不带大气层的岩石球体。在类地行星形成时总有些随着行星存在的各种残剩的轻气体，但哪怕一丁点儿，也都可能在年轻太阳不规则活动时被逐走。此类情形发生在大约46亿年之前。现时，内层行星的大气层均来自行星内部慢慢泄漏出来的气体——如火山活动时释放出来的灼热气体，和大流星体高速撞击行星表面时挥发出来的气体。

以前总认为这种原初的大气层含有大量甲烷和氨之类的气体，颇与气体巨星的大气层相似。可是，近来的实验表明：作为生命先兆的分子也可在含有大量二氧化碳的试管"大气"中逐步产生。根据一些天文学家的论述，生命的先兆甚至在星际气云和彗星物质中出现。现在有些研究大气层的科学家也争辩道：由行星内部释放出来的气体形成的原始大气并不像原先认为的那样，含有大量甲烷和氨，而含有大量目前仍在从地球内部释放出来的二氧化碳。由于在金星和火星的大气层中都发现了大量二氧化碳，从而给上述结论以强有力地支持。可是，这些行星似乎都失去了生命产生所必须的水，而地球失去了二氧化碳。原因何在？

从这三颗行星轨道与太阳的距离中我们再一次找到了答案。

拿金星来讲吧，它吸收太阳的热量之后，又将一部分散发到太空中，在没有大气层的情况下，它的温度稳定在86.5℃。所以，当气体从岩石中逃逸出来，开始聚集形成大气层的时候，便呈气体状态。不只二氧化碳如此，就是水也是以水蒸气状态存留的。水蒸气和二氧化碳允许太阳的短波长辐射透射到金星表面，而且还吸收灼热岩石放射出来的红外线光波。这种所谓温差效应的后果是使行星的表面温度随着大气层的发展急骤上升，很快超过了水的沸点，并一直上升到现在火炉般的高温，于是完全没有了生命存在的可能。

火星上的情况完全不同，在星体内部气体释放之前，火星表面温度稳定于-55℃上下，连冰也溶化不了，还谈什么水的蒸发。尽管薄薄的二氧化碳气层确实起着温室作用，但目前尚不能溶化冻结的水。可能在过去某个时候，它的大气层很厚，起到了良好的温室作用。火星上有水在流动，刻蚀出了道道的峡谷和那些看来极像干枯河床的线状系统。据火星"河道"中的陨石坑数量推测，这至少是在 5 亿年之前的事。

　　地球真是举世无双，得天独厚。这颗湿润的星球既不太冷，也不太热，在地层深处气体逸出之前，初始的表面温度为 −25℃，但后来变暖了，温度高到可使水保持液态，却又不至于使大量水分蒸发到大气层而产生难以控制的温室作用。相反，温热的水溶解大气层中的二氧化碳，把它从大气层中分离出来而抑止了温室作用，起初温度是增高了一些，但后来平均温度停留在 15℃ 左右。这样的温度一直保持至今，那得部分归功于云层所起的自然恒温作用。

　　设想太阳在其生命的历程中，有可能变得热一些。但是这一点点温度的提高并没有使地球变热，或增强难以控制的温室作用，只是使更多的海水蒸发，生成更多的云，把太阳新增加的热量反射出去。或者，设想太阳稍许冷了一些，热量的减少又意味着水的蒸发减少，因而云也变少了。由于减弱了的太阳热能较多地直接照射到地面，寒冷也就不那么严酷。换句话说，合宜的温度一旦来临到美好的、保持着生命的地球，就留在那儿长期不变。这全亏了云层的保护作用。

　　但是，对地球，至少对地球表面上刚刚产生的生命来说，上述种种情况还未必正确。太阳光中致命的紫外线辐射可以穿透到地表，把那儿可能产生的原始生命统统杀死。而海洋则不同，海水把有害的紫外线滤掉，为生命的生长发育提供了条件。于是生命出现，立即发挥自己的作用，开始对周围环境产生影响。

　　最初的生命形态发觉氧对己有害，是生命过程中产生的有害废料，但是，在 20 亿年前，由那些原始生物产生的氧开始在大气层中积聚。由太阳辐射激发的光化学反应导致大量臭氧——由三个原子组成的氧——气体的产生。臭氧层起到挡去大部分紫外线的作用。在这种过滤作用的保护下，生命开始从海洋向外蔓延，登上了陆地。同时大气层中丰富的氧使新的生命形态——以有氧呼吸作为其生长能源的原始动物——得以产生。

20. 公转自转——地球转动之谜

　　众所周知，地球在一个椭圆形轨道上围绕太阳公转，同时又绕地轴自转。

　　因为这种不停地公转和自转，地球上才有了季节变化和昼夜交替。然而，是什么力量驱使地球这样永不停息地运动呢？地球运动的过去、现在、将来又是怎样的呢？

　　人们最容易产生的错觉，是认为地球的运动是一种标准的匀速运动，否则，一日的长短就会改变。伟大的牛顿就是这样认为的。他将整个宇宙天体的运动，看成是上好发条的机械，准确无误，完善无缺。

　　其实，地球的运动是在变化着的，而且极不稳定。根据"古生物种"的研究发现，地球的自转速度在逐年变慢。如在 4.4 亿年的晚奥陶纪，地球公转一周要 412 天；到 4.2 亿年前的中志留纪，每年只有 400 天；3.7 亿前年的中泥盆纪，一年为 398 天。

到了 1 亿年前的晚石炭纪，每年约为 385 天；6 500 万年前的白垩纪，每年约为 376 天；而现在一年只有 365.25 天。天体物理学的计算，也就证明了地球自转正在变慢。科学家将此现象解释为是由于月球和太阳对地球的潮汐作用的结果。

石英钟的发明，使人们能更准确地测量和记录时间。通过石英钟记时观测日地的相对运动，发现在一年内地球自转存在着时快时慢的周期性变化：春季自转变慢，秋季加快。

科学家经过长期观测认为，引起这种周期性变化，与地球上的大气和冰的季节性变化有关。此外，地球内部物质的运动，如重元素下沉，向地心集中，轻元素上浮、岩浆喷发等，都会影响地球的自转速度。

除了地球的自转外，地球的公转也不是匀速运动。这是因为地球公转的轨道是一椭圆，最远点与最近点相差约 500 万公里。当地球远日点向近日点运动时，离太阳越近，受太阳引力的作用越强，速度越快。由近日点到远日点时则相反，运行速度减慢。

还有，地球自转轴与公转轨道并不垂直；地轴也并不稳定，而是像一个陀螺在地球轨道面上作圆锥形的旋转。地轴的两端并非始终如一地指向天空中的某一个方向，如北极点，而是围绕着这个点不规则地画着圆圈。地轴指向的这种不规则，是地球的运动所造成的。

科学家还发现，地球运动时，地轴向天空画的圆圈并不规整。就是说地轴在天空上的点迹根本就不是在圆周上的移动，而是在圆周内外作周期性的摆动，摆幅为 9″。

由此可以看出，地球的公转和自转是许多复杂运动的组合，而不是简单的线速或角速运动。地球就像一个年老体弱的病人，一边时快时慢、摇摇摆摆地绕日运动着，一边又颤颤巍巍地自己旋转着。

地球还随太阳系一道围绕银河系运动，并随着银河系在宇宙中飞驰。地球在宇宙中运动不息，这种奔波可能自它形成时起便开始了。

就现在地球在太阳系中的运动而言，其加速或减速都离不开太阳、月亮及太阳系其他行星的引力。人们一定会问，地球最初是如何运动起来的呢？未来将如何运动下去，其自转速度会一直变慢吗？

也许，人们还会问，地球运动需要消耗能量吗？若是这样，消耗的能量又是从何而来？它若不需消耗能量，那它是"永动机"吗？最初又是什么使它开始运动的呢？存在着所谓第一推动力吗？

第一推动力至今还只是一种推断。牛顿在总结发现的三大运动定律和万有引力定律之后，曾尽其后半生精力来研究、探索第一推动力。他的研究结论是：上帝设计并塑造了这完美的宇宙运动机制，且给予了第一次动力，使它们运动起来。而现代科学的回答是否定的。那么，地球，乃至整个宇宙的运动之谜的谜底究竟是什么呢?

21. 未卜先知——"南方大陆"之谜

古代希腊的天文学者曾认为大地是球形的,并且指出,欧洲和亚洲位于北半球,在南半球一定也有一块同等的大陆存在,以保持地球的"平衡"。

欧洲中世纪的一些地理学者更认为"在南半球上的大陆,也和北半球的欧亚大陆一样,拥有稠密的人口、温暖的气候、肥沃的土地和丰富的金银矿藏"。并称它为"未知的南方大陆"。这种臆测对于勇敢的航海家来说,具有很大的鼓舞作用。

在 17 世纪,许多航海家曾经屡次深入南半球的海洋探险,企图找到"南方大陆"。澳大利亚就是在这种动机下被发现的,因而用"南方大陆"之名来命名它。但是后来发现是"张冠李戴"了,它并不是真正的"南方大陆"。

"南方大陆"之谜,使一位英国航海家詹姆斯·库克特别地感兴趣,他在1772 年到 1774 年间,率领了"冒险"号和"果敢"号两艘帆船,两度深入南极区域探险。库克完成了环绕南极海域一周的航行,并且分别在西经 145°和西经106°54′处,两次越过南极圈,最南曾到达 71°10′的高纬地方。但是,他并没有发现"南方大陆"。库克在他的航行报告中写道:"我在高纬度上仔细搜索了南半球的海洋,绝对证明南半球内,除非在南极附近,是没有任何大陆的,但南极是不可能到达的。"他的这个结论,使欧洲航海家对发现"南方大陆"的兴趣和信心大为降低。

从 1819 年到 1821 年,俄国探险家别林斯高晋作围绕南极海洋的航行,发现了彼得一世岛和亚历山大一世岛,这是在寻找"南方大陆"中第一次发现了陆地。为了纪念这次探险贡献,把这里的海面命名为"别林斯高晋海"。

在这以后,许多国家的探险队为揭开"南方大陆"之谜,都作出了贡献。

现在,在南极地图上的一些地名,几乎全是用当时探险家的名字来命名的。

例如:"威德尔海",是纪念英国人詹姆斯·威德尔在 1823 年至 1824 年发现南极第一边缘海的;"威尔克斯地"是纪念美国人威尔克斯在 1839 年至 1840 年的探险活动的;"罗斯海"、"罗斯冰障"、"罗斯岛",都是纪念英国人罗斯在1841 年至 1843 年考察贡献的。另一些地名,是用探险队所属国家的皇帝名来命名的,如"维多利亚地"、"毛德地"等。

从 1907 年到 1912 年间,探险家都在为最先到达南极点而进行竞争。

1907 年到 1909 年间,英国探险家沙克雷顿作第一次去南极点的尝试。

他从维多利亚地海岸的马克莫尔多湾出发,用中国东北马做交通工具。由于马不会在南极大陆冰雪上行走,未走到一半路程都相继死去。沙克雷顿和他的 3个同伴,不得不拉着笨重的装备步行前进。可惜走到南纬 88°23′,离南极只有

178 公里的地方，由于粮食不足而被迫返回了。

1910 年到 1912 年间，曾有两个探险队同时向南极点进发：一队是挪威人阿蒙森领导的探险队，另一队是英国人斯科特率领的探险队。

阿蒙森探险队经过周密的考察，选择了罗斯海中的鲸湾为出发点，大致沿着西经 162°的经线向南极点前进。他们一行 5 人，利用 52 条爱斯基摩狗拉着的 4 个重载雪撬，在 1911 年 10 月 20 日，冒着 -22℃的春寒，开始向南极进发。当走到离极点还有 750 公里处，暴风雪大作，持续了六昼夜。阿蒙森唯恐自己赶不过斯科特，仍决定继续前进。

1911 年 12 月 14 日，天气晴朗。根据太阳高度测得，探险队正在纬度 89°45′处，离极地只有 28 公里了。大家情绪高涨。就在这天 3 点钟，一个极有意义的时刻来临了，阿蒙森发布口令："停止，南极！"

隐藏着的太阳妨碍了精确测定。在午夜，当太阳露出云外的时候，进行了天文计算。查明去极点大约还有 10 公里。于是又迅速前进，终于到达了地球的最南点。他们搭起帐幕，在其上升起挪威的国旗和"弗拉姆号"的墙头旗。小队在南极点过了三个昼夜，留下了帐幕和旗帜，凯旋。

阿蒙森探险队在去极地的路上花了 56 昼夜，而归途只花了 39 昼夜，这是极出色的远征。

与此同时，斯科特探险队的命运就完全不同了。他们在 1911 年 11 月 2 日，从罗斯冰障东边的南纬 77°30′处出发，远征队由 15 人（最后只是剩下 5 人）以及由两个摩托雪撬、两个狗撬和 10 头马驹组成。但是走了没几天，马和狗都死了，摩托雪撬也失灵了，他们只得自己拖着雪撬前进。因此，直到 1912 年 1 月 18 日方才到达南极点。当他们发现在一个月以前，他们的竞争者阿蒙森已经到过这里时，非常失望。他们在极地只停留一昼夜半便折回了。在归途中遇到暴风雪袭击，加上饥饿和疲惫，斯科特和 4 个同伴都先后牺牲了。

第一次世界大战后，开始了用飞机考察南极的新时期。1928 年到 1929 年间，美国人威尔金斯最先采用航空考察南极地区。1935 年 11 月至 12 月，埃尔斯沃斯完成从格兰汉姆到鲸湾的横贯大陆飞行。今天将这个地区称做"埃尔斯沃斯高地"。1946～1947 年，美国曾经派遣 4000 名官兵，30 艘舰船，参加柏尔德探险队去南极作大规模考察。

目前，在南极设有美、苏、英、法、日、澳、新、挪、比、智、阿等 11 个国家的共有 31 个科学考察站。我国科学家在 1980 年的 1 至 2 月份，曾初次考察南极。

"南方大陆"自 19 世纪初被发现以来，已经将近两个世纪了。它实现了古代希腊人的臆想——南半球也有一块大陆。但是，它的面积与希腊人所想象的却远远不相符合。欧亚大陆的面积为 5 416 万平方公里，而南极大陆连同附近的岛屿，面积只有 1400 万平方公里，只占欧亚大陆面积的 1/4。

今天的南极洲，与中世纪的欧洲人所想象的"拥有稠密的人口、温暖的气候、肥沃的土地"的"南方大陆"相比，更是大不相同。在南极大陆上，至今尚无定居的人口，当然不会有城市和国家，只在夏半年有捕鲸船和少数科学考察人员来这里作短暂的停留。

南极洲是世界的"冷极"，在南极阿蒙森—斯科特考察站，十年间测得的最低温度是 -80℃。在伏斯托克站（78.5°S，106.9°E），1960 年 8 月 24 日测得最低气温达 -88.3℃。1967 年初，在南极点附近，又记录到 -94.5℃，是目前地球上气温最低的记录。南极的夏季气温也在 0℃ 以下。

由于终年酷寒，使南极大陆全身终年披着冰盔雪甲，成为世界上最大的"冰库"。有的地方冰层厚达 4800 米。南极冰雪贮量也多达 2400 多万立方公里，占全球淡水总量的 90% 以上。有人计算过，一旦南极的积冰全部融化了，可使世界海洋水面上涨 50 米，那时许多沿海港口将沦为"沧海"。

辽阔深厚的南极冰盖，使南极大陆的海拔平均达到 2350 米，成为世界上最高的大洲。冰雪掩盖了南极的地貌，令人难识"庐山真面目"。

由于终年酷寒，南极形成了一个强大的持续的高气压中心。下沉气流由南极中心向大陆四周辐散，使地面盛行南风和东南风，风速是离大陆中心愈远而愈大。到了大陆边缘，全年有 340 天风速在 15 米/秒以上，最大风速曾达 100 米/秒。阿德里地海岸有"世界风极"的称号。

南极的暴风雪是世界闻名的。在杰尼逊角处，木箱子上的软纤维在几天以内能磨损去 3 毫米，生锈的铁链子很快会磨得光亮。甚至有时能将装满汽油的油桶卷到 10 公里外的冰山上。

今天的"南方大陆"确是一片"寒漠"世界，但是在地质史上也真的有过"温暖的气候"，肥沃的土地"，那时，森林茂密，动物繁衍。这由今天在南极发现的煤田和油田的事实可以证明。地质学家认为，古代的"南方大陆"并不在今天的位置，而是位于赤道附近，后来经过长期的地质年代，才漂移到地球的南端了。

古人所设想的"南方大陆"，"有丰富的金银矿藏"，倒与今天的发现有些相符。南极目前发现有金、铜、铅、锌、锡、铀等矿产，特别是煤、铁藏量，规模巨大，已引起世人注目。

"南方大陆"之谜，现在虽已被揭开，但在世界各大洲中间，仍是被人类了解得最少的一洲。今后随着科学技术的发展，人们将对"南方大陆"有更多的理解。

22. 沧桑巨变——大地沉浮之谜

相传 1831 年 7 月 7 日，在地中海西西里岛西南方的海面上，蓦然间烟雾腾空，水柱冲天、火光闪闪，在一阵震耳欲聋的轰鸣，夹杂着刺耳的咝咝声中，从海里升起一座高出海面60米、方圆约5公里的小岛，热气腾腾像个刚出笼的大馒头。英国国王立即向全世界宣布，这个新诞生的小岛是英国的领土，并命名为尤丽娅岛。谁知在3个月后，尤丽娅岛竟然不辞而别，悄悄地隐没在万顷碧波中不见了。

海岛为什么会隐而复现，现而复隐呢？这是地壳不停运动的缘故。其实，在漫长的地质史中，海洋变为陆地，陆地变为海洋，洼地隆起成山，山脉夷为平地，是屡见不鲜的。

西欧荷兰的海滨，从公元8世纪以来，一直以每年约2毫米的速度下沉着。现在荷兰的大部分地区已经低于海平面，若不是有坚固的堤坝来阻挡海水的入侵，这些低地早已沉入海底而不存在了。喜马拉雅山脉是世界上年轻而又高大的山脉。我国科学工作者在喜马拉雅山地区考察发现，这里有三叶虫、腕足类、舌羊齿等生活在浅海中的动植物化石，说明早在3000多万年以前，这地方还是一片浩瀚的海洋。以后，由于地壳运动，才隆起成为陆地。当喜马拉雅山刚刚露出海面来到世间的时候，只不过是一个普通的山岭。

近几百万年以来，它却以每一万年几十米的速度迅速升高，终于超过了其它名山古岳，获得了"世界屋脊"的光荣称号。但它并不满足，仍以每年18.2毫米的速度继续升高呢。

公元前2世纪，意大利的那不勒斯海湾修建了一座名叫塞拉比斯的古庙。现在这座古庙早已倒塌，只剩下三根高达12米的大理石柱子，至今仍矗立在海滩之上。这三根柱子的上部和下部，表面都非常光滑洁净，唯有当中的一截，从高达3.6米向上到6.1米的地方，坑坑洼洼，布满了海生软体动物——穿石蛤——所穿凿的洞穴。这是怎么回事呢？原来在2000多年前，当塞拉比斯庙修建的时候，这里还是一片陆地，以后地壳逐渐下沉，柱子的下面一截，被海水中的泥沙和维苏威火山灰覆盖。到了13世纪的时候，海水已淹到6米以上，海生软体动物就附着在石柱上。以后，由于地壳上升，海水逐渐退去。现在这三根柱子当中一截上的小洞穴，就成了那不勒斯海湾历经沧桑的标志。

在沧桑之变的史册中，关于大西洲是否真的存在的问题，还是一个有待我们用科学去把它解开的千古之谜。

古希腊著名的哲学家兼数学家柏拉图（公元前427—前347年）曾在他的两篇对话著作中，详细地记载着一个传说：大约距当时9000年前，大西洋中有一个非常大的岛屿，叫大西洲。那里气候温和，森林茂密，奇花异草，景色万千，还盛产黄金。岛上有个文化相当发达的强国，由十个酋长统治着，每隔十年聚会一次，共商国家大事，国都有一座富丽堂皇的宫殿，建筑在山顶之上。这个国家不仅统治着附近的岛屿，而且还支配着对岸大陆上的一些地方。它凭着自己强大的经济和军事力量，曾经对欧洲和非洲发动过侵略战争，其势力范围直达北非的埃及和欧洲的某些地区。后来，由于发生了一次强烈的地震，仅在一天一夜之间，大西洲就沉没在大西洋底。

不管是喜马拉雅山的崛起，或者是尚未解开的大西洲之谜，都说明沧海会变成桑田，桑田也会变成沧海的客观规律。沧桑之变的原因，主要是由于地壳不停地运动的结果。由于地壳的运动，使某些地区的陆地沉降或者抬升，引起周围海面的变化，由于地壳的运动，使某些地区的海面上升或者后退，引起陆地的沉浮。时间老人告诉我们，地壳运动是缓慢的，地质历史是漫长的。沧桑之变，从地球诞生以来，从来没有停止过，今天依然存在着，将来也一定不会终止。

23. 积土成山——高原之谜

在20世纪30年代，中国人民的好朋友、美国记者埃德加·斯诺为了对中国共产党和它的领袖们进行一次历史性采访，曾经冒着很大的危险，只身一人来到陕北。陕北是我国黄土高原的一部分。他在后来出版的《西行漫记》中，对黄土高原作过下面一段精彩描述：

"这一令人惊叹的黄土地带，这在景色上造成了变化无穷的奇特、森严的形象——有的山丘像巨大的城堡，有的像成队的猛犸，有的像滚圆的大馒头，有的像被巨手撕裂的岗峦，上面还留有粗暴的指痕。

那些奇形怪状、不可思议、有时甚至吓人的形象，好像是个疯神捏就的世界——有时却又是个超现实主义的奇美的世界。"

八九十年前，当一些到中国探险的外国科学家走进黄河中上游的陕西、山西、甘肃等地的时候，立刻被那里黄土高原的壮观景色惊呆了。

那是一个地球上绝无仅有的黄土世界。

在欧洲，德国的莱茵河两岸，中欧的多瑙河一带，以及北美密西西比河等地也有不少黄土分布着。但是与中国的黄土相比，简直是小巫见大巫，不论在面积上，还是在厚度上，都无法和中国的黄土相提并论。

黄土高原东到河北、山西交界的太行山，西到甘肃的乌鞘岭，南到秦岭山脉，北到长城一线，面积达40余万平方公里。

黄土高原上黄土的堆积厚度也大得惊人。一般有五六十米厚；在陕西、甘肃的一些地方，可以找到一两百米厚的黄土层。这样厚的黄土层在国外是找不到的。

那么，这么大范围分布的深厚黄土层到底是怎么来的呢？

直到不久前，科学界对这个问题还在争论不休。

一种学说认为，黄土是由当地岩石风化造成的。他们认为，因为地质时代久远，风化过程很长，天长日久，就会使岩石逐渐风化成粉末，形成厚厚的黄土堆积。

这种学说受到不少学者的反对。他们认为，如果按照上述意见，黄土高原上的黄土应该遍地皆是，但是事实上黄土高原上超过3000米以上的山峰并没有黄土堆积，这些山峰像一座座岩岛，屹立在茫茫的黄土海洋之中。

另一种学说认为，黄土应该是流水挟带的泥沙堆积而成。而反对这种学说的学者认为，根据他们调查，在黄土高原上，那些几十米厚的黄土层中，几乎看不到明显的流水层次。

需要指出的是，这里所说的黄土并不是我们心目中那种一般的"黄色的土"。黄土高原上黄土的土质又细腻又均匀。黄土颗粒的大小只有一毫米的几十分之一。厚厚的黄土层中，上上下下看不出明显变化。

现在科学家比较一致的看法是黄土风成学说。也就是说，黄土高原的黄土是大风吹送、堆积而成的。

最早提出风成学说的科学家们根据亚洲大陆内部戈壁、沙漠和黄土的分布情况，画了一幅想象的地图。地图的中央部分是砾石遍地的戈壁，向外是几大片有名的沙漠，即苏联境风的卡拉库姆沙漠，中国境风的塔克拉玛干沙漠、巴丹吉林沙漠、腾格里沙漠等，再向外就是广布于我国黄土高原上的黄土。地表物质由中央向外围，由砾石到沙粒再到黄土细粒，表现出明显的地带规律。因此，他们认为黄土是漫长的地质时代里，亚洲中心地带的戈壁、沙漠地区吹来的风，把那里的细土带到这里来的。

这个学说提出以后，因为还没有更多过硬的证据，所以起初并没有多少人支持它。说一百多米厚的黄土层是风吹来的，怎么能让人相信呢？直到中国科学家们近二三十年做了大量的科学研究工作，找到了可靠的科学依据之后，黄土风成说才渐渐被公认了。

中国科学家们作出了哪些新的成绩呢？

第一，在黄土里找出古代植物遗留下来的孢子和花粉，并且进行了鉴定。根据这些植物种类，明确地证明了当年黄土沉积时的气候环境确实是一种干燥而又寒冷的气候。

第二，在显微镜下对黄土中的细沙进行观察。发现这些很小的沙粒表面上没有流水磨擦的痕迹，倒像风力搬运的结果。科学家们还在黄土高原上，采取不同地区的黄土土样，测定颗粒的粗细，结果是越接近西北沙漠，颗粒越粗；越向东南，颗粒越细，很有说服力地证明黄土是从西北沙漠地区吹来的。

第三，有的学者还利用近代气象学的知识恢复当时的亚洲大气环流状况，提出那时的风向是有利于黄土搬运的。

黄土的形成起码经过了一百多万年，在最近两三万年前达到最高峰。到了有文字记载的历史时期，黄土的形成过程仍然没有结束。我国古代许多历史书籍中多次记载的"雨土"现象，就是黄土搬运堆积的实证。

24. 河流嬗变——冰川之谜

简单地说，冰川就是冰的河流。在这种河流中，流动的不是水，而是坚硬的冰！

在世界上一些高大山脉的山巅，只要有常年的积雪，就会有出现冰川的可能。像我国的天山、昆仑山、祁连山，我国西南边境上的喜马拉雅山，欧洲的阿尔卑斯山以及南极大陆与北极的阿拉斯加和格陵兰等地都有冰川分布。

在南极大陆、格陵兰等气候严寒地区，广大地面被冰川覆盖，成为一个盾形冰盖，叫做大陆冰川。在高山山谷中流动的冰川叫山岳冰川。我们这里主要讲一讲山岳冰川。

如果你乘坐飞机飞临这些山脉的上空，俯瞰冰川奇景，真是再壮丽不过了。一条条白色巨龙，充塞在巍巍山岭中间，在阳光照射下，发出熠熠光辉。

一百多年以前，生活在阿尔卑斯山中的欧洲人并不知道，在他们身边山谷里的冰竟在缓缓地移动。

阿尔卑斯山山顶长着一种很漂亮的野玫瑰花。当地人有一种风俗：小伙子向心爱的姑娘求爱，要冒着生命危险，翻山越岭去采回玫瑰花，献给姑娘，表示自己的勇敢和忠诚。

19世纪初，有几个年轻的小伙子去山上采花，却一直没有回来。原来，他们在登山途中被一次雪崩埋在万年冰雪里了。不幸的消息给山下的村民带来很大痛苦。一位冰川研究者安慰他们说，再过40多年，这些年轻人的尸体会在冰川的前端出现。

听了这位学者的话，村民们又生气又好笑。天底下哪有这种事！没想到的是43年以后，人们在冰川前端真的找到了这些不幸的年轻人。

冰川不但把这些尸体带给了村民，而且由于冰下冷藏的缘故，尸体也没有腐烂变质。据说，其中一个小伙子手里还紧握着一朵玫瑰花呢！

冰川流动不易被人发现是因为它流得很慢。冰川流动的速度是由冰层厚度和地形坡度决定的。每条冰川流动的速度不一样，但都很慢，每天只流动几厘米，顶多也不过是几米而已。我国珠穆朗玛峰北坡有一条20多公里长的绒布冰川，我国科学工作者在1966年到1968年间进行了认真观察，结果测出绒布冰川每年移动速度为117米，每天只流动0.3米。

冰川是怎么形成的？固体的冰怎么会流动呢？山坳常常是冰川的源头，科学家叫它们"粒雪盆"。天空中降下来的雪粒，先汇聚在粒雪盆里，积雪受热后，表层融化，融水向下渗透，使雪粒冻结；雪越积越厚，下层积雪受压重新结晶。时间一长，就会使积雪变成冰，叫做冰川冰。

冰川冰是降雪经过自身强大压力形成的，与天然冰有很大不同。其中最主要的是，冰川冰内部存在着不少空隙。我们只要把冰川冰小心地切成薄片，再拿到显微镜下观察，就会看到在一颗颗冰晶之间的空隙。空隙中充满着空气，每颗冰晶外面还包裹着一层薄薄的液态的水。

冰川冰的性质和它内部冰晶间的这些空隙，特别是和冰晶外面包裹着的液态水有很大关系，就好像在机器里的滚珠轴承上，涂满润滑油。因此，冰川冰比天然冰更加容易变形，即有较好的可塑性。

冰川冰的可塑性特点是促成冰川移动的重要原因。因为有一定坡度的山谷在地球重力作用下，这些可塑性的冰先是逐渐改变冰川的形态，接着就开始在重力作用下缓慢地沿着山谷向下移动。

冰川在山谷里流动也和河流一样，中间流得快，两侧流得慢。如果在一条冰川上横插一排木桩，时间一长，就可以看到这排木桩中间向下游突出，变得弯曲了。

冰川遇到山谷阻挡时也会发生弯曲，甚至会产生很大的旋涡，这种旋涡很漂亮，很像一圈套一圈的洁白的花环。

两条冰川汇流时常出现很奇特的现象。当一条支冰川流入主冰川时，两条冰川会被挤得弯弯曲曲，或者产生很高的冰的凸起，有时一条冰川干脆爬到另一条冰川身上，让人家驮着走，冰川学家叫它"双层冰川"。

冰川既然是流动的冰河，当然也有源头、上游、下游。源头就是山坳的粒雪盆，而在雪线附近，气温升高，冰川也就消融了。

25. 风化成荒——沙漠之谜

在我国西北地区分布着大片大片的沙漠，这里沙丘起伏，黄沙漫漫，举目四望，满眼都是黄澄澄的沙子。生活在沙漠地区的少年儿童，自然会提出这样的问题：哪来的这么多沙子？

沙子是岩石碎裂之后变成的细小颗粒。白天太阳火辣辣地照射着大地，把石头晒得滚烫；一到夜晚，地面的热量很快散失，气温又骤然下降。石头也和其他东西一样，受热膨胀，遇冷收缩。时间一长，整块的石头就碎裂成小块或一层一层地剥落下来。天长日久，在风和流水的作用下，这些大大小小的石块、岩石碎屑和沙粒从高处滚落下来，搬运到低洼的河谷、湖泊和浅海里。这些松软的泥沙沉积物，就是形成沙漠的物质基础。

干燥的气候是形成沙漠的主要条件。我国西北内陆地区新疆、内蒙古、甘肃、青海等省区的沙漠地区，在很多很多年以前曾经是水草丰美的低洼盆地或湖泊。后来由于自然条件改变，气候变得非常干燥。沉积在低洼盆地中的岩石碎屑和泥沙，在风的作用下渐渐地形成了沙漠。

居住在我国北方的少年儿童，可能都有这样的亲身体验：刮大风的时候，风沙扑面，沙粒打在脸上还是很疼的呢；大风过后，地面上会落满厚厚一层沙尘。风的力量确实很大，巨大的风力会拔起大树，掀倒房屋，甚至能把大大小小的石块吹得满地乱滚。风能把沙尘吹到高空，带到很远的地方。大的石块它就不行了，最多是把石块吹得在地面上滚一段路，挪一挪地方。越轻的东西被风带得越远，重的东西就只好留在原地。这就叫风的分选作用。

多少万年过去了，风的威力显露出来了：原来被石块、岩屑、沙粒铺满的地面上，只剩下大大小小的乱石，有的地方下边的大片石头也裸露出来，成为一片石质的荒漠，人们叫它戈壁。被风吹走的沙粒堆积在戈壁的外围，黄沙铺满大地，沙丘起伏，一望无垠，成为一片沙海，这就是沙漠。由于细小的沙粒和尘土被风带到了更远的地方，而比较粗重的颗粒留在了原地，所以组成大片沙丘的沙粒是非常均匀的。

沙丘形成之后并不是固定不变的，在风力的作用下它还在不断地向下风向移动。风进沙进，使一些本来不是沙漠的地区被黄沙覆盖，变成了新的沙漠。不少良田和牧场面临着要被沙漠吞没的危险，科学上把这种现象叫做沙漠化。

为了限制沙丘的移动，防止沙漠化，人类正在采取各种措施使沙丘固定下来，并设法使沙漠变良田。治理沙漠的第一步就是制止沙丘移动。如果有机会坐火车去新疆旅行，在通过沙漠的地段，你可以看到为保护路基安全而修建的沙障——一段一段的短墙；还可以看到一片一片的沙丘好像都穿上了时髦的"方格子衬衫"，这是人们用草束做成的网格，用它把沙丘"捆绑"起来，不让沙丘移动。治理沙漠除了采用这些工程固沙措施以外，最好的办法是建造防风固沙林带，在沙漠中种树种草，让盘结的植物根系把沙层固定下来，阻止沙丘移动。改造沙漠的关键，是要在沙漠地区寻找水源，往沙漠地区引水，是很重要的。只要有了水，沙漠的面貌会很快改变。在沙漠地区水源充足的地方，不是有一片片水草丰盛、麦黄稻香的绿洲吗？治理沙漠、改造沙漠就是要不断地扩大水源，巩固绿洲，扩大绿洲，我们相信人类是会战胜沙漠、征服沙漠的。

26. 隔空传音——鸣沙之谜

在内蒙古自治区鄂尔多斯高原北部，有一个库布其沙漠。这片沙漠像一条黄龙，横卧在黄河南岸冲积平原的边缘，长约380公里。其中有一座令人神往的半月形沙丘，名叫响沙湾。人们在沙坡上滑动，脚下就会发出嗡嗡的声音，像男低音的歌声在山谷里回荡。如果脚下用力较重，发出的响声有时像远处的汽车在飞驰，有时又像飞机在头顶上轰鸣……

关于响沙湾，当地牧民中流传着种种传说。有的说，在古代，这里有一座壮丽的喇嘛庙，僧侣很多。一天，当喇嘛们正在佛殿里诵经之际，突然来了沙暴，顿时天昏地暗，飞沙走石，顷刻间将寺庙埋于沙海之中，喇嘛们至今还在沙底下不停地诵经、击鼓、吹号。有的说，很久以前，佛祖释迦牟尼曾在响沙湾讲经，把声音永远留在了响沙湾……国内外慕名而来的游客络绎不绝，都想亲临妙境，欣赏一下鸣沙演奏的美妙音乐。

在我国，能唱歌的沙子不止响沙湾一处。在甘肃省敦煌县郊外，有一座名叫雷音门的沙丘。当你从这个沙丘顶部躺着向下滑动的时候，随着沙子的倾泻，会传来一阵犹如琴弦振动的响声，"琴声"由小而大，慢慢扩散开去，在四周高大的沙丘间回荡，声音越来越大，最后竟像雷声轰鸣，许久才平息下来。如果你双手捧一把沙子一搓，沙子还会发出"咯咯"的蛙鸣声呢！如果几个人同时用手搓沙子，还可以在沙漠里享受一下，"听取蛙声一片"的江南意境呢。

在新疆的塔克拉玛干大沙漠里，也有些不知名的鸣沙山。1961年，当几位记者爬上一座沙丘时，突然脚下传来一阵嗡嗡的"琴声"，仔细一听，原来是沙子向下滑动时产生的声音。于是他们有意识地用脚去掀动沙子，"琴声"顿时变成了咆哮的"雷鸣"。

此外，宁夏沙坡头，内蒙伊克昭盟银肯沙丘，都能唱出不同的"歌声"来。

当然，鸣沙在国外也有。如果你到了美国的内华达沙漠，在沙丘上轻轻走动时，就好像听到一把低音提琴在演奏；如果脚步重一些，脚落声起，则又像有一只熊猫在呼唤。不过这些鸣沙与西奈半岛的名叫"钟山"的鸣沙山相比，却又是小巫见大巫了。据说19世纪时，英国科学家布鲁斯特在当地向导带领下到此山考察过。他吩咐一名向导从山的西坡向上攀登。当向导到达相当高度后，他发现沙层开始向下滑动，随即听到一阵犹如竖琴的声响。后来，随着沙层移动速度的加快，声音随之加大，变成了洪亮的"钟声"，当沙子滚落到山脚时，犹如万钟齐鸣，附近的岩石也为之震颤！关于"钟山"，当地流传着一个故事：古时这里有一座古老的寺院，一天风云突变，被风掀起的沙子从天而降，顷刻间便把这座寺院埋没了。这座寺院虽然被埋没多年，但寺中的群钟，仍不时发出悠然的钟声。

海滨的鸣沙也很诱人。风光旖旎的考爱岛，是夏威夷群岛中的一个大岛，距檀香山120公里。在该岛海滨有一座长800米、高18米的沙丘，凡是到考爱岛旅游的人都要到沙丘上走走。因为在沙丘上不仅能眺望一望无际、波涛起伏的大海，而且能听到奇妙的"鸣沙犬吠"。人在沙丘上走动，沙丘就会发出"汪汪"的狗叫声。如果你捧起一把沙子，放在手里搓一搓，它也同样能发出狗叫声。如果许多人同时在沙丘上走动，那么，就如同百犬齐吠，此起彼伏，热闹非凡。随着天气的变化，沙子的温度、湿度也发生变化，所以发出的声音也不同。如果你有兴致的话，不妨在沙丘上纵情奔跑，这时可以听到隆隆的雷声，而且沙子越干燥，发出的声音也越大。

日本京都府北面的丹后半岛，有一处叫琴引滨的游览胜地，也是由于沙滩的沙子能鸣唱而名闻遐迩。当你漫步海滩时，沙子便发出美妙的"琴声"。

附近还有个击鼓滨,当你用脚点踏沙地时,便可听到"咚咚"的鼓声,节拍随着你脚的动作,或疾或徐,趣味横生。

为什么有些地方的沙子会发声?原因是多方面的。原来,沙粒之间有许多空隙,沙子又很干燥,当它们受到撞击时,便纷纷滑动,空气趁机在空隙中进进出出,产生摩擦,发生振动,引起共鸣。而干燥的沙粒之间相互摩擦,产生静电,放电时也会发出响声,这些声音交织在一起,便产生了各种美妙的天籁。

有时,夜间无人扰动,沙子也会发出"吱、吱"的声音,据认为这是放电的声音。

最近,有些科学工作者,对响沙湾的鸣沙现象作了深入的研究。他们认为,鸣沙的"鸣声"是一种沙下空气受压而爆发的物理现象。当人们沿沙坡滑下时,沙子内部间隙中的空气受压,这种压缩空气冲出上层沙子,迅猛爆发,便发出"嘭嘭"的响声。正因为这样,当把鸣沙样品拿到实验室后,由于失去了原来的自然条件,不管怎样折腾它,它也"守口如瓶",默不作声。鸣沙的这一特性,古人已经有所提及。例如《国史异纂》记载:"灵州鸣沙县有沙,人马践之锵然有声,把持他处,经宿之后,无复有声。"

至于考爱岛上的沙丘为何会发出犬吠声,一直没有得到确切的解释。有人认为,可能是沙子被海水或雨水浸湿后,水在蒸发过程中,表面形成一层薄薄的空气膜,一旦受到震动,就会发出声音来。震动的频率不同,发出的声音也不同。但这种解释似嫌牵强。

27. 气候迥然——五色土之谜

如果在我们辽阔的祖国大地上旅行,特别是在我国东部地区从南到北旅行一次,就会发现大地的颜色是不一样的。南方田野里的土地是一片赤红;向北去,土地的颜色逐渐变成棕黄色或黄褐色;到了东北,尤其是到黑龙江省的平原地区,那里的土地又成了黑色的。

为什么各地地面的颜色会不一样呢?这是由于各地地表物质的化学成分不同造成的。

除了岩石裸露的山地以外,陆地的表面都铺盖着由土、沙子、岩石碎屑等组成的一层松散物质,这些松散物质并不是地面上本来就有的,而是岩石经过多少年的风化形成的。

人们常说"坚如磐石",其实石头也是会"烂"的。我们可以看到,一些古老建筑的石头基石或条石台阶,会一层层地剥落,甚至开裂破碎,这就是风化了。岩石在阳光、水、生物的长期作用下,由于温度的变化,流水和风的侵蚀,化学溶蚀,会逐渐崩解碎裂,化学成分也会发生变化,变成黏土、沙砾和岩石碎屑。

在不同的气候条件下，岩石风化的过程和风化后形成的物质是不一样的。

我国南方地区，气候炎热潮湿。由于气温高，水分多，化学反应比较强烈，地表物质中不少矿物元素变成了可以溶解于水中的盐类或酸，流失掉了。

氢氧化铝、三氧化二铁、三氧化二锰这些不容易溶解和流失的物质被留了下来。我们通常看到的铁锈，就是三氧化二铁，它会把地表物质染成红色。这就是我国南方大地赤红一片的原因。

我国中部地区，气温比较高，降雨也不算少，淋溶作用还比较强。地表的氯化物、硫酸盐等都淋失了，碳酸盐类物质也大量流失。岩石中的铝硅酸盐被风化成了伊利石、高岭石等黏土矿物，这些矿物本身的颜色使地面呈黄褐色或棕黄色。

东北平原的气候比较潮湿，植物生长繁茂。每年有大量的植物残体落入土中，由于这里气温较低，矿物的风化作用和微生物的活动都比较微弱，所以土壤中积累了大量的腐殖质，使土壤表层呈现黑色。

我国几条大河的名字也反映了这种地表颜色变化的特点。黑龙江流经的地方，森林茂密，水草丰盛，土壤中富含黑色的腐殖质，使得江水也呈现青黑色，所以得名黑龙江。满族人民称黑龙江为"阿穆尔"，意思就是"黑色的巨江"。黄河中游流经黄土高原，河水中携带着大量的黄土、泥沙，黄水奔流，浊浪翻滚，所以被称为黄河。位于广西境内的珠江上游红水河，流经红壤发育的地区，河水也被染成了红色。你看，河流名称也能反映气候变化和土壤特点呢！

北京中山公园里有一个方形的高台，叫"社稷坛"。社稷坛中间是由五种颜色的土铺成的台面，中间是黄色，东面是青色，西边是白色，南方为红色，北部是黑色，这正是我国境内土壤分布的大概状况。

社稷坛是明清两代帝王祈祷上天保佑五谷丰收的场所。我们抛弃这层封建迷信、愚昧荒唐的外衣，可以得到这样一个启示：全国的土地不也像一块五色土吗？人民终年在这块五色土上辛勤地耕耘，比起皇帝每年春秋各一次来这里举行祭典要殷勤得多，实在得多，他们是靠自己的劳动来取得好的收获的。

28. 环境因素——凶宅之谜

在许多古代笔记中，都有所谓"凶宅"的记载。说人住进这种神秘的"凶宅"，不是得病、暴死，就是遇到其他的不幸事故。在清代曾传说古老的北京城里有十大"凶宅"，一般都是深院大宅，院落重叠，阴森怕人，常常闹鬼，因此往往无人居。

由于古书中对"凶宅"的描述多与鬼怪故事结合在一起，所以过去一些人认为，这是因为宅第久旷，阴气太重，为鬼狐占据所致。有些人则认为，这是因为风水不好，冲撞了煞神，冒犯了白虎星，所以人口不安，流年不利。近代，不少人认为，所谓"凶宅"之说，都是耸人听闻的无稽之谈，是迷信，应该破除。认为这些宅第可能只是建筑设计不合理，采光条件差，通风条件欠佳，使人感到不舒适，当然也容易生病……

从近代地质地理学、环境科学所揭示的一些现象看，第一种解释固然不可信；第三种解释不加分析，否定一切，也未免太简单化，令人难以信服。看来，第二种解释未必全错，有其正确的一面。因为"风水"一词本来就有"环境"的含意，泛指"环境条件"。如果去掉"风水说"中不科学的成分，予以新的解释，那么，"新风水说"，也就是"环境条件说"，则未必是无稽之谈，而是有稽之谈。

神秘的交叉点

要知道，国外同样也存在"凶宅现象"：一个身体健壮的人迁入新居后，竟莫名其妙地生起病来，四处求医问药均不见效。但当他搬出新居后，病又不治而愈。这种现象往往使人困惑不解。

国外有些医学家认为，上述一些奇怪的病，很可能是由于地电和局部地磁扰动引起的。有些地质生物学家认为，整个地面都有密如蛛网似的地电流穿过。这些地电流交叉的地方，会形成一股能损害人体的强大力量，可能是一种电磁辐射，有人称之为"地辐射"，能使居住在该处的人生出各种奇怪的病来，比如精神恍惚、烦燥不安、头痛失眠、惊恐不安等等。

地电、局部地磁作用的突出例子，是波兰华沙附近的一个被称为"陆地百慕大三角"的公路中心。那里虽然没有"宅"，却"凶"得很。据说那里发生的车祸事件多得令人难以置信。令人迷惑不解的是，许多车祸竟发生在天气晴朗，视度良好的条件下，而且驾驶员又多是经验丰富、技术娴熟的老司机。公路管理部门请来专家"会诊"。发现该处地电流纵横交错、重叠交叉，并有局部地磁扰动，形成了一股较强的力量，影响了活动于其上的人的精神状态和行为。据认为这可能是事故的原因。

据说，这种地电流交叉点的存在已经得到证明，并能用仪器测量其辐射强度。正统医学已承认有些房屋人住进去容易得癌症，这种房屋被称为"癌之家"或"癌屋"。有的地质生物学家认为，这种"癌屋"正是处在上述那种神秘的交叉点上。不少动物如狗、马等，能觉察出这种神秘地点的所在，从不在那里睡觉。但有些动物如猫、蜜蜂、蛇类，却偏爱待在这种地方，好像这种地方对它起着某种有益的作用，其原因目前还不清楚。

这种地电流交叉目前还无法清除，但人们也不是对此束手无策。有位外国妇女乔迁新居后，遇到了上述麻烦，她就聪明地把床搬了个地方，调了个头，从而摆脱了这种神秘力量的侵扰。据说在古代的西欧，人们在建造一座城市之前，先让一群羊到预选地区生活 1 年，然后把它们屠宰掉，如果发现其肝脏有病变迹象，这个地点就被放弃，另选新址，这可能是古人趋吉避凶、躲避那种扰人的地电流交叉点的一个原始而又有效的办法。

从地下伸出的魔掌

上面提到了有种叫做"癌屋"的"凶宅"，现代的研究证明，"癌屋"的出现还有另一个更为直接的原因，那就是住宅的地下有氡气逸出。氡是一种无色无臭，具有放射性的气体。它是名副其实的从地下伸出来的魔掌，能直接威胁人体健康。一些研究证明，氡能直接通过呼吸道进入并沉积在肺组织内，破坏肺细胞，并引起癌症。据美国环境保护局（EPA）估计，美国每年有 5 000 ~ 10 000 人死于氡气引起的肺癌。据测定，在抽样的 1.4 万所房间中，有21%的房间，其氡气含量偏高，或多或少地超过了允许数值。目前，美国有关环境保护部门正在研究对策。

有些房屋之所以成为"凶宅"，则是由于所在地区土壤中有毒的重金属元素（如铊、汞等）含量过高，污染了水源所引起的。土壤中这些重金属元素的来源，则往往是由于邻近地区存在这些金属的矿脉，或与附近有从事某种有毒重金属元素的生产加工的工厂有关。

例如，某市有一人家，多年居住在自己的住宅里，一向平安无事，人丁兴旺，可是近些年他的住宅不知怎地却变成了一座"凶宅"。家人一个个得了一种怪病。开始时，病人只是口齿不清，面部发呆，走路摇摆，手脚发抖，进而双目失明，神经失常，最后全身弯曲，整天叫痛，悲惨死去。经调查，这是汞中毒所致。原因是附近新开了一家水银温度计工厂，由于操作不当，致使水银溢出，渗入地下，污染了地下水，导致上述悲剧的发生。

大使之死

由于高技术的日益发展，这些年又出现了一些新的"凶宅"，住在里面的人会得各种奇怪的病。你相信吗？美国驻苏联大使馆就一度成为一座名副其实的"凶宅"。1976 年的一天，美国驻苏联大使瓦尔特·斯托赛尔向使馆人员宣布：苏联人正利用微波来截获使馆内通信，这种微波会导致白血病、皮癌、牛皮癣、白内障及某些精神和行为方面的疾病的发生。

8 天后，美国报界推测这位大使得了一种血液病，可能是白血病。后来，《时代》杂志证实，斯托赛尔患有恶心和眼周围出血的病。他的前三任驻苏大使中，有两人死于癌症。使馆中还有几对夫妇生下了畸形的婴儿。人们怀疑这是微波辐射造成的后果。此事曾演成美苏之间的一场外交风波，由于美国政府曾就此事多次向苏方提出抗议，对美使馆的微波辐射才有所收敛。目前，环境科学家已把微波辐射划为电污染，处在电污染中的住房是不适宜于人居住的。

由此可见，"凶宅"的形成，其原因是多种多样的，大多与"风水"——环境条件有关，不能简单地斥之为无稽之谈或迷信，要用科学的头脑，分别加以研究和分析。如果说有"煞神"、"白虎星"的话，那么，上述那种神秘的交叉点、氡气、有毒重金属元素的污染、电污染等等，才是真正的"煞神"、"白虎星"。

29. 水侵岩蚀——洞穴之谜

北京郊区，有许多供旅游观光的名胜古迹，有许多古典的园林和充满野趣的风景区，其中有好几处和地下的岩洞有关，如中国猿人的遗址洞穴、云水洞、石花洞、宝珠洞、白鹿岩等。瑰丽神奇的洞穴对于有强烈好奇心的少年儿童有特殊的魅力，也是向孩子传授自然知识、讲解地球演化历史的好课堂。因此，学校的老师常常利用假期，组织同学们到岩洞风景区去搜奇揽胜。

我国有许多著名的洞穴，广西桂林的七星岩、芦笛岩，浙江桐庐的瑶琳洞，金华的双龙洞、冰壶洞和朝真洞，江苏宜兴的善卷洞、张公洞和灵谷洞，广东肇庆的石室洞、双源洞，贵阳的地下公园……

进入这种岩洞，简直像到了神话的龙宫仙境。洞里有高大宽敞的洞厅，有幽深曲折的通道，有千姿百态的钟乳石，各种形态的奇石更组成了瑰丽神奇的景物，状物拟人莫不惟妙惟肖，琳琅满目，美不胜收。有的洞里，还有潺潺的流水，明镜般的池塘，甚至可以在这地下河流上行船荡舟。在这里，孩子们会惊异地提出这样的问题：这种规模巨大、幽深瑰丽的神奇洞穴是谁开凿的呢？

这种神奇洞穴的主要"建筑师"是水。

这样的岩石洞穴，都分布在由石灰岩组成的山地中。石灰岩是一种沉积岩，它的主要成分是碳酸钙。石灰岩是很坚硬的，马路的基石和铁路路基，大多是用石灰岩铺筑的。石灰岩还是烧制石灰和水泥的原料。可是组成石灰岩的碳酸钙有个弱点，它怕酸，遇到酸就会溶解。空气和土壤中都含有二氧化碳，二氧化碳溶于水就能产生碳酸。含有碳酸的水和石灰相遇，会使碳酸钙变成能溶于水的碳酸氢钙，石灰岩就受到了溶蚀。

我国南方地区高温多雨，气候湿热，有机质腐败分解快，产生的二氧化碳多，水中的二氧化碳含量也就高。由于温度高，化学反应快，地表水和地下水沿着石灰岩的裂隙流动时，就会对岩体发生溶蚀作用。石灰岩的裂隙在水流的侵蚀和溶蚀作用下，渐渐地扩大，这种地质作用叫岩溶作用。岩溶作用造就的特殊地形，叫做岩溶地形。桂林的奇山异洞、云南石林县的石林都是典型的岩溶地形。

当地下水沿着石灰岩的裂隙曲折流动时，水的机械侵蚀和溶蚀作用，会把这些孔道越开越大，并且曲折弯转，上下相连，有的地方由于空洞越来越大，顶层的岩体会崩坍下来，成为比较高大的洞厅。

洞顶的水要往下渗漏，不过不像流水那么快，往往是一滴一滴地往下落。

含有碳酸氢钙的水珠在岩洞顶部停留时，随着水分的蒸发，碳酸氢钙又会变为碳酸钙而沉积下来，附着在洞顶的岩石上。落到洞底的水滴，也同样会在洞底岩石上留下碳酸钙的沉积物。这种沉积物增长速度是十分缓慢的，可是一座岩洞的形成不知要经过多少万年，时间一长，这些沉积物就会越续越长。从洞顶垂下的沉积物像乳头一样倒挂下来，人们叫它石钟乳；从洞底长上去的沉积物，活像一根出土的竹笋，被称为石笋。一旦石笋和石钟乳连接起来，就成为一根"顶天立地"的柱子，称做石柱。一根根石柱接起来，会形成像舞台上的帷幕一般的屏幕，人们叫它石幔。洞顶、洞壁、洞底还会附着不同形态的沉积物，叫石花。这些千姿百态的沉积物，由于位置、形态及组合方式不同，会构成各种各样类似人物、动物、植物的造型及各种景物，任凭人们去揣摩、想象。一座神奇瑰丽、幽幻迷离的地下仙境就出现了。随着地壳运动，这些洞穴被抬升到地面以上，成为山中的巨大岩洞。然而，含有碳酸的流水却继续对石灰岩的深部进行溶蚀，造成几层楼一样的岩石洞穴。上面的洞穴已经干涸了，中间的洞穴水汪汪、湿漉漉，而下面的洞穴里依然有地下水流动。有时候岩洞里的地下水很大，形成地下瀑布、地下河流和地下湖泊。在洞穴的"地宫"里泛舟、赏景，借助松明火把或各种彩灯装饰，宛若置身于童话世界，令人陶醉。

有人可能会问，我国北方气候比较干旱，水少，怎么也能形成这种溶洞呢？要知道气候也是在变的，以北京为例，在 50 多万年前中国猿人生活的时代还是热带、亚热带的气候呢！我国北方地区过去曾经是温暖潮湿的地方，溶洞就是在那个时期形成的。

30. 冰川漂砾——石头之谜

在欧洲的德国、波兰和俄罗斯的平原上，是没有石头峰的，但是到处都可以见到不少巨大的花岗岩石块。

千百年来，人们用这些石头造房、铺路……几乎成天和这些石头打交道，可是谁也没有留意过，这些石头究竟是怎么来的？

19 世纪 20 年代，有两位地质学家对于这些石头发生了兴趣。他们凿些石头带回家去，把它与从阿尔卑斯山上采来的石头进行认真的观察和比较，结果发现，它们是完全相同的一种花岗岩。

阿尔卑斯山距离这些平原地区有多远呢？少说也有两三百公里。从阿尔卑斯山北坡流下不少河流，如莱茵河、易北河等，但是它们都没有力量把那么大的花岗岩巨石带到平原地区去。

既然不是河流搬运来的，那么这些石头会从山区自己滚到几百公里外的平原上吗？当然不可能。

后来，又有人继承前两位地质学家的工作，探索这些石头的来龙去脉。

他一方面在阿尔卑斯山测量那里垆冰川的移动情况，同时还对欧洲西部进行了更大范围的调查，在法国、英国的平原上也发现了同样的石块。这位细心的学者还在一些石块上找到不少一条条深刻的擦痕。这种擦痕是冰川流动过程中所携带的石块、岩屑磨擦刻划出来的，多呈"丁"字形，尖端就是冰川流动的方向。

这位学者根据石头上的擦痕，判断出它们是南方阿尔卑斯山上的冰川带来的。

冰川能有这么大力量吗？冰川的力气非常大，在冰川经过地方的许多巨大石块可以被它带走。在古冰川附近，我们就常常可以看到一些很大的石块，地质学上叫它冰川漂砾。

现在冰川只在两极地区和高山上才有，怎么会跑到气候温和的欧洲平原地区来了呢？

原来，在地质历史时期，地球上的气候曾经发生过剧烈变化，有时热，有时冷。在气候普遍变冷的时期，阿尔卑斯山冰川的范围比今天冰川的范围要大得多。它不但覆盖着欧洲广大的平原地区，而且填平了北面的波罗的海和北海，把斯堪的那维亚半岛和英伦三岛与欧洲大陆连成了一个整体。这种世界上气候普遍变冷、冰川广布的时期，叫做冰期。

据科学家研究，在离我们最近的地质年代——第四纪期间，在只有两三百万年的时间里，地球上曾经出现过四次大冰期。每次冰期来临，地球气候变冷，地面上的积雪不能当年化完，就渐渐地堆积起来，形成辽阔的冰川。

在一万多年前的最后一次大冰期时，冰川曾经覆盖着欧亚大陆的北半部和北美洲的北半部，各大陆高山地区和南极冰盖的面积都比现在冰川面积要大得多。

冰川在流动过程中，挟带着不少石块，不但在石块上磨出擦痕，还不停地刨蚀地面。冰川刨蚀地面的力量之大确实惊人。任何巨大的推土机都比不上它。冰川过后，在地面留下许多特殊地形。

比如，可以在地表上形成宽浅的积水洼地和突出的低矮石脊。它们分别称为"冰蚀湖"和"羊背石"。北欧的芬兰不是叫"千湖之国"吗？芬兰国土上数以千计的湖泊就是冰川造成的。冰蚀湖和羊背石在北美加拿大境内也很多，而且都有一定的排列方向。人们可以用它们推测当年冰川流动方向。

在一些高山地区，虽然古代冰川已经消失，但是，科学家们仍然能找到各种古代冰种遗迹。比如，冰川流过的谷地，它的外形与一般山间河谷有明显的差别，常常具有直立的谷壁和平缓的谷底，这种山谷的断面形如英文字母的"U"，叫"U形谷"。当年冰川上源的粒雪盆与一般山坳也有区别，它的形状有如一把围椅，半圆形的陡坡，围着向一面开口的平缓洼地，科学家称做"冰斗"。

此外，冰川堆积物与一般河流堆积物也有明显区别。碎屑石块的颗粒大小混杂，没有什么层理，砾石的棱角分明，磨圆度不好。

第四纪冰期同样影响过我国。冰期时候，我国气候比现在要冷得多，高山冰川的范围也比今天大，一些现在没有冰川的山地，当时都出现了冰川。

第四纪冰期对地球的自然环境有些什么影响呢？

首先，大量的降水变成了冰，堆在陆地上，而不能流回大海，使海平面降低，一些海水不深的海干涸，变成陆地。我国东部的黄海、东海的海底，那时也大部分露出海面。

冰期对全球动植物分布也有深远影响。冰期来临，北方一些不耐寒的动植物大部分被冰死，一部分迁移到比较温暖的南方，等冰期过后，它们又重新北移。这样反复多次，就使得大陆南北动植物种类变得复杂起来。

在冰期，即使比较温暖地区的森林，也变得稀疏了。食物的不足，迫使古猿从树上下地觅食，这也是促使古猿逐渐演化为人的外界因素之一。

31. 溶蚀力量——石灰岩之谜

石灰岩是一种很普通的岩石，铺筑马路的基石，多是石灰岩的碎块，盖房用的石灰，也是用石灰岩烧制的。

普通是普通，可是石灰岩也有它自己的"个性"。我们不妨做一个小实验：在一块石灰岩上滴几滴盐酸（没有盐酸用浓醋也可以），我们可以看到，滴上盐酸的地方会咕嘟嘟地冒起泡来，像开了锅一样。

这是怎么回事呢？

原来，石灰岩的主要成分是碳酸钙，盐酸滴上去之后，就会使它起化学反应，变成氯化钙（如果滴的是醋，就是醋酸钙），并放出大量的二氧化碳气，所以看起来，就像盐酸在石灰岩上"沸腾"了。

自然界里存在着很多二氧化碳气，二氧化碳溶解在水中，就形成碳酸。

碳酸和石灰岩同样会产生一系列化学反应。反应的结果生成可以在水中溶解的碳酸氢钙，被流水带走。于是，坚硬的石灰岩在水和二氧化碳联合进攻下就会被溶蚀。

含有二氧化碳的水溶蚀石灰岩的速度有多大呢？

有人在广西桂林地区进行过调查，结果是每年大约为 0.3 毫米。就是说每年石灰岩山石要被溶蚀掉大约有手指甲那么厚的一层。

大自然就是靠着这么一点点的溶蚀力量，不但雕塑成了像云南石林那样几十米高的石灰岩石峰、石柱，而且还能"建造"起像桂林到阳朔一带那一座座几百米高的石灰岩峰林。有名的北京周口店猿人洞，桂林的七星岩、芦笛岩，江苏宜兴的善卷洞、张公洞、灵谷洞等石灰岩溶洞，也主要是靠溶蚀作用形成的。

在我国广西、贵州、云南的石灰岩地区，**到处都**可以见到这种溶蚀作用的痕迹。其中包括形态奇特和溶蚀谷地、小小的**溶蚀盆地**、深不可测的落水洞以及许多奔流在地下的暗河等。它们没有一样不是这种溶蚀作用造成的。

从前，在地理教科书里把这种溶蚀作用造成的地形叫"喀斯特"地形。

这是因为，在欧州的南斯拉夫亚得里亚海滨有一个叫"喀斯特"的高原，那里有很大一片石灰岩山地，形成不少典型的溶蚀地形。科学家们在这里作过详细的调查，并且把这类石灰岩地形通称为喀斯特地形。

后来，有人觉得喀斯特这个词总有些别扭，改称"岩溶"两个字。就是岩石被溶蚀的意思，这比起叫"喀斯特"来要明白精确多了。

你可能会问：这样缓慢的溶蚀速度怎么能把石灰岩溶蚀成石林、高峰和溶洞这种种岩溶地形呢？

当然，要溶蚀成这些岩溶地形确实都要花费很长很长的时间。这点，我们不必担心。地质历史本来就是非常漫长的。

在云南石林，一般高度只有几十米，桂林的峰林只有一两百米，而一般溶洞的高度也只有几十米，当然都不在话下了。

是不是凡有石灰岩的地方就能形成岩溶地形呢？岩溶地形的形成，一方面要有大面积、大厚度、质地纯净的石灰岩地层，另一方面还要有湿热的气候条件。在这种条件下，地表水和地下水丰富，植物的枯枝落叶腐解迅速，土壤和水中的二氧化碳含量高，这都有利于溶蚀作用的进行。所以，气候越潮湿，越热，石灰岩被溶蚀的速度也越快，岩溶地形也就能发育到十分完善的程度。

当然，干旱少雨的北方也不是绝对找不到岩溶地形。像北京附近的周口店猿人洞、上方山云水洞等，都是岩溶地形，但它们并不是在今天的气候条件下形成的。它们形成的时候，距离现在最少有几十万年了，当时北京地区的气候比今天要炎热潮湿得多，大概和今天我国南方的气候没有多大差别，所以才形成了这些岩溶地形。

32. 水体变冷——南极冰雪之谜

南极洲是一个冰雪的世界，全洲98％的表面被冰雪覆盖。在面积为1 400万平方公里的南极洲上，其冰雪的总贮量为2800多万立方公里，占全球所有冰雪总量的90％以上。无论以什么标准来衡量，南极都是地球上最大的淡水库，其总水量占地球总水量的2％，占地球淡水总量的70％。有人曾计算过，如果南极的冰雪全部融化，世界海平面将平均升高60米，那时世界上大多数的沿海城市将被海水淹没。如果南极的冰雪部分地融化，则冰雪每融化3 000立方米，海面将升高1米。

南极为什么会有这么多的冰雪呢？的确，从目前的降水量来看，这简直是不可想象的事。我们只好从地质学的角度来寻找答案了。南极冰盖的历史可以追溯到第四纪冰期开始前的几百万年前。根据在南极发现的乔木化石可以证明，在5 000万年以前，南极大陆大部分地区并没有冰雪，到处都是一派郁郁葱葱、充满生机的世界。然而在3 500万年前左右，靠近南极大陆的南大洋水体开始变冷，陆生植物越来越少。大约在2 000万年前，南极冰盖开始形成，并延伸到大陆边缘。到了500万年前，南极冰盖的面积与现代冰盖的面积相差无几。有证据表明，南极冰盖最厚的时期是在1.8万年前的第四纪末期，那时候南极洲的冰缘向北扩大到了南纬50°，冬季甚至达到南纬45°。

那么，对于今天的南极冰雪来说，是在逐年增加还是逐年减少了呢？这倒是一个令人感兴趣的问题。有人计算表明，南极大陆的冰雪既有每年平均增加9.7厘米的情况，但也有每年平均减少3.1厘米的情况，这样的计算是否合理尚存在争议，然而就人类目前所掌握的资料和观测手段来看，对南极冰雪的增减下一个确切的结论，可能还为时尚早。

南极洲的冰雪不仅数量巨大，而且是以多种形式存在的，通常可分为大陆冰、冰川、陆缘冰和冰山几部分。

大陆冰也叫内陆冰，它是南极大陆冰的主体，面积约有1 200万平方公里。大陆冰的厚度为2 000~2 500米，迄今所能测到的最大厚度是4800米，其位置在东南极凯西站以南510公里处。

冰川冰是一种固体物质，但在长时间受力后，它也会发生变形和流动，从而形成运动的冰川。尽管南极大陆的内陆冰是一个巨大的块状体，但它也在不断分离出巨大的冰川，并不断地向沿海移动，一般来说移动的速度每年为1~30米。世界上最大的谷地冰川是麦克·罗伯逊地的兰伯特冰川，该冰川充填在一条长约400公里，宽80公里，最大深度为2 500米的巨大断陷谷地中，其平均流速每年约350米，流注入海构成艾默里陆缘冰。

陆缘冰在南极大陆的边缘，由于积雪和内陆冰、山谷冰川的补给，形成了很多陆缘冰。陆缘冰的面积约为南极冰盖总面积的10%，占据了约7 500公里长的海岸线。其中最大的陆缘冰是罗斯海中的罗斯陆缘冰，其面积约为45万平方公里，和法国的面积差不多。罗斯陆缘冰的宽度超过了800公里，前缘冰厚约200米，后缘与伯德地内陆冰相连的地方厚度达700米。另一个较大的陆缘冰是位于威德尔海大海湾中的菲尔希纳陆缘冰，其面积约40万平方公里，陆缘冰前缘厚度为200米，后缘与内陆冰连接的地方厚度达1 300米。

冰山在南极的陆缘冰中，时常分裂出南极所特有的巨大的平台冰山。这些冰山的长度在几百米到几十公里之间，厚度可达200米。已经发现的最大冰山的长度超过了180公里。南极冰的主要损耗是从它的边缘上分离出的冰山。据估计，分离冰山的损失每年要有5 700亿吨，其中有84%是由陆缘冰上分离出来的。有的专家指出，陆缘冰是南极最容易被破坏的部分，如果全球气候变暖，陆缘冰以及与之接近的谷地冰川全部融化，冰盖总量将减少10%~20%，世界海平面将上升2~6米，许多沿海城市将被大海吞没。

33. 恐怖地带——死亡谷之谜

在人类与动物赖以繁衍生息的地球上，有着顷刻之间可以使人和猛兽鸟类丧生毙命的地带，这种可怕的地方一般位于狭谷之中，故称为"死亡谷"。

意大利、美国、印度尼西亚和苏联境内都有令人毛骨悚然的"死亡谷"，这些互相迥异、奥秘迭出的"死亡谷"，尽管有不少科学家绞尽脑汁，但是迄今仍然没有得出令人满意的解释。

美国的死亡谷位于加利福尼亚与内华达之间，它是一条长达220公里，宽6~26公里，面积约1 408平方公里的大谷。死亡谷两侧是顽石突兀的峭壁，险象环生。1841年，美国有一支寻找金矿的勘察队因迷失方向而错入谷中，结果不可思议地突遭罹难，几乎全军覆没。1949年，又有一支探险队偶入谷地，也被一种神奇的力量所杀，只有几个人侥幸逃脱。然而，没有多久，他们也莫名其妙地一一死去，死者连死因都无法查明。后来，曾有数批探险人员前去揭谜，但多数也屡屡葬身谷中，死亡原因至今未晓。

科学家们经过仔细调查研究，虽未发现新的线索，但却发现一个令人百思不得其解的怪现象，这个凶险莫测的死亡之地竟是鸟兽的"天堂"。据统计，在这里大量繁衍着200多种鸟类、十几种蛇类和1 000多头野驴。各种各样的昆虫多如牛毛，它们在这里悠然自得地生活着。至今，谁也弄不明白死亡谷为什么对人这么凶残，而对动物却如此宽容厚爱。

在苏联堪察加半岛的克罗诺基自然保护区内也有一个死亡谷。它长2公里，宽100~300米。地势凹凸不平，坑坑洼洼，不少地方天然硫黄嶙峋露出地面。这里像墓地一般死寂，到处躺着狼獾、狗熊以及其他野兽的尸体，阴森恐怖得令人毛骨悚然。据统计，这条死之谷已吞噬了近30条人命。许多科学家曾多次冒着生命危险前去考察探险，但其结果仍是众说纷纭，有的说罪魁祸首应是积聚在陷阱中那使人窒息的硫化氢和二氧化碳气体；也有的说是烈性毒剂氢氰酸和它的衍生物，莫衷一是。奇怪的是，离死亡谷只有百米路之远的地方，有几户农民生活着，却依然平安无恙。

在意大利那不勒斯和瓦维尔诺湖附近，也有两条死亡谷。与美国的死亡谷相比，情况恰恰相反，这里的死亡谷对人类是挺"和善友好"，受害的只是那些飞鸟走兽。据科学工作者统计，每年在这里死于非命的各种动物达3600多头。

在印尼的爪哇岛上，每一条十分怪诞的死亡谷，谷中有六个大山洞，每个洞都有一种"超自然的魔力"，无论是人或走兽，只要站在或途径距离洞口6至7

米远的地方，就会被一股无形的魔力吸入洞内，且一旦被吸入则无法逃。如今，每个山洞里里外外都堆满了人和各种走兽的尸骸。山洞何以具有吸擒人兽的力量呢？被吸入的人或动物是因活活饿死还是慢慢中毒死亡的呢？其奥秘令人恐怖而又深不可测。

34. 竖井传奇——橡树岛之谜

加拿大东南部的新斯科夏省东南海面上，有一个面积仅 130 英亩的小岛。从 18 世纪末起，由于在该岛发现了一些神秘莫测、复杂多变的竖井和地道，很多人都对它进行了探索和挖掘，这个以往默默无闻的小岛，近 100 多年来变成了热闹非凡之地。

1795 年，三个年轻人在这个荒无人烟的小岛上发现了一个临时填上的竖井。向下挖掘 30 英尺后，由于当时缺乏合适的工具，他们在 1804 年放弃了挖掘，空手而归。消息传出后，很多人推测竖井里可能埋藏着海盗隐匿的大宗财宝，于是不少雄心勃勃的人又接着挖掘。他们发现，每向下挖掘 10 英尺，就会遇到一层铺砌好的、又粗又圆的橡树；40 英尺和 90 英尺处的橡树上还涂裹着厚厚的油灰。100 英尺处不是橡树，而是一层云杉木。人们在 90 英尺的地方发现了一块平滑的石板，上面刻画着一些暗号，它们至今还未被人们破译出来。100 英尺以下的竖井中充盈着海水，后来人们发现，竖井中有海水是因为有两条地道与 500 英尺外的海滩相通的缘故。

人们认为修建竖井的目的是为了埋藏财宝。对于这个岛被海盗们用做"银行"，这些海盗大的还包括臭名昭著的盖特船长；有人却认为宝藏的主人是美国独立战争时的英军总司令亨利·克宁顿爵士，1778 年对纽约威胁进军时，他可能把橡树岛作为自己的军火仓库和临时银行；还有人认为财宝的主人是加拿大的法国总督，他可能在 1758 年把他们的黄金储备从路易堡要塞辗转运到了岛上……然而，不管这些猜测多么富有传奇色彩，事实上，100 多年来人们为找到这些"财宝"已有 6 人丧命，花费了近 300 万美元的金钱，那想象中的"宝藏"仍毫无踪迹，人们在竖井中发现的人工制品不过是几个金链圈、铁的碎块，两片羊皮纸碎屑以及固定船只的环形栓而已。

1949 年，有人在拉丁美洲的海地发现了一个据推测建于 18 世纪早期，与橡树岛极为相似的竖井和地道，一群群各不相干的海盗从竖井开始，在不同的深度挖掘了一条条水平的地道，把劫掠来的财宝埋藏在地道中。据报道，已有价值 5 万美元的西班牙金币在海地的寻宝现场找到，这个发现极大地鼓舞了橡树岛的寻宝者。

最近，一个对大半个橡树岛拥有所有权的辛迪加和对岛的其他地方拥有所有权的人准备再次对之进行全面的探索。探索将从被人们称为"宝井"的原竖井处和岛的其他地方同时开始。

对橡树岛的探索已有 100 多年的历史，不仅财宝没有找到，就连地道有多少也没弄清。而在岛上修建竖井的目的是什么，谁修的这个竖井，为什么修好后又填上，每隔 10 米为什么要铺放一层橡树，到今天仍像竖井第一次被发现时一样，人们对之一无所知。最近开始的一次大规模探索，究竟能否解开橡树岛之谜，还不得而知。

35. 动物之家——百鸟会串之谜

在河北省石家庄市中心地段铁路宿舍的 39 幢居住的老工人马明鉴家里，近半年中飞来许多鸟雀，还有些小动物也不断前去"凑热闹"。

马明鉴是位离休干部，过去从未养过鸟。该宿舍有 3 排平房，马师傅住的后排房共 8 户人家。据马大娘介绍，1986 年 6 月 1 日，她女儿在和平医院的花坛上抓住了一只虎皮鹦鹉，带回家养着，以后就不断有鸟飞到家里来。

最多的是 10 月份，1 个月就飞来 153 只。8 月 8 日，马明鉴过 59 岁生日，当天飞来了 30 只鸟，其中有一只大喜鹊。更巧的是 11 月 3 日马大娘过生日那天，也飞来 12 只鸟。仅仅半年时间，共有 299 只鸟飞来，种类有百灵、黄雀、画眉、太平鸟、金山珍珠、翠鸟、红嘴长尾蓝鹊、金翅、锡嘴等近 30 种。在这期间，跑到他们家的小动物有 9 只，其中 1 只普通猫、2 只波斯猫、2 只小刺猬、2 只小松鼠以及 1 对荷兰猪。1 只母荷兰猪还生过 3 只小崽，可惜都夭折了。

为什么这些鸟和小动物会穿过闹市到马师傅家做客呢？河北师大生物系的有关专家教授、河北地震台的研究人员，以及广东自然界物质反映学者等，纷纷对此进行研究。一种意见认为，是由于房前屋后树木葱茏，加上马师傅家门窗皆呈绿色，过往的鸟兽寻水觅食易于到此；另一种意见认为，由于树木、屋形形成抛物无线架，地下可能存在含铁的物质及阳光等多种因素的相互作用，产生静电波，当动物摄取含铁量较多的食物后，比较适应于这种电波辐射而至。有关专家、学者还将对此作进一步探究。

36. 奇妙景象——磁力旋涡地带之谜

在美国俄勒冈州格兰特狭口外的沙甸河一带，有一个方圆 50 米的神奇磁力漩涡地带，人们目睹这不可思议的奇妙景象，个个都会目瞪口呆，惊叹不已。

如果有人骑马前去，马一到这个地方就会停蹄不前，本能地回避，任你鞭打牵拉，它会惊恐而嘶叫起来，惶惶而不肯前进半步。在蓝天中飞翔的小鸟，一旦飞抵此处上空，就像被什么东西吸住似的，会突然跌落下来。经过一阵苦苦颤抖和挣扎，慌慌张张地急忙逃往他地。四周的树木，则都向着磁力圈生长，与远处笔直向上生长的树木形成明显的对比。

这个被称为"俄勒冈漩涡"地带，经精密仪器测定，显示出一个直径为50米的磁力圈。这个磁力圈并非固定不变的，它是以9天为一个周期循圆形轨道移动。圈内有一栋破旧歪斜的木屋，很早以前，它是金矿的办公处。1890年，办公处迁往别的地方，这里一直无人居住，荒废得破烂不堪。走进屋内，如同进入另一个世界，人们会感觉到有一股强劲的拉力把你往屋内和往下拉。这时如果你想倒退出来，就会感到有一种神秘的魔力死死拉住不放，仿佛有根无形的绳子牢牢牵拉住似的。这就是漩涡影响大气压力，产生了新的重力而强有力地吸引着人们。假如想在这儿挺直腰杆站立，身体会不由自主地自然而然地向磁力中心倾斜10度左右。

在小木屋里，抽烟时喷出的烟雾，开始时会在空中打旋转，继而越旋越快，最后向着磁力中心飘流，直至消失。假若有人想把一个空酒瓶搁在斜放的木板上，即使靠近磁力中心的一边位置较低，空酒瓶并不会向较低的那边滚落，而仍会向靠近磁力中心地势较高的一边滚去；若把圆球放在漩涡磁力圈内，圆球会自动向磁力中心滚去；若把一张纸撕成小碎片散掷于屋内，碎片就会在空中卷进漩涡中，然后在磁力中心点纷纷落下来，好像有人在空中搅拌碎纸似的。

过去有人认为这是天上的凶神在恶作剧，可经科学工作者20多年来的调查研究和无数次科学实验，证实了乃是地球的旋动力和电磁力的引力所造成的缘故。至于为什么这里有电磁力引力，至今还无人知晓。

37. 地基作祟——墙壁上裂缝之谜

20世纪80年代的祖国大地上，一座座高楼大厦拔地而起，一幢幢新式的二三层的农家住宅星罗棋布，城市中的旅游宾馆和绿树环抱的乡间别墅式的新村交辉成趣。盖房子是遍及全国城乡的热烈话题，它标志着四化建设的飞速发展和人民生活的日益改善。

盖房子是百年大计，施工中最关键的一步是打地基。基础不牢，上面的建筑物无异于空中楼阁，隐伏着倾斜、开裂甚至倒塌的危险。保证建筑物的安全，除了打好基础外，还有一个重要的措施，就是不得在靠近房屋建筑的地方随意挖沟、刨坑。用俗话，就是"不许挖墙脚"。

一般说来，照上面说的做了，完全就没有问题了。但是，有时人们会发现这样的现象：建筑物的墙壁在没有地震或其他外界力量破坏的情况下，出现了裂缝，而且裂缝会越来越大。检查施工质量，找不出什么问题，既没有偷工，也没有减料……那么，究竟是什么原因使墙体开裂，是谁在挖墙脚呢？

原来，这是建筑物底下的地基在捣鬼。

我们知道，地下的土质情况是很复杂的，就是在一片不大的地段内，也往往分布着各种各样的土层。有的地方地面上裸露着岩石，有的地方却是一块石头也没有的深厚的黄土，有的土层下面（或中间）有沙层、砾石层，有的松散土层下面却是致密的黏土或稀软的淤泥。有的土层粗看起差不多，但相邻地段土层里的矿物成分、颗粒大小、结构、密度、硬度等也不相同。在一些古老的城市或村镇的地底下，还有范围各异、深浅不等的渣土或炉灰层。有的地方地面平整，与周围并没有什么不同，而地下却是过去的河道或坑塘、古井、墓穴……各种土层有时是交互出现的，各个层次的分布范围和厚薄也不同。地下水的分布有深有浅，对土层的结构和密度也有重大的影响。

万丈高楼平地起，地下土层的复杂情况严重地关系着地上建筑物的安全，人们必须给予足够的重视。

打个比方说吧。假如在一包棉花和与它同体积、等高度的一包布匹上面，压上同样重的东西，我们会发现棉花包下陷的程度比布匹包要大得多，其原因就是布匹的结构紧密，密度和耐压力比棉花大。同样，松软的土层与致密的土层承受重压的能力当然也是不一样的。如果一段墙的两端分别砌筑在不同的土质基础上，在高大建筑物的沉重压力作用下，土质松软的一端下沉的自然要多，而另一端因为基底坚实，就不会下沉或下沉很少，这样一来，墙体和土层变化交界面相对应的部位上就会出现裂缝。这种现象通常被称为不均匀沉降。

建造平房，因为建筑物的总重量不太大，所以，只要把砌墙的那部分地面刨开，剥离表层土，形成地基的槽沟，用打夯机把下面的土层夯实，或者铺垫一定厚度的三合土夯实就行了。而建造高层建筑就不能这么简单从事了。

在一座高大建筑物建造之前，为了摸清地下的土质情况，都要先进行钻探，还要对钻探取出的土样的成分、颗粒组成、密度等物理化学性能进行测试，求得各类土层单位面积所能承受的压力的数值。然后再由勘探设计人员提出地基处理的设计方案。

在建筑施工工地，如果留心观察就会发现，在砌筑墙体之前，施工人员根据设计要求要对地基进行各种不同的处理。有的是用打夯机夯实，有的要绑钢筋、浇灌混凝土，还有的是把钢筋混凝土预制的长桩打入地下……采用的方法虽然不同，但目的都是要使建筑物有一个完整、均匀、密实、坚固的基础，这样才能保证地上建筑物的稳固。

对一些重要的建筑物，勘测设计部门在建成使用之后，还要进行经常性的观测，一旦发现不正常的情况就立即通知建筑部门，相应地采取有针对性的补救措施。

38. 天然造物——地球水之谜

地球上为什么会有这么多水？这个问题可能不少人认为是从天上下雨、下雪掉下来的。但是也有人会有相反的说法，他们认为雨和雪是地面上的水蒸发带上去的，因而一直争论不休。事实上，上述两种说法都只是说了地球上水的运移和循环情况，而没有涉及事物的本质。那么地球上的水究竟是从哪里来的呢？通过人们对地球内部构造和物质成分的详细研究，目前已有越来越多的资料可以证明，它是从地球内部分异挤压出来的。其证据是：从现代火山活动中可以看出，几乎在每次火山喷发时总会有大量气体喷出，其中以水蒸气为主，约占75%以上，其数量之大十分惊人。如1906年意大利维苏威火山喷发时，喷出巨大的纯的水蒸气柱高达1.3万多米，并且在20小时内一直保持着这样的高度。又如美国阿拉斯加州卡特迈火山区的万烟谷，有上万个天然水蒸气喷气孔，平均每秒钟就可喷出97℃~645℃的水蒸气和热水约2.3万立方米。这些现象说明在地球内部（地壳深部）确有大量原始水存在。从地下深处的岩浆成分来看，无不含有水分，并且越深形成的岩浆含水量也越高，例如经实验证明，在5公里深处岩浆中水的饱和度约为6%，在10公里深处，却达10%左右。从岩浆凝固结晶而成的火成岩来看，虽然都是一些坚硬的石头，但经化验表明，仍然含有一定数量的结晶水，并且常见有原始水的包裹体。从构成地球的原始物质——球粒陨石的成分来看，经人们研究发现，同样也含有一定水分，一般含水量为0.5%~5%，有些可达10%以上（如炭质陨石）。

上述事实充分说明了地球内部确实有水存在。但地球内部的水是如何跑到地球表面来的？要回答这个问题，得从地球的形成过程谈起。

原来由宇宙尘埃凝聚成地球时，作为宇宙物质之一的水同时被封存在地球的原始物质——球粒陨石中。由于当时雏形地球温度很高，原始物质均处在熔融状态，而且地球自转速度很快（例如，35亿年以前，地球的自转速度约为现在速度的6倍，即每天只有4小时），因此便产生重力离心分异，转重的物质趋向地球核部集中，较轻的物质便逐渐向外迁移，这样就慢慢形成了地球的地核、地幔、地壳三圈层构造。在地球圈层分异过程中，水是最轻的物质之一，并且活动性也最强，自然首先被移向地球外层。后来当外层这些富含水的溶融岩浆凝固成坚硬地壳时，含在岩浆中的水大部分就被挤压出来并向地球表面溢出，形成今天的大海大洋。不过，正如前面所说，30亿年前的古地球表面由于温度较高，因此挤压出来的水几乎都是水蒸气，在地球上空飘浮，直到后来地表温度降至100℃以下时，浓厚的水蒸气才逐渐冷凝成水滴并开始大量向地面降落。越往后，到6亿年左右，当地表温度降至30℃左右（即与现在地表温度相当）时，挤出来的水大约99%都呈水滴落到地表，这就是造成如今地球上那么多水的原因所在。

39. 地球体温——地热之谜

在内蒙古宁城县的一个山村里，有一口热水井，一年四季水温都在80℃以上。当地村民杀猪、宰鸡退毛时从不烧开水，把杀好的猪、鸡放在井水中泡上一阵儿，便可收拾退毛了。现在，这个村的社员还办起一座没有烟囱的洗澡塘呢，用的就是这种自来热水。

那么，这口井的热水是谁"烧"的呢？原来，养育人类的地球内部蕴藏着极丰富的地热能。地热是火山、温泉、地震和地壳运动的主要能源。假设你能够乘坐"地下火箭"到地球内部去旅行的话，可千万别忘了带上防热器材。因为，向地球内部行进的过程中，最初的30米，温度变化还不怎么大，再往前走可就不行了，每前进100米，温度一般要升高3℃。当前进到2 000至2 500米的时候，温度大约就有80℃了。当到达30多公里的地方，那里的温度可达1 000℃ ~ 1 300℃，石头都被熔化了。继续往前走，温度可达4000℃以上。当穿过500公里的厚度，才算过了增温区。据推算，地球地热总蕴藏量，约为地球上煤炭总能量的1.7亿万倍。

地球内部为什么有那么高的温度呢？巨大的热量又是从哪里来的？"冰冻三尺，非一日之寒。"今天地球内部巨大的热量是地球在漫长的演变过程中积累起来的。地热主要来源有放射性热、地球转动热和化学反应热等。而地壳导热率又很低，特别是地下50至100公里的深度导热率最低，厚厚的像锅炉外壳，把地球内部的热量给封住了。火山、温泉是从地壳裂缝泄露出来的地热形成的。但是，火山、温泉和地表带出、散发的热量还不到地球放射性产热总量的一半，大部分储存在地球内部，并使温度不断升高。

地热是取之不尽，用之不竭的大热库，是人类极其丰富的宝贵资源。它吸引着世界各国去开发利用，1904 ~ 1913年，意大利在拉德雷洛地热田，建成了世界上第一座地热发电站，功率为250千瓦。在我国地热资源也有着极其广阔的发展前景，目前，我国地质工作者已勘探的地热田（区）共计有40个，已发现天然露头温泉2 600多处，人工热水露头130处。地热利用已从医疗、旅游业扩大到农业温室、水产养殖、民用采暖、工业加工等方面。我国第一座地热发电站于1970年在广东省丰顺县的邓屋地热区落成，其功率为100千瓦。1971 ~ 1975年，在湖南省宁乡县灰汤地热区建成我国第二座地热发电站，功率为300千瓦。1977年在西藏羊八井、台湾宜兰县清水地热区各建成一座地热发电站，功率分别为1000千瓦和1500千瓦。

40. 地壳奥秘——地下世界之谜

人生活在地上，在地上居住，在地上行走，在地上进行各种活动。地面上的东西看得见，摸得着。可是，地下是什么样子，地下都有什么东西呢？

在古代，人们没有探索地下奥秘的科学手段，只能凭借着想象，编造出许多带有神秘色彩的，关于"地下世界"的传说，绘声绘色地描述"地下王国"引人入胜的情景。

随着科学技术的进步和生产水平的提高，人类的活动已经扩展到了地下：修建地下铁道、地下厂房、地下仓库、地下街道，开挖矿井，从地下采矿，用钻机打井，从地下取水，开采地下的石油和天然气。

虽然这样，我们对地下的情况还是很不了解。"天高地厚"、"莫测高深"么！科学家的研究告诉我们，地球的平均半径是 6371 公里。相比之下，人类触摸到的地壳还是很浅很浅的。一般矿井只有几百米深，石油钻井最深，也就是几千米。苏联有一口世界上最深的地质钻井，到 1984 年也才打到 1200 多米，只有地球半径的 1/600。如果把地球比做一个苹果，1200 千多米的深钻井只不过是钻透了苹果皮，再下边的情况还是不清楚。

人类是不会向困难低头的，人类的智慧能够揭示出物质世界的各种奥秘，其中也包括地壳深部的奥秘。

科学家发现，地震波能够向四面八方传播，有的可以一直传到地心。地震波在传播过程中，碰到不同物质的时候，就会有不同的反射和折射，用仪器把这些记录下来，再进行分析研究，就可以推知地下物质的状态和分布情况。

科学家们用人工爆破产生的地震波，以及磁力、重力、电力、放射性勘探等各种方法，研究地下的情况，并且利用人造卫星拍摄的地下红外线辐射照片来分析地下的情况。

根据研究的结果，科学家指出，地球内部可以分成几个圈层。最外边一层叫地壳，也叫岩石圈，是由各种岩石组成的固体硬壳，它的厚度在大陆上厚 30 到 70 公里，海洋底部只有 5 到 15 公里。地壳表面几十米的薄层叫风化层，它的上部是可以生长植物的土壤层。人类的各种活动基本上就是在地壳表面进行的。

岩石圈的下部是地幔，也叫中间层，它的厚度约 2 900 公里。这一层的温度有 1 200℃~2 000℃，压强有 100 多万个大气压。这里的物质是一种过热状态下的固态物质，但是只要压力减小到一定程度，它就会变成能流动的岩浆。在强大压力作用下，如果岩浆沿着地壳的裂隙喷出地面，就是火山爆发。

地幔下部就是地球的核心部分，叫地核。它的半径有 3 400 多公里，可以分成外核、内核两部分。外核厚约 1600 百公里，是液态的。内核主要是由比重较大、带磁性的铁和镍组成的，又叫"铁镍核心"。这一层密度大，温度高，估计温度可达 5 000℃，压强达到 300 多万个大气压。

41. 生物遗体———地下油之谜

衣服上滴了油污，可以用汽油把它洗掉。有的人家里用煤油炉或柴油炉烧水做饭，没有用上电灯以前，不少家庭是用煤油灯照明。出门旅行、运输货物，要用汽车、拖拉机、飞机，它们用的燃料是汽油或柴油。汽油、柴油、煤油都是从石油里提炼出来的。就连我们穿的某些化纤衣服和不少日用品，也是以石油为原料，经过提炼加工制成的。现代化生产离不开石油，人们在生活中也要处处和石油打交道。

人们都知道，石油是从地下开采出来的。可是地下哪儿来这么多"油"呢？

原来，石油是古代动植物的遗体变成的。石油是由占97%～99%的碳、氢两种元素和少量的氧、硫、氮等元素组成的复杂碳氢化合物。科学家经过反复的实验，证明石油是由有生命的有机物转化成的，也就是说是由动植物的遗体变成的。

煤是由古代的树木变成的，石油是由古代动植物遗体变成的，它们形成的过程是不是一样的呢？确实有许多相同的地方，比如要有适合生物大量繁殖的自然环境，也要有水或泥沙把堆积的生物遗体覆盖起来，要有细菌帮助有机物分解，地壳还要下沉，把有机物送到地下提供的高温高压的环境里。可是它们又有很不相同的地方：煤是主要由碳元素组成的固体，而石油却是一种液态的复杂化合物。

石油既然是液体，就会到处流动，哪儿有缝往哪儿钻。如果石油没有个汇聚积存的地方，人们要想寻找和开采它就困难了。可是石油也有它"聚居"的地方。

地壳变动的时候，水平的岩层受到挤压，有的地方会向上拱起来，四周低，中间高，就像一口倒扣着的锅，这里就成了石油的"家"。

石油滴随着水在地下的孔隙里移动。如果这口"倒扣的大锅"下边是孔隙很多的砂岩、石灰岩，而形成"大锅"的岩石是密实的页岩或泥岩，石油滴进到这里就出不去了。因为石油比水轻，会漂浮到上边去，下边的水托住它，上面和两侧不透水的岩层挡住去路，它流不出去，被扣在大锅里，越聚越多，这里就成了石油聚居的窝，也就是形成了石油矿藏。这种能存贮石油的"大锅"可大得很呐，往往高几十米，几百米，纵横几千米，而且常常位于地下几千米的深处。

有人可能会问，生成这么多石油那得要有多少生物才成啊？要知道，石油和煤一样，是经过几千万年甚至几万万年才形成的。从地球上开始出现大量的生物以来，已经有好几亿年，各种生物不知繁殖了多少万代；而生成现在地球里这些石油，只需要那些有机物的几百万分之一就够了。

42. 能源世界——地下宝库之谜

我们在学校上课的时候，要用铅笔、钢笔、修笔刀、圆规，在家里做饭的时候，要用锅、勺、铲，出门时要骑自行车，或者坐汽车、火车、轮船、飞机，如果问你这些东西是哪儿来的，你一定会马上回答，是工厂里制造出来的。可是造这些东西用的铁、铝、铬等各种金属，做铅笔芯的石墨以及烧饭、开动车船所用的煤、柴油、汽油等燃料，又是从哪儿来的呢？

原来，这些金属和非金属的"宝贝"都是从地下取出来的，它们都是地下的矿藏。

地壳里各种各样的石头和宇宙万物一样，都是由各种元素组成的。有少数元素能单独组成物质，像氧气、水银、天然金及由碳元素组成的石墨、金刚石等，这类同一元素组成的均匀的物质叫单质。大多数元素都是同其他元素结合在一起，生成各种各样的化合物。这些自然界的单质和化合物，我们叫它矿物。地质学家已经在地下发现了两千多种矿物。我们所见到的各种各样的石头，就是由许许多多相同或不相同的矿物结合在一起而构成的。组成石头的主要矿物以及与人类关系密切的有用矿物，有一百多种。矿物中有液体的，如石油、水银；有气体的，如天然气；但大多类矿物都是固体。地壳这么厚，石头这么多，到哪儿去找对人类有用的矿物呢？

如果各种矿物都平均分布在地壳的石头里面，要想采掘有用的矿物那就太困难了。实际上，自然界里的矿物也是"物以类聚"，有用矿物的分布还是相对集中的。一种或几种有用矿物组成的石头，往往聚积在一起，形成矿床。这种"物以类聚"的分布特点为人类开采它们创造了有利条件。我们在报纸上经常看到某某地方发现新的煤、铁矿、铜矿……的报道，就是指发现了这种矿物集中的新地方。

经过地质工作者的勘察、钻探，一旦发现了某种具有开采价值的矿藏，人们就会在那里开挖坑基，建设矿山，把地下的宝藏采掘出来，让它为人类的生产和生活服务。

地壳是一座丰富的"地下宝库"，如果没有这座"地下宝库"提供原料，现代化的生产建设是不可能进行的，人类也就不会有今天这样方便舒适的各种生活设施了。

43. 高温高压——间歇泉之谜

在西藏雅鲁藏布江上游搭各加地区考察的我国科学工作者，有一段描述当地喷泉喷发时动人情景的报道：

"……我们遇到一次令人难忘的特大喷发：在一系列短促的喷发和停歇之后，随着一阵撼人的巨大吼声，高温气、水突然冲出泉口，即刻扩展成直径两米以上的气、水柱，高度竟达20米左右，柱顶的蒸汽团继续翻滚腾跃，直捣蓝天，景象蔚为壮观。"

这种泉叫间歇泉。

间歇泉是一种热水泉。这种泉的泉水不是从泉眼里不停地喷涌出来，而是一停一溢，好像是憋足了一口气，才狠命地涌出一股子来。喷发的时候，泉水可以喷射到很高很高的空中，形成几米，甚至几十米高的水柱，看起来十分壮观。

间歇泉喷出来的时间并不长，喷了几分钟、几十分钟以后就自动停止，隔一段时间，又会发生一次新的喷发。如此循环，喷喷停停，停停喷喷，间歇泉的名字就是这样来的。

在国外，把间歇泉叫做"盖策"。这个名字是冰岛话的译音。它的原意也是间歇泉的意思。原来，冰岛是一个间歇泉非常集中的国家。在冰岛首都雷克雅未克附近一个山间盆地里，有一片很有名的间歇泉区。"盖策"是其中最有名的一个间歇泉，这个泉在平静的时候，是一个直径20米的圆圆的水池，清得发绿的热水把圆池灌得满满的，并且沿着水池的一个缺口缓缓流出。

可是，这种平静的局面维持不了多少时间，就会突然暴怒起来。只见池中清水翻滚，池下传出类似开锅时的呼噜声。很快，一条水柱冲天而起，在蔚蓝色的天幕上飘洒着滚热的细雨。据说，盖策的喷发高度可以达到70米。

因为这个间歇泉很有名，渐渐的，"盖策"就成了世界上对间歇泉通用的称呼了。

在整个世界上，这种壮观的间歇泉并不很多。比较集中的地区，除了上面谈到的我国西藏和冰岛以外，还有美国落基山间的黄石公园、新西兰北岛等地。

美国的黄石公园一向以间歇泉闻名于世，一些远道而来的旅游者到黄石公园去，主要目的就是想看一看那里的间歇泉。

黄石公园里有一个叫老实泉的间歇泉特别有趣。这个间歇泉不仅喷发猛烈，而且特别遵守时间，总是每隔一小时左右喷发一次，从不提前，也从不迟到。所以才得了这个"老实"的美名。可是，后来因为地震，老实泉发生了变化，现在不如从前那么遵守时间了。

新西兰北岛怀蒙谷间歇泉以喷发最高而闻名，最高高程可达450米。可惜好景不长，现在的怀蒙谷已经停止了喷发。

我国西藏地区的间歇泉是新中国成立后发现的。搭各加地区间歇泉数量多，喷发能量也大，完全可以和国外各大间歇泉媲美。

间歇泉为什么喷喷停停？它是怎么形成的呢？

间歇泉的形成除了要具备形成一般泉水所需的条件，比如，充足的地下水源和适宜的地质构造等以外，还要有一些特殊的条件：

第一，必须是在地壳运动比较活跃的地区，地下要有灼热的岩浆活动，而且距地表又不能太深。这是间歇泉的能源。上面提到的几个地方，都是这种类型的地区。

第二，要有一套复杂的供水系统。有人把它比做"地下的天然锅炉"。

在这个天然锅炉里，要有一条深深的泉水通道。地下水在通道最下部被灼热的岩浆烤热，却又受到通道上部高压水柱的压力，不能自由翻滚沸腾。狭窄的通道也限制了泉水上下的对流。这样，通道下面的水就不断的被加热，不断地积蓄力量，一直到水柱底部的蒸气压力超过水柱上部的压力的时候，地下高温、高压的热水和热气就把通道中的水全部顶出地表，造成强大的喷发。

喷发以后，随着水温下降，压力减低，喷发就会暂时停止，又积蓄力量准备下一次新的喷发。

44. 海底漏斗——地中海的无底洞

在地中海东部，肴腊克利尼亚岛附近的爱奥尼亚海域，有一个许多世纪以来一直在吸取大量海水的"无底洞"。据统计，每天有 3 万吨海水从这里消失。这些海水到哪里去了呢？为了揭开这个秘密，美国地理学会曾派遣一支考察队去那里考察。考察队把一种经久不变的深色染料溶解在海水中，观察染料如何随海水一起沉下去的。接着又观看附近的海面以岛上河流湖泊，希望能发现这种染料的足迹。结果实验毫无所获。

第二年他们又进行了新的实验。这次是往海水中投放不溶于水的玫瑰色塑料小颗粒。这种塑料颗粒投入海中后，全部被无底深渊吞没。只要在哪里能够找到一粒这样的塑料颗粒，就能揭示其中的秘密。然而，实验仍然毫无结果，一粒这样的塑料颗粒也未找到。至今谁也不知道这里的海水"漏"到哪里去了。

45. 蹊跷离奇——千年万载不死的动物

1990 年初，埃及考古学家马苏博士在与同事们开掘一座 4 000 年前古墓时，发现守在墓旁边的一只早已绝种的猫科动物。

这座 4000 年前的古埃及法老切路勃泽四世的坟墓，是在著名的帝王谷地下 27 英尺深处找到的。打开了幕穴石门，当马苏博士等人提着灯笼走进去时，见到一只活生生、两只黄绿色大眼睛滴溜溜转的猫，正盯着来人。墓穴里除了一具石头棺材和这只准备猛扑过来的大灰猫以外，什么都没有。这只大灰猫像一只小豹那么大。当考古学者们向前移动时，这只猫拱起背嘶嘶乱叫，令人毛骨悚然，接着它抖动浑身的灰尘向马苏博士猛扑过去，用尖牙猛咬住他的大腿。受惊的其他考古队员，听到马苏的尖叫声后，立即上前打退了这只猫，但被激怒的猫旋即退到坟墓的角落，准备用它的尖牙再次阻止这些不速之客。但就在它欲发起第二次袭击之前，人们用帆布将它捉起来送进实验室。在古埃及的习俗中，猫科动物被古埃及人视做活神，专门用来守卫神圣的寺院和坟墓。被捉的是一只雌猫，脸庞很瘦，轮廓明显，耳朵很长。但一进入实验室，该猫的健康急剧恶化，几小时后就死了。马苏博士计划将对这只猫的尸体作进一步的研究。

1782年4月，巴黎近郊的采石工人从地下4.5米深处的石灰岩层中开采出一块巨大的石头。他们将石头劈开以后，意外地发现石头内藏有4只活的蟾蜍。这4只蟾蜍并非聚在一起，各有各的窝。窝比蟾蜍稍大一些，窝的表面还有一层松软的黄土。蟾蜍从石头内出来后，还能在地上活动。一位生物学家取了其中一只较肥大的做了标本。石灰岩层经科学家测定，证实其形成于100万年前。就是说，这4只蟾蜍在岩石内已生存了100万年之久。

自从上述发现后，又经过164个年头，即1946年7月，在墨西哥的石油矿床里，一位石油地质学家挖掘出一只冬眠的青蛙。青蛙被埋在2米深的矿层内，挖掘出来时皮肤还是柔软的，且富有光泽，经过两天后才死去。经科学测定，证实这个矿床是在200万年前形成的。青蛙只能在矿床形成时被埋在矿层内。由此可见，该青蛙在矿层内已生存了200万年之久。

46. 千古传奇——谜中谜

随着时代的发展与科学的进步，许多以往的传奇在20世纪成了人们追逐探索与研究的对象。经他们的努力，其中有些已获得解答。而有些则将赖后继者继续努力，也许在本世纪或者更久远，才能解开其中之谜。

杜林尸布与耶稣血型

在意大利西北部城市杜林的一座教堂内，保存着一块亚麻布，令人惊奇的是布上有一个人的全身影像，而这个人据说就是耶稣基督。

最早发现这块布的是法国人。1356年左右，尸布在李莱城被公开，顿时引起整个基督世界的震动，因为布上的人影不仅容貌酷似传说中的基督，且还有血迹。后来在宗教学者的研究之下，认定这块布是耶稣死于十字架之后，用来包裹其尸体的，因而留下了耶稣的身影。

中世纪的学者认为，尸布最早出现在中东，几经辗转才最终流至意大利，并一直保存在杜林市的大教堂内。由于这块布是基督教的圣物，意大利将之视为国宝。

到了20世纪，科学家开始对尸布作深入的分析研究，借助先进的科学技术，杜林尸布的神秘性正一步步被揭开。例如，尸布上的血渍经处理后发现，耶稣的血型是 AB 型。

寻找诺亚方舟

《圣经》中记载着这样一个故事，说的是义士诺亚为躲避洪水建造了一艘长方木柜形大船，即方舟，据说方舟最后停在了阿拉拉特山上。

根据这个记载，人们不断地试图去寻找方舟，以解开《圣经》和人类之谜。方舟是否真的存在，现今未有定论，而阿拉拉特山却是座真实的山，它位于土耳其境内，靠近伊朗与亚美尼亚的边界处，海拔近 5000 米，终年积雪。最早翔实记载阿拉拉特山的人是 13 世纪意大利探险家马可·波罗，他在书中指出，该山便是诺亚方舟之山。

在 20 世纪内，也曾有许多人对诺亚方舟展开追寻，有些人甚至宣称已经找到方舟。但无论他们怎么说，至少到目前为止，方舟始终仍仅存于各种故事和人们的印象之中。

地球深处的奥秘

德国人将钻一个世界上最深的洞，目前的钻探深度是 6000 米，钻探的进度是每小时 2 米。

向地球的心脏进军，探索地球深处奥秘，这是科学家们久久追求的心愿。

自从开钻后，科拉半岛的钻井不断提供新信息和重要资料，最令人鼓舞的是地质学中传统的地壳构造模型被地下发现的事实打破了。

科拉半岛钻考察的主要结论是：在晶体层结构中，火山活动形成于沉积作用。此外钻探中还发现许多因深度不同而呈现出乎意料的重要现象，与理论上的判断有很大的出入，甚至根本不相符合。

为了探究地球深处的奥秘，德国人是经过考虑之后才选定科拉半岛这个钻探地点的。在 3.2 亿年前，古老的欧洲板块和非洲板块曾在这儿相撞，彼此拥挤啮合。这儿的岩石有 30 多公里厚，并向地面突起。在碰撞时，有一个大洋全部消失了。总之，地球深处众多令人不解的奥秘，正有待于科学家们去解谜。

地球上最大规模的物种灭绝起因的线索

两亿五千万年前，一起灾难性的事件抹去了地球上大多数生命。在不到十万年的时间里（按地质学的时间衡量，只是眨眼之间），90% 的海洋物种和 70% 的陆地物种消失了。科学家们一直怀疑物种大量灭绝是由于体积较大的小行星或慧星撞击地球时引起了空气和海洋中的一系列变化造成的，但是缺少撞击的证据。

现在，"罪魁祸首"找到了，它就是富勒分子。

科学家通过检验由沙、粉砂和动植物遗骸的沉积物经多年堆积而成的沉积岩，了解到物种灭绝的情况。岩层越深，则形成年代越早。两亿五千年多前的沉积岩层中包含有许多在年代较晚的岩层中没有发现的物种的化石。这条分隔线十分明显，称为二叠纪—三叠分界线，它标志着地球历史上两个时期间的跃迁。

由华盛顿大学的路安·贝克博士领导的研究人员在日本、中国和匈牙利考察了处于二叠纪—三叠纪分界线的岩层。他们发现了大量的含有氩或氦原子的富勒分子。

形成这种分子需要巨大的热量和压力。一种理论认为它们来源于碳星。分布在富勒分子中的氦同位素也说明它们来源于地球之外。

最近，美国著名科学家约翰·布凯里教授经过研究分析，对"时空隧道"提了以下几点理论假说：

（1）"时空隧道"是客观存在的，它看不见摸不着，对人类，它既关闭，又不绝对关闭——偶尔开放，就看谁偶尔碰上，被拉进去。

（2）"时空隧道"与人类世界不是一个时间体系。进入另一套时间体系里，有可能回到遥远的过去，或进入未来。因为在"时空隧道"里，时间具有方向性，可逆性，可以正转，也可倒转，还可以相对静止。

（3）对地球上的人类和物质来说，被吸入"时空隧道"就意味着神秘失踪，而从"时空隧道"中出来，又意味着神秘再现。由于"时空隧道"的时间可以相对静止，故而失踪几十年、上百年，就像一天与半天一样。

不可理解的海岛石柱

密克罗尼西亚群岛共有五百多个岛屿，像一把珍珠，撒在蔚蓝的南太平洋上。其中最大的岛屿名叫波纳佩岛，面积约五百平方公里。在波纳佩岛对面，有一个很小很小的小岛，名叫纳玛托岛。

1595年，葡萄牙海军上尉佩德罗·费尔南德斯·德·库伊罗斯乘"圣耶罗尼默号"帆船来到这个小岛，他惊讶地发现，岛上虽然荒无人烟，但却有无数巨型石柱整整齐齐码放在那里，堆成了一座十多米高的石头山。

后来的地质学家和考古学家们到岛上进行了研究，发现这原来是一处远古时代的建筑废墟。这些石柱是加工过的玄武岩柱，由冷却的火山熔岩凝成，每根重达数吨。瑞士人冯·丹尼肯试着数过这些石柱，堆砌起来的石山共由4328根石柱组成。连同各处地上散乱的石柱、若干墓室和一道860米长的石柱围墙，总计纳玛托岛上的古建筑废墟共用了约40万根石柱。

岛上的建筑没有浮雕，没有装饰，没有南太平洋建筑常见的繁丽花纹。只有数不完的玄武岩石柱和交错纵横的运河水道。这是一座什么建筑呢?

更令人不解的是,纳马托岛本身并不产这种玄武岩,石往是从波纳佩岛运来的。两处距离虽不远,但只有水路通航。人们认为是用当地一种叫做卡塔玛兰斯的独木舟来运输的。这种独木舟一次只能运一根石柱。有人计算了一下,如果一天运 4 根,一年才能运 1460 根。照这样计算,波纳佩的岛民要工作 296 年,才能把 40 万根石柱统统运到纳玛托岛。

波纳佩土著人把纳玛托遗址叫做"圣鸽神庙"。传说三百年前,一只鸽子驾船穿过水道来到这里。在鸽子来到之前,岛上的统治者足一条喷火的巨龙,它吹一口气就挖好了运河,石柱也是它从邻岛运到这里的。

传说或许有过多的神话色彩,但究竟是谁建造了纳玛托岛上的石柱建筑?太平洋岛民慵懒、散漫而自足,这样一个巨大的工程,以他们来说,没有特殊的动力是难以想象的。

更令人难以理解的是,岛上的建筑显然并末完工,留下一部分城墙还没来得及造好,就由于某种原因突然被放弃了。散乱的石柱扔得到处部是。

到底是谁在这个岛上建造了这奇怪的建筑?它是什么时候建造的又有什么用途?为什么尚未完工又被突然放弃了?纳玛托岛的石柱,又一个不可理解的谜。

敬 启

本书的编选,参阅了一些报刊和著作。由于联系上的困难,我们与部分入选文章的作者未能取得联系,谨致深深的歉意。敬请原作者见到本书后,及时与我们联系,以便我们按国家有关规定支付稿酬并赠送样书。